高等学校**计算机专业**
新形态教材精品系列

数据库原理及应用

MySQL 版 | 在线实训版

陈业斌◎主编　吴福英 梁长梅 童启 申元霞◎副主编

Database Principles
And Applications

人民邮电出版社

北　京

图书在版编目（CIP）数据

数据库原理及应用：MySQL版：在线实训版 / 陈业
斌主编. -- 北京：人民邮电出版社，2023.8（2024.1重印）
（高等学校计算机专业新形态教材精品系列）
ISBN 978-7-115-61686-9

Ⅰ. ①数… Ⅱ. ①陈… Ⅲ. ①SQL语言－数据库管理
系统－高等学校－教材 Ⅳ. ①TP311.132.3

中国国家版本馆CIP数据核字(2023)第074742号

内 容 提 要

本书基于 MySQL 8.0，全面地介绍数据库系统的基本原理、基本操作、数据库设计和应用技术。本书以帮助读者掌握数据库基础理论、培养读者的数据库应用开发能力为目标，融入数据库前沿技术。本书主要内容包括数据库基础、关系数据库理论、搭建数据库实验环境、数据库及数据表的基本操作、单表查询、多表查询、索引与视图、数据库编程、数据库设计、范式及反范式设计、事务及其并发控制、数据库安全、数据库管理及优化技术、数据库系统开发技术、数据库应用系统开发实例。

本书取材新颖、内容丰富、重点突出、深入浅出、可操作性强，便于初学者学习参考。本书既可以作为高等院校计算机及其相关专业的教材，也可以作为工程技术人员的培训教材或参考用书。

◆ 主　编　陈业斌
　　副主编　吴福英　梁长梅　童　启　申元霞
　　责任编辑　刘　博
　　责任印制　王　郁　陈　犇

◆ 人民邮电出版社出版发行　　　北京市丰台区成寿寺路 11 号
　　邮编　100164　　电子邮件　315@ptpress.com.cn
　　网址　https://www.ptpress.com.cn
　　北京市艺辉印刷有限公司印刷

◆ 开本：787×1092　1/16
　　印张：16.75　　　　　　　　　　　2023 年 8 月第 1 版
　　字数：399 千字　　　　　　　　2024 年 1 月北京第 4 次印刷

定价：69.80 元

读者服务热线：(010)81055256　　印装质量热线：(010)81055316
反盗版热线：(010)81055315
广告经营许可证：京东市监广登字 20170147 号

本书编委会（按姓名拼音排序）

2020 年，安徽工业大学的"数据库概论"课程获批为首批国家级线上线下混合式一流本科课程，课程负责人陈业斌教授为安徽省教学名师，课程团队为省级教学团队。陈业斌教授带领团队坚持教学研讨与改革近 20 年，积累了丰富的教学研究和教材编写经验。为了充分发挥国家级一流课程示范引领作用，坚持用党的二十大精神的内涵要义加快推进学校高质量内涵式发展，课程负责人积极组建了数据库课程虚拟教研室，探索推进新型基层教学组织建设，全面提升高等院校相关专业教师人才培养能力和培养质量。

数据库课程虚拟教研室的建设目标：聚焦数据库技术在工程领域的应用；提升数据库教师的教育教学能力；提升数据库教师的工程思维能力，包括数据库规范应用、数据库原理理解、数据库项目设计和工具使用。教师在教学过程中不仅要关注数据库功能的实现，更要思考数据量的变化引发的数据库性能变化等问题。

数据库课程虚拟教研室建设以数据库课程资源建设为抓手，具体包括教材建设、MOOC 课程建设、实验课程建设等。其中教材建设是最重要的基础建设。数据库教材应以目前市场上广泛使用的关系数据库原理与知识为核心内容，以市场上流行的 MySQL 数据库为工具。本书正是在这一背景下应运而生的。本书既注重数据库原理的深入介绍，又注重融入数据库的前沿技术，最终通过讲解一个较为完整的数据库系统的设计来提升读者的数据库应用能力，达成课程的高阶目标。

本书特色

- 根据数据库产品在市场上的占有率，选择 MySQL 数据库作为实验平台，与市场无缝对接。
- 立足"新工科"背景下复合型和信息化人才培养需要，打造以数据库技术应用场景为主的知识结构。
- 打造具有微课资源、MOOC 资源和实验资源的立体化教材，为"以学生为中心"的新型线上线下混合教学提供有力的保障。
- 以能力培养为主线，采用案例教学法，强调对数据库原理的深入理解，注重培养学生开发数据库系统的能力。

后期服务

本书拥有丰富的课程资源，配套教材资源可以从人邮教育社区（www.ryjiaoyu.com）下载。学习配套的 MOOC 课程可访问国家高等教育智慧教育平台（搜索本书第一作者陈业斌）找到本课程。学习配套的实验课程可访问头歌实践教学平台（搜索本书第一作者陈业斌）找到本课程。

本书所有课程资源免费提供。MOOC 课程每学期开课一次，教师读者可以加入教学团队一起授课，共享课程资源。欢迎广大教师加入数据库课程虚拟教研室，共同研讨，请添加陈业斌教授的微信（cyb18905553920）。

本书编写及配套数字化资源建设，包括教材中的微课录制、实验课程建设、课件制作、教材习题和答案编制、MOOC 视频录制及题库建设等都是由安徽工业大学数据库课程虚拟教研室的教师共同完成的。陈业斌担任本书主编并负责全书统稿，吴福英、梁长梅、童启、申元霞任本书副主编。

编者

2023 年 7 月

目录
Contents

第 3 章

搭建数据库实验环境

第 4 章

数据库及数据表的基本操作

第 5 章

单表查询

第 6 章

多表查询

第 7 章

索引与视图

第 8 章

数据库编程

第9章

数据库设计

第10章

范式及反范式设计

第11章

事务及其并发控制

第12章

数据库安全

第13章

数据库管理及优化技术

第14章

数据库系统
开发技术

第15章

数据库应用系统开发实例

第1章 数据库基础

本章学习目标：理解信息、数据、信息与数据的关系、数据处理和数据管理；了解数据管理技术的 3 个发展阶段及其特点；理解数据模型与数据库之间的关系；掌握关系模型的数据结构及其特点；理解数据库系统采用三级模式结构的好处；了解数据库系统的组成和国内外常用的数据库产品。

1.1 信息、数据与数据处理

数据库系统已经成为现代社会人们日常生活的重要组成部分，在每天的工作和学习中，人们经常与数据库系统打交道，如在网上选课、预订火车票或飞机票、在图书馆的网站上查找图书、网上购物等。数据库中存储的数据本身可提供信息，经过数据处理又可提供一些信息。

1．信息

信息（Information）是现实世界中各种事物（包括有生命的和无生命的、有形的和无形的）的存在方式、运动形态，以及它们之间的联系等诸多要素在人脑中的反映，是通过人脑抽象后形成的概念。人们不仅可以认识和理解信息，还可以对它进行推理、加工和传播。信息甚至可为达成某种目的提供决策依据，例如，根据某种商品第一季度的销售数量来决定第二季度的进货数量。

2．数据

数据（Data）是信息的载体，是信息的一种符号化表示，而采用什么符号，完全是人为规定的。例如，为了便于用计算机处理信息，我们把信息转换为计算机能够识别的符号，即采用 0 和 1 两个符号的编码来表示各种各样的信息。所以数据的概念具有两方面的含义：一是数据的内容是信息，二是数据的表现形式是符号。凡是能够被计算机处理的数字、字符、图形、图像、声音等统称为数据。数据具有如下基本特征。

（1）数据有型和值之分。

【例 1.1】描述一个学生的基本信息的型和值。

型：学生(学号,姓名,性别,出生日期,系别,总学分)。

值：student('001102','程明','男','90-02-01','计算机',50)。

值：student('001103','王燕','女','90-01-03','计算机',50)。

计算机的数据库系统在处理数据时，首先要建立外部对象特定的型，然后将数据按型进行存储。

（2）数据有类型和取值范围的约束。

【例 1.1】中的学号、姓名、性别、系别是字符型的数据，出生日期是日期型的数据，总学分是数值型的数据。性别的取值范围可以是{男,女}或{0,1}，总学分的取值范围可以是0≤总学分≤200。

3．信息与数据的关系

信息和数据既有联系又有区别。信息是数据的内涵，而数据是承载信息的物理符号，或称为载体。信息是抽象的，同一信息可以有不同的数据表示形式。例如，在足球世界杯期间，同一场比赛的新闻，可以分别在报纸上以文字形式、在电台中以声音形式、在电视上以图像形式来表现。数据可以表示信息，但不是任何数据都能表示信息，对同一数据也可以有不同的理解。比如 2000，可以理解为一个数值，也可以理解为 2000 年。

4．数据处理

数据处理是指将数据转换成信息的过程，这一过程主要涉及对所输入的数据进行加工整理，包括对数据进行收集、存储、加工、分类、检索和传播等一系列活动。其根本目的是从大量、已知的数据出发，根据事物之间的固有联系和变化规律，采用分析、推理、归纳等手段，提取出对人们有价值、有意义的信息，作为制定某种决策的依据。

数据与信息之间的关系如图 1.1 所示，其中数据是输入，而信息是输出。数据加上语义后就能表达一定的信息，人们所说的"信息处理"的真正含义应该是为了产生信息而处理数据。例如，"出生日期"是人有生以来不可改变的基本特征之一，属于原始数据，而"年龄"是当年与出生年份相减而得到的数字，具有相对性，可视为二次数据；

图 1.1　数据与信息之间的关系

职工的"参加工作时间"、产品的"购置日期"是职工和产品的原始数据，职工的"工龄"、产品的"报废日期"则是经过简单计算所得到的结果。

在数据处理活动中，计算过程相对简单，很少涉及复杂的数学模型，但是有数据量大，且数据之间有着复杂的逻辑联系的特点。因此数据处理活动的焦点不是计算，而是把数据管理好。

5．数据管理

数据管理是指对数据进行收集、整理、编目、组织、存储、查询、维护和传送等各种操作。数据管理是数据处理的基本环节，是数据处理活动必有的共性部分。因此，对数据管理应当加以重视，集中精力开发出通用而方便、实用的软件，把数据有效地管理起来，以最大限度地减轻计算机软件用户的负担。数据管理技术正是瞄准这一目标而逐渐完善起来的一门计算机软件技术。

1.2 数据管理技术的发展历史

在计算机诞生初期，计算机主要用于科学计算，那时的数据管理是以人工的方式进行的，后来发展到文件系统，再后来才是数据库系统。也就是说，数据管理技术的发展经历了人工管理阶段、文件系统阶段和数据库系统阶段。

1．人工管理阶段

20 世纪 50 年代初期，即计算机诞生初期，计算机主要用于科学计算。这个时期的计算机，在硬件方面没有磁盘这样的直接存储设备，在软件方面没有操作系统，更没有数据管理软件，数据处理方式以批处理为主。所以为了完成科学计算和数据处理，数据管理必须手动完成，这个阶段称为人工管理阶段。人工管理阶段的特点有以下几个。

（1）数据不保存在计算机内。计算机主要用于科学计算，不对数据进行其他处理，也没有直接存储设备，数据与应用程序一起运行，运行完成后所占用的空间和应用程序所占用的空间一起被释放。

（2）数据不共享。数据是面向应用程序的，一组数据只对应一个应用程序，当多个应用程序涉及相同数据时，必须各自定义，因此数据存在大量的冗余。

（3）数据不具有独立性。数据完全依赖于应用程序，一旦数据发生变化，必须对应用程序做相应修改，这就说明数据不具有独立性。该特点加重了程序员的负担。

（4）应用程序管理数据。数据没有软件专门管理，由应用程序设计、定义和管理，应用程序不仅要规定数据的逻辑结构，还要设计物理结构。

在人工管理阶段，应用程序与数据之间有着一一对应关系，如图 1.2 所示。

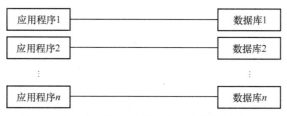

图 1.2　人工管理阶段应用程序与数据之间的关系

2．文件系统阶段

20 世纪 50 年代后期到 20 世纪 60 年代后期，计算机在硬件方面已经有了磁盘、磁鼓等直接存储设备，在软件方面有了操作系统，并且已经有了专门的数据管理软件，即文件系统，数据处理方式不仅有批处理，还有联机实时处理。这个阶段称为文件系统阶段，文件系统阶段的特点有以下几个。

（1）数据可以长期保存。计算机大量用于数据处理，数据可以长期保存在计算机中，可以对其进行插入、删除、修改和查询等操作。

（2）数据共享性差。在文件系统中，一个文件基本上对应一个应用程序，不同应用程序在涉及相同数据时，也必须建立各自的文件，而不能共享相同数据，因此数据的冗余度很大。同时冗余度大也容易造成数据不一致，给数据的修改和维护带来困难。

（3）数据独立性差。数据仍然依赖于应用程序，缺乏独立性，不能反映现实世界事物之间的内在联系。

（4）文件系统管理数据。有专门的软件即文件系统进行数据管理。文件系统把数据组织成相互独立的数据文件。

在文件系统阶段，应用程序与数据之间的关系如图 1.3 所示。

3．数据库系统阶段

20 世纪 60 年代后期以来，随着数据量急剧增长，数据管理规模一再扩大，数据应用范围也越来越广。这时计算机在硬件方面已经有大容量磁盘、磁盘阵列，硬件价格下降，软件价格上升。在数据处理方式上，不仅有批处理，还有联机实时处理和分布式处理等。在这种背景下，文件系统已经不能满足需求，于是为了满足多用户、多应用共享数据的需求，数据库技术应运而生，出现了专门管理数据的软件，即数据库管理系统（DataBase Management System，DBMS）。

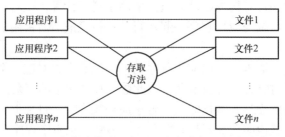

图1.3　文件系统阶段应用程序与数据之间的关系

在数据库系统阶段，应用程序与数据（存在数据库中）之间的关系如图1.4所示。

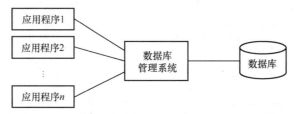

图1.4　数据库系统阶段应用程序与数据之间的关系

20世纪70年代以来，数据库技术得到了迅速发展，弥补了文件系统的许多缺陷，能够更加有效地管理数据。概括起来，数据库系统阶段的特点有以下几个。

（1）数据可以长期保存在数据库管理系统内。采用数据模型描述复杂的数据，数据模型不仅要描述数据的本身特征，还要描述数据间的联系。

（2）数据具有较高的共享性。多个应用程序需要使用相同数据时，数据不用再重新定义，因为数据与数据之间有联系，所以数据具有较高的共享性，这同时大大减少了数据冗余，节约了存储空间。数据共享还能有效避免数据的不相容性和不一致性。

（3）数据具有较高的独立性。数据库结构包括物理结构、整体逻辑结构和局部逻辑结构3部分。数据独立性包括物理数据独立性和逻辑数据独立性两方面。物理数据独立性指应用程序与数据的物理结构相互独立，物理结构改变基本不影响数据的整体逻辑结构、用户逻辑结构和应用程序。逻辑数据独立性指数据的整体逻辑结构发生变化基本不影响用户逻辑结构和应用程序。

（4）采用数据库管理系统管理数据。数据库管理系统对数据的操作更加灵活、安全。

1.3　数据模型

数据模型（Data Model）是对现实世界的数据和信息的模拟和抽象，用来描述数据、组织数据和对数据进行操作。现有的数据库系统均是基于某种数据模型的，数据模型是数据库系统的核心和基础。

1.3.1　数据模型的组成要素

数据模型通常由数据结构、数据操作和数据的完整性约束 3 个要素组成。

1．数据结构

数据结构用于描述系统的静态特征，是对数据库的组成对象以及对象之间关系的描述。数据结构规定了如何描述数据的类型、内容、性质和数据之间的关系等。数据结构是刻画数据模型性质最重要的方面，是数据模型的基础。因此，在数据库系统中，人们通常按照数据结构的类型来命名数据模型。例如，将层次结构、网状结构和关系结构的数据模型分别命名为层次模型、网状模型和关系模型。

2．数据操作

数据操作用于描述数据库系统的动态特征，是指数据库中各种对象所允许执行的操作及其规则的集合。数据库主要有检索和更新（包括插入、删除、修改）两大类操作。数据模型必须定义操作的确切含义、操作符号、操作规则（如优先级）以及实现操作的语言。

3．数据的完整性约束

数据的完整性约束是一组完整性规则的集合。完整性规则是给定的数据模型中数据及其联系所具有的制约和依存规则，用以限定符合数据模型的数据库状态以及状态的变化，以保证数据正确、有效和相容。

数据模型应该反映和规定自身必须遵守的、基本的、通用的完整性约束。例如，关系模型中的关系必须满足实体完整性和参照完整性两个约束。此外，数据模型还应该提供定义完整性约束的机制，以反映具体应用所涉及的数据必须遵守的特定的语义约束条件。例如，某大学的数据库规定学生的姓名不能为空、学生成绩不能为负数等。

1.3.2　常用数据模型

目前，数据库领域主流的数据模型是关系模型，除此之外还有层次模型、网状模型、面向对象数据模型、半结构化数据模型等。

1．关系模型

关系模型（Relation Model）是目前最常用的一种数据模型，关系数据库系统采用关系模型作为数据的组织方式。

1970 年美国 IBM 公司 San Jose 研究室的研究员科德（E.F.Codd）首次提出了数据库系统的关系模型，开创了数据库关系方法和关系理论的研究，为数据库技术奠定了理论基础。关系模型的建立是数据库发展历史中最重要的事件之一。由于 E.F.Codd 的杰出贡献，他于 1981 年获得图灵奖。此后许多人把研究方向转到关系方法上，提出了关系数据库系统。

20 世纪 80 年代以后，计算机厂商新推出的数据库管理系统几乎都支持关系模型，非关系数据库管理系统的产品也都加上了关系接口。数据库领域当前的研究工作大都是以关系方法为基础的。关系数据库管理系统已成为目前应用最广泛的数据库管理系统之一，例如，现在国内外广泛使用的 MySQL、Oracle、SQL Server、TiDB、openGauss 和 OceanBase 等都是关系数据库管理系统。

关系模型不仅要描述对象本身的数据结构，还要描述对象之间的关系。

【例 1.2】 某关系数据库中存在 student（学生）、course（课程）和 score（成绩）3 个关系，一个学生可以选修多门课程，一门课程也可以被多个学生选修，并通过考试获得成绩。用关系模型来描述三者之间的关系如图 1.5 所示，其中 student 表中的 sno 和 score 表中的 sno、course 表中的 cno 和 score 表中的 cno 存在关联关系。

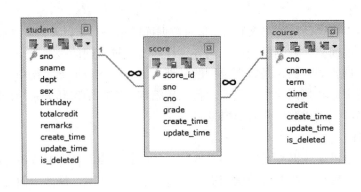

图 1.5　关系模型

（1）关系模型的数据结构

关系模型是用二维表结构表示实体及实体间联系的数据模型，在用户看来，关系模型的数据结构就是一张二维表，它由行和列组成，如图 1.6 所示。

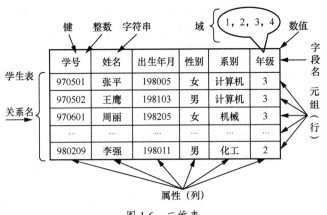

图 1.6　二维表

（2）关系模型的基本术语

关系（Relation）：在关系模型中二维表称为关系，一个关系对应一张表，如 student 表。

元组（Tuple）：表中的一行即一个元组，表示一个实体或一条联系。

属性（Attribute）：表中的一列即一个属性，每个属性有一个名字即属性名。例如，student 表中的属性有 sno（学号）、sname（姓名）、sex（性别）、birthday（出生日期）和 dept（系别）等。

主键或主码（Primary Key）：表中的某个属性或属性集，它可以唯一确定元组，如 student 表中的 sno、course 表中的 cno。

域（Domain）：属性的取值范围，例如，sex 的域是{男,女}，dept 的域是一个学校所有系别的集合。

分量：元组中的一个属性值。

关系模式：对关系的描述，一般表示为关系名(属性 1,属性 2,...,属性 *n*)，如学生(学号,姓名,性别,...)。

键或码（Key）：属性或属性的集合，其值能够唯一标识元组。例如，sno 就是关系 student 的键，可以用于确定一个学生。在实际使用中，键又分为候选键、主键、外键等。

主属性和非主属性：关系中，候选键中的属性称为主属性，不包含在任何候选键中的属性称为非主属性。

（3）关系的性质

关系具有如下性质：

① 列是同质的，即每一列中的分量是同类型的数据，来自同一个域；

② 每一列为一个属性，要给予不同的名字；

③ 关系中没有重复的元组，任意一个元组在关系中都是唯一的；

④ 元组的顺序可以任意交换；

⑤ 属性在理论上是无序的，但在使用中按习惯考虑顺序；

⑥ 所有的属性值都是不可分解的。

2．层次模型

层次模型用树状结构来表示各类实体及实体间的联系，因此层次模型也称为树状结构图。由于树状结构的特性，层次模型对具有 1：*n* 的层次关系的事物描述得非常自然、直观，容易理解，现实世界中的学校组织结构关系等适合用层次模型表示，如图 1.7 所示。

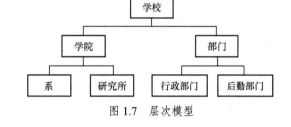

图 1.7　层次模型

3．网状模型

网状模型是用有向图表示实体及实体间联系的数据模型。网状模型的使用比层次模型更普遍，反映的是实体间普遍存在的更为复杂的联系。层次模型实际上是网状模型的一个特例。现实生活中的人与人之间的关系可以用网状模型表示，如图 1.8 所示。

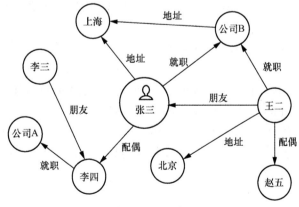

图 1.8　网状模型

相比于层次模型，网状模型适合描述较为复杂的现实世界。它的缺点是由于数据结构太复杂，不利于用户掌握。同时，有向图中可以到达某一个节点的路径有多条，因此应用开发者必须选择相对较优的路径来进行搜索以提高查询效率，这对应用开发者的要求是较高的。

4．面向对象数据模型

面向对象编程已经成为主流的软件开发方法，这导致了面向对象数据模型（Object-Oriented Data Model）的产生。该模型是面向对象程序设计方法与数据库技术相结合的产物，它的基本目标是以更接近人类思维的方式描述客观世界的事物及其联系。

面向对象数据模型具有封装性、信息隐匿性、持久性、继承性、代码共享性和软件重用性等特性，除此之外，面向对象数据模型最大的特点是有丰富的语义，便于更自然地描述现实世界。

5．半结构化数据模型

半结构化数据模型（Semi-Structured Data Model）允许那些相同类型的数据有不同的属性集。这和我们前面提到的数据模型形成了对比，通常数据模型中某种特定类型的所有数据必须有相同的属性集。

举一个半结构化数据的例子，即员工的简历。员工的简历结构不像员工基本信息结构那样一致，每个员工的简历各不相同。有的员工的简历很简单，比如只包括教育情况；有的员工的简历却很复杂，比如包括工作情况、婚姻情况、出入境情况、户口迁移情况、党籍情况、技术技能等。

1.4 数据库系统的体系结构

为理解数据库系统，需要对数据库系统的体系结构有足够的了解。数据库系统的体系结构是数据库系统的一个总的框架。数据库系统的体系结构因设计者对数据库结构考虑层次和角度的不同而不同。从数据库管理系统的角度看，数据库系统通常采用三级模式结构。

1．数据库系统的三级模式结构

数据库系统的三级模式结构包含对数据的 3 个抽象级别。它把数据的具体组织留给数据库管理系统（DBMS）去做，用户只需抽象地处理数据，而不必关心数据在计算机中的表示和存储。

数据库系统的三级模式结构如图 1.9 所示。

（1）模式

模式（Schema，即概念模式，也称逻辑模式）是数据库的总框架，是对数据库中全体数据的逻辑结构和特征的描述。模式不涉及数据的物理存储，故称为 DBA（Database Administrator，数据库管理员）视图，一个数据库只有一个模式。模式用来描述数据库中关于目标存储的逻辑结构和特性，基本操作、目标与目标及目标与操作的关系和依赖性，以及数据的安全性、完整性等。

（2）外模式

外模式（External Schema，也称子模式），通常是模式的一个子集。外模式面向用户，故称为用户视图，一个数据库可以有多个外模式。它属于模式的一部分，用来描述用户数据的结构、类型、长度等。

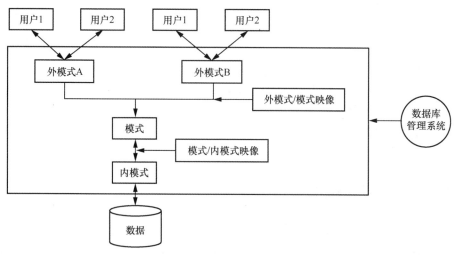

图 1.9　数据库系统的三级模式结构

所有的应用程序都是根据外模式中对数据的描述编写的，而不是根据模式中对数据的描述编写的。在同一个外模式中可以编写多个应用程序，但一个应用程序只能对应一个外模式。根据应用程序的不同，一个模式可以对应多个外模式。外模式可以互相覆盖。

（3）内模式

内模式（Internal Schema，也称存储模式）是对数据物理结构和存储结构的描述，是数据在数据库内部的表示方式。内模式是由系统程序员设计实现的，故称为系统程序员视图，一个数据库只有一个内模式。内模式是对数据库在物理存储器上具体实现的描述，它规定了数据在存储介质上的物理组织方式、记录寻址技术，定义了物理存储块的大小、溢出处理方法等，与模式相对应。

3 种模式体现了对数据库的 3 种不同的观点。模式表示概念数据库，体现了数据库的总体观；内模式表示物理数据库，体现了数据库的存储观；外模式表示用户数据库，体现了数据库的用户观。

2．两层映像与数据独立性

事实上，3 种模式中只有内模式是真正存储数据的，而模式和外模式仅是表示数据的逻辑方法，可以放心大胆地使用它们，这是由数据库管理系统的映像功能实现的。在这 3 种模式之间存在两种映像。

（1）外模式/模式映像，用于将用户数据库与概念数据库联系起来。

外模式/模式映像一般是放在外模式中描述的。三级模式结构中，模式即全局逻辑结构，是数据库的中心与关键，它独立于其他层次。因此设计数据库模式结构时应首先确定数据库的模式。

对于每一个外模式，数据库系统都有一个外模式/模式映像，它定义了该外模式与模式之间的对应关系。该映像的定义通常包含在外模式描述中。当模式改变时（如增加新的关系和新的属性、改变属性的数据类型等），数据库管理员对各个外模式/模式映像做相应的改变，可以使外模式保持不变，而应用程序是依据数据的外模式编写的，因而应用程序不必修改，保证了数据与应用程序的逻辑独立性（Logical Data Independence），简称数据的逻辑独立性。

（2）模式/内模式映像，用于将物理数据库与概念数据库联系起来。

模式/内模式映像是唯一的，它定义了数据库全局逻辑结构与存储结构之间的对应关系。该映像的定义通常包含在模式描述中。当数据库的存储结构改变时，数据库管理员对模式/内模式映像做相应的改变，可以使模式保持不变，因而应用程序也不必改变，保证了数据与应用程序的物理独立性（Physical Data Independence），简称数据的物理独立性。

这两种映像可以使数据库有较高的数据独立性，也可以使逻辑结构和物理结构得以分离，换来用户使用数据库的方便，最终把用户对数据库的逻辑操作导向对数据库的物理操作。

1.5 数据库系统的组成

数据库系统（DataBase System，DBS）是指在计算机系统中引入数据库后的系统，它不仅包含数据管理软件和数据库，还可以按照数据库方式存储、维护、提供数据。数据库系统一般由数据库、硬件系统、软件系统和人员4部分组成。数据库系统的组成如图1.10所示。

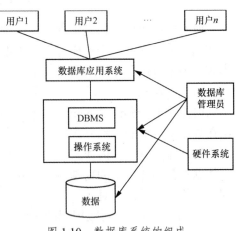

图1.10　数据库系统的组成

1．数据库

数据库（DataBase，DB）是为了满足人们对数据管理和应用的需要，按照一定的数据模型存储在计算机中的、能为多个用户所共享的、与应用程序彼此独立的、数据相互关联的数据集合。

2．硬件系统

数据库中的数据量都很大，所以对硬件的要求也较高，要有足够大的内存、足够大的硬盘来存放数据库和做数据备份。系统要有较高的通道能力，以提高数据传输率。过去数据库系统一般建立在单机上，但将来它将更多地建立在网络或网格上。

3．软件系统

软件系统包括操作系统、数据库管理系统、网络环境下的数据库系统中的数据库与应用、语言工具与开发环境、数据库应用系统、数据库与网络的接口软件等。

4．人员

数据库系统的建设、使用与维护可以看作一个系统工程，需要各种人员配合来完成。数据库系统中的人员如下。

（1）数据库管理员

数据库管理员是数据库系统中的重要角色，主要负责设计、建立、管理和维护数据库，协调各用户对数据库的要求等。因此，数据库管理员要熟悉、掌握程序语言和多种系统软件，充分了解各种用户的需求，了解各应用部门的业务工作，具有系统分析员和运筹学专家的知识。所以，数据库管理员通常是信息技术方面的专业人员，负责全局控制。数据库管理员不一定是一个人，它往往是一个工作小组。

（2）系统分析员和数据库设计人员

系统分析员是数据库系统中的高级人员，主要负责数据库系统建设的前期工作，包括应用系统的需求分析、规范说明和数据库系统的总体设计等。数据库设计人员参与用户需求调查、应用系统的需求分析后，主要负责数据库的设计，包括各级模式的设计、确定数据库中的数据等。

（3）应用程序员

应用程序员负责设计、编写数据库应用的程序模块，用以完成对数据库的操作。他们使用某些高级语言或利用多种数据库开发工具生成应用程序，组成系统，并负责调试和安装。

（4）用户

用户也称终端用户，如公司的职员、操作员等，他们通过用户界面使用数据库。

1.6 国内外常用的数据库产品

国内常用的数据库产品可以通过墨天轮数据社区查询。墨天轮是一个为"数据人"成长、交流提供服务的一站式平台，主要根据搜索引擎、趋势指数、三方评测、数据库生态、专利数、论文数等十几项数据来计算出数据库当月的得分并排名。

国外常用的数据库产品可以通过 DB-Engines 网站查询。DB-Engines 是全球知名的数据库流行度排行榜网站，其评选年度数据库的标准为数据库当前流行度分数的同比增长量最大。

1．国内常用的数据库产品

数据库技术也是科技领域的关键核心技术，为了打赢科技攻坚战，增强自主创新能力，国内数据库企业也走出了一条创新之路，取得了丰硕的成果。国内常用的排名前 10 的数据库产品如图 1.11 所示。这是 2023 年 6 月的统计图，可见国内排名靠前的数据库产品都是关系数据库，其中 OceanBase、TiDB 和 openGauss 排名前 3。

排行	上月	半年前	名称	模型 ⌄
🏆	1	1	TiDB +	关系型
🏆	2	↑ 3	OceanBase +	关系型
🏆	↑ 4	↑↑ 5	达梦 +	关系型
4	↓ 3	↓↓ 2	openGauss +	关系型
5	↑ 6	↑ 6	PolarDB +	关系型
6	↓ 5	↓↓ 4	GaussDB +	关系型
7	7	↑ 8	人大金仓 +	关系型
8	↑ 9	↑ 9	TDSQL +	关系型
9	↓ 8	↓↓ 7	GBase +	关系型
10	10	10	AnalyticDB +	关系型

图 1.11　国内常用的排名前 10 的数据库产品

2．国外常用的数据库产品

国外常用的排名前 10 的数据库产品如图 1.12 所示。这是 2023 年 6 月的统计图，可见国外排名靠前的数据库产品大多数是关系数据库，另外还有文档数据库 MongoDB、键值对数据库 Redis、搜索引擎数据库 Elasticsearch 等，其中 Oracle、MySQL 和 Microsoft SQL Server 排名前 3。

Rank			DBMS	Database Model
Oct 2022	Sep 2022	Oct 2021		
1.	1.	1.	Oracle	Relational, Multi-model
2.	2.	2.	MySQL	Relational, Multi-model
3.	3.	3.	Microsoft SQL Server	Relational, Multi-model
4.	4.	4.	PostgreSQL	Relational, Multi-model
5.	5.	5.	MongoDB	Document, Multi-model
6.	6.	6.	Redis	Key-value, Multi-model
7.	7.	↑ 8.	Elasticsearch	Search engine, Multi-model
8.	8.	↓ 7.	IBM Db2	Relational, Multi-model
9.	9.	↑ 11.	Microsoft Access	Relational
10.	10.	↓ 9.	SQLite	Relational

图 1.12　国外常用的排名前 10 的数据库产品

本 章 小 结

通过本章的学习，我们了解了信息、数据、数据模型、数据库、数据库管理系统和数据库系统等概念，理解了信息与数据之间的关系、数据模型与数据库之间的关系，理解了数据库管理系统的设计目标及其基本功能，理解了数据库系统的组成及各自的主要功能、常用的数据库产品等，为后面章节的学习打下了基础。

习 题 1

1.1　选择题。

（1）_____不是数据模型的三要素之一。

A. 数据结构 　　　　　　　　　　B. 数据操作

C. 数据安全 　　　　　　　　　　D. 数据的完整性约束

（2）数据库系统的核心是_____。

A. 数据库 　　　　　　　　　　　B. 数据库管理系统

C. 数据模型 　　　　　　　　　　D. 数据存储

（3）数据库系统的三级模式结构中，用户视图属于_____。

A. 外模式 　　　　　　　　　　　B. 模式

C. 内模式 　　　　　　　　　　　D. 物理模式

（4）数据的逻辑独立性是指_____。

A. 数据相互独立

B. 应用程序与数据库结构相互独立

C. 数据的逻辑结构与物理结构相互独立

D. 数据与磁盘相互独立

（5）对数据库进行规划、设计、协调、维护和管理的人员，通常被称为_____。

A. 工程师   B. 用户

C. 程序员   D. 数据库管理员

（6）对数据库物理存储方式的描述称为_____。

A. 外模式   B. 内模式

C. 概念模式   D. 逻辑模式

（7）以下关于信息的说法错误的是_____。

A. 同一信息可有多种数据表示形式   B. 数据库中保存的就是信息

C. 信息是数据的含义   D. 信息是抽象的

1.2 名词解释：

关系、元组（记录）、属性（字段）、域、主键、候选键、外键。

1.3 什么是数据？什么是信息？二者之间有什么关系？

1.4 简述数据库、数据库系统、数据库管理系统这几个概念。

1.5 简述数据模型的概念、作用及三要素。

1.6 简述数据库系统的组成。

第**2**章 关系数据库理论

第2章

本章学习目标：理解笛卡儿积的定义；理解关系与笛卡儿积之间的关系；理解关系的数据结构、关系的键、关系模型的完整性约束等概念；掌握关系运算，包括传统的关系运算和专门的关系运算，能通过关系代数理论来理解关系运算的实质。

2.1 域与笛卡儿积

1．域

定义 2.1 域（Domain）是一组具有相同数据类型的值的集合。

例如，正整数集合{1,2,3,...}、姓名集合{张三,李四,王五}、性别集合{男,女}等都可以称为域。

2．笛卡儿积

定义 2.2 给定一组域 $D_1,D_2,...,D_n$，其笛卡儿积（Cartesian Product）为

$$D_1 \times D_2 \times ... \times D_n = \{ <d_1,d_2,...,d_n> \mid d_i \in D_i, i=1,2,...,n \}$$

其中每一个元素 $<d_1,d_2,...,d_n>$ 称为一个 n 元组（或简称元组）。

参与笛卡儿积运算的域的个数 n 称为度，元组中的 d_i 称为分量。D_i 中的元素个数 m_i 称为 D_i 的基数。若 $D_1,D_2,...,D_n$ 均为有限域，其笛卡儿积的基数 M 为

$$M = \prod_{i=1}^{n} m_i$$

【例 2.1】设有 3 个域：

D_1(姓名)={张三,李四}

D_2(年龄)={18,20}

D_3(籍贯)={北京,上海,广州}

则 D_1、D_2、D_3 的笛卡儿积为

$$
\begin{aligned}
D_1 \times D_2 \times D_3 = \{ & <张三,18,北京>,<张三,18,上海>, \\
& <张三,18,广州>,<张三,20,北京>, \\
& <张三,20,上海>,<张三,20,广州>, \\
& <李四,18,北京>,<李四,18,上海>, \\
& <李四,18,广州>,<李四,20,北京>, \\
& <李四,20,上海>,<李四,20,广州> \}
\end{aligned}
$$

其中<张三,18,北京>、<张三,18,上海>等都是元组。张三、李四、北京、上海等都是分量。

该笛卡儿积的度为 3，基数为 2×2×3=12。它的 12 个元组可构成一张二维表，如表 2.1 所示。

表 2.1　D_1、D_2、D_3 的笛卡儿积

姓名	年龄	籍贯
张三	18	北京
张三	18	上海
张三	18	广州
张三	20	北京
张三	20	上海
张三	20	广州
李四	18	北京
李四	18	上海
李四	18	广州
李四	20	北京
李四	20	上海
李四	20	广州

2.2　关系的数据结构

1．关系

定义 2.3　笛卡儿积 $D_1×D_2×...×D_n$ 的一个子集称为域 $D_1,D_2,...,D_n$ 上的一个关系，记为 R。

【例 2.2】设 $D_1 = \{1,3,5\}$，$D_2 = \{1,2,3\}$，则 $\{<3,1>,<3,2>,<5,1>,<5,2>,<5,3>\}$ 为域 D_1、D_2 上的一个关系。

【例 2.3】考虑 D_1(长辈)= {父,母}，D_2(子辈) = {子 1,子 2,女 1,女 2}，则 $\{<父,子 1>,<父,子 2>\}$、$\{<母,女 1>,<母,女 2>\}$ 均为域 D_1、D_2 上的关系。

当 $D_1×D_2×...×D_n$ 为有限域时，域 $D_1,D_2,...,D_n$ 上的关系 R 可用二维表予以刻画。比如，在【例 2.3】中，父子关系可用表 2.2 表示。

表 2.2　父子关系

长辈	子辈
父	子 1
父	子 2

2．关系模式

定义 2.4　关系的描述称为关系模式（Relational Schema），它可以简单地表示为

$$R(A_1,A_2, ..., A_n)$$

其中，$A_1,A_2, ..., A_n$ 为属性集。

【例 2.4】学生选修课程的关系模式可表示为

学生(学号,姓名,系别,性别,出生日期,总学分,备注)或 student (sno,sname,dept,sex,

birthday,totalcredit,remarks);

课程(课程号,课程名,学期,学时,学分)或 course(cno,cname,term, ctime, credit);

成绩(学号,课程号,成绩)或 score(sno,cno,grade)。

定义 2.5 若某一属性集的值能唯一地标识关系 R 的元组而不含多余的属性，则称其为关系 R 的候选键（Candidate Key）。

若一个关系有多个候选键，则可在其中选定一个作为主键。一个关系中只有一个主键，主键的值不能为空，且不允许重复。

定义 2.6 若某一个关系 R 中的属性集并非关系 R 的键，却是另一个关系 S 的主键，则称其为关系 R 的外键。

在【例 2.4】中，因学生、课程均可能有重名，在学生和课程关系中，通常将学号和课程号设为主键。由于一个学生可参加多门课程的学习，一门课程可被多个学生选修，可取学号与课程号的组合为成绩关系的主键（也可以设置一个自增变量作为主键）。由于学号、课程号分别为学生关系和课程关系的主键，因此成绩关系中的学号与课程号均为外键。

3．关系的类型

关系有 3 种类型：基本表、查询表和视图表。

（1）基本表是实际存在的表。

（2）查询表是查询结果对应的表。

（3）视图表是虚表，是由基本表或其他视图表导出的表。

2.3 关系的键和关系模型的完整性

2.3.1 关系的键

关系的键主要用于区分一个关系中的不同元组，或建立不同关系之间联系的属性或属性集，它主要有以下几类。

（1）候选键：能唯一标识关系中元组的最小属性集。

候选键的取值不能为空，且不能重复，如学生关系中的学号、课程关系中的课程号。

（2）主键/主码：从多个候选键中选择一个作为查询、插入或删除元组的操作变量，它被称为主键（或主码）。

（3）外键：如果关系 R 的一个属性 X 不是 R 的主键，而是另一个关系 S 的主键，则该属性 X 称为关系 R 的外键，并称 R 为参照关系，S 为被参照关系。

2.3.2 关系模型的完整性

关系模型的完整性是关系的某种约束条件。关系模型中有 3 种完整性约束：实体完整性、参照完整性和用户自定义的完整性。其中实体完整性和参照完整性是关系模型必须满足的完整性约束，被称作关系的两个不变性，由关系数据库系统自动支持。

1．实体完整性

实体完整性（Entity Integrity）规则：若属性 A 是基本关系 R 的主属性，则属性 A 不能取空值。

何为主属性？主属性是指候选键中的属性。关系中定义了候选键，而候选键是不能取重复值的，且候选键中的属性不能取空值。

实体完整性规则规定基本关系的所有主属性都不能取空值，而不仅是候选键整体不能取空值。例如，score(sno,cno,grade)中，若定义(sno,cno)为主键，则 sno 和 cno 两个属性都不能取空值。关于实体完整性规则的说明如下。

（1）实体完整性规则是针对基本关系而言的。一个基本表通常对应现实世界的一个实体集。例如，学生关系对应学生的集合。

（2）现实世界中的实体是可区分的，即它们具有某种唯一标识。

（3）相应地，关系模型中以主键作为唯一标识。

（4）主键中的属性即主属性不能取空值。如果主属性取空值，就说明存在某个不可标识的实体，即存在不可区分的实体，这与（2）相矛盾。

2．参照完整性

设 F 是关系 R 的一个或一组属性，如果 F 与关系 S 的主键相对应，则称 F 是基本关系 R 的外键，并称 R 为参照关系，基本关系 S 为被参照关系，下面举几个例子来说明。

【例2.5】学生实体和专业实体可以用下面的关系表示，其中主键用下画线标识。

学生(学号,姓名,专业号,年龄)

专业(专业号,专业名)

学生关系的专业号属性与专业关系的主键专业号相对应，因此专业号属性是学生关系的外键。这里专业关系是被参照关系，学生关系为参照关系。

【例2.6】学生、课程、学生与课程之间的多对多联系可以用如下 3 个关系表示。

学生(学号,姓名,性别,专业号,年龄)

课程(课程号,课程名,学分)

成绩(学号,课程号,成绩)

成绩关系的学号属性与学生关系的主键学号相对应，课程号属性与课程关系的主键课程号相对应，因此学号和课程号属性是成绩关系的外键。这里学生关系和课程关系均为被参照关系，成绩关系为参照关系。

【例2.7】在学生关系(学号,姓名,性别,专业号,年龄,班长)中，学号属性是主键，班长属性表示学生所在班级的班长的学号，它引用了本关系的学号属性，即班长必须是确实存在的学生的学号。

班长属性与关系本身的主键学号属性相对应，因此班长是外键。这里学生关系既是参照关系也是被参照关系。

注意：外键并不一定要与相应的主键同名（见【例2.7】）。不过，在实际应用当中，为了便于识别，当外键与相应的主键属于不同关系时，往往给它们取相同的名字。

参照完整性（Referential Integrity）规则：若属性（或属性集）F 是基本关系 R 的外键，它与基本关系 S 的主键 K 相对应（基本关系 R 和 S 不一定是不同的关系），则对于 R 中每个元组，在 F 上的值必须为

（1）空值；

（2）S 中某个元组的主键值。

例如，对于【例2.5】，学生关系中每个元组的专业号属性只能取下面两类值。

（1）空值，表示尚未给该学生分配专业。

（2）非空值，这时该值必须是专业关系中某个元组的专业号值，表示该学生被分配到一个已存在的专业中，即被参照关系专业中一定存在一个元组，它的主键值等于参照关系学生中的外键值。

对于【例2.6】，按照参照完整性规则，学号和课程号属性也可以取两类值：空值或目标关系中已经存在的值。但由于学号和课程号是成绩关系中的主属性，按照实体完整性规则，它们均不能取空值。所以成绩关系中的学号和课程号属性实际上只能取相应被参照关系中已经存在的主键值。

参照完整性规则中，R 与 S 可以是同一个关系。例如对于【例2.7】，按照参照完整性规则，班长属性可以取两类值：

（1）空值，表示该学生所在班级尚未选出班长；

（2）非空值，这时该值必须是本关系中某个元组的学号值。

3．用户自定义的完整性

任何关系数据库系统都应该支持实体完整性和参照完整性。除此之外，关系数据库系统根据其应用环境的不同，往往还需要一些特殊的约束条件，用户自定义的完整性（User-defined Integrity）就是针对某一具体关系数据库的约束条件，它反映的是某一具体应用所涉及的数据必须满足的语义要求。用户自定义的完整性规则包括

（1）列值非空（NOT NULL 短语）；

（2）列值唯一（UNIQUE 短语）；

（3）列值需满足一个布尔表达式（CHECK 短语）。

例如，把退休职工的年龄定义为男性 60 岁以上，女性 50 岁以上，把学生成绩定义在 0 到 100，要求学生姓名不能为空，等等。

2.4 关系代数

关系代数是特殊的代数系统。它以一个或多个关系为运算对象，运算结果亦为关系。关系代数的运算符分为 4 类：传统的关系运算符（即集合运算符）、专门的关系运算符、比较运算符和逻辑运算符，如表 2.3 所示。

表 2.3　关系代数的运算符

运算符		含义	运算符		含义
传统的关系运算符	∪ − ∩ ×	并 差 交 广义笛卡儿积	比较运算符	> ≥ < ≤ = ≠	大于 大于或等于 小于 小于或等于 等于 不等于
专门的关系运算符	σ π ∞ ÷	选择 投影 连接 除	逻辑运算符	¬ ∧ ∨	非 与 或

其中，传统的关系运算将关系视为集合，执行并、交、差、广义笛卡儿积 4 种集合运

算。传统的关系运算符涉及的是关系表的行，而专门的关系运算符既涉及关系表的行又涉及列。比较运算符和逻辑运算符用于辅助专门的关系运算符。

2.5 传统的关系运算

传统的关系运算是二目运算，主要包括并、交、差和广义笛卡儿积 4 种运算。其中，参与并、交、差运算的两个关系必须是相容的。所谓相容，即两个关系的度相同，且两个关系相应的属性取自同一个域，也就是说两个关系的结构相同。

1．并

关系 R 和关系 S 的并（Union）由属于 R 或属于 S 的元组构成，即

$$R \cup S = \{t \mid t \in R \vee t \in S\}$$

2．交

关系 R 和关系 S 的交（Intersect）由既属于 R 又属于 S 的元组构成，即

$$R \cap S = \{t \mid t \in R \wedge t \in S\}$$

3．差

关系 R 和关系 S 的差（Minus）由属于 R 而不属于 S 的元组构成，即

$$R - S = \{t \mid t \in R \wedge t \notin S\}$$

4．广义笛卡儿积

若关系 R 的度为 m，S 的度为 n，定义 R、S 的广义笛卡儿积如下。

R 与 S 的广义笛卡儿积（Extended Cartesian Product）是一个 $m+n$ 列的元组的集合。其中元组的前 m 列是来自关系 R 的一个元组，后 n 列是来自关系 S 的一个元组，即

$$R \times S = \{t \mid t = <t_r, t_s> \wedge t_r \in R \wedge t_s \in S\}$$

若关系 R 有 r 个元组，S 有 s 个元组，则 R 与 S 的广义笛卡儿积有 $r \times s$ 个元组。

【例 2.8】设有关系 R 和 S 如下。

关系 R

A	B	C
1	2	3
4	5	6

关系 S

A	B	C
1	2	3
7	8	9

则有：

$R \cup S$

A	B	C
1	2	3
4	5	6
7	8	9

$R \cap S$

A	B	C
1	2	3

$R - S$

A	B	C
4	5	6

$R \times S$

$R.A$	$R.B$	$R.C$	$S.A$	$S.B$	$S.C$
1	2	3	1	2	3
1	2	3	7	8	9
4	5	6	1	2	3
4	5	6	7	8	9

注意：若两个关系中有公共属性，为加以区别，一般在属性前标注关系名。即使 R、S 的度不同，R、S 仍可执行广义笛卡儿积运算。

2.6 专门的关系运算

2.6.1 选择运算和投影运算

给定关系模式 $R(A_1, A_2, ..., A_n)$，t 为 R 中的一个元组（即 $t \in R$）。为便于描述专门的关系运算，引入以下符号。

（1）分量 $t[A_i]$：元组 t 中相应于属性 A_i 的一个分量。

（2）属性列上的分量集合 $t[A]$：设属性集 $A_i = \{A_{i1}, A_{i2}, ..., A_{ij}\} \subseteq A = \{A_1, A_2, ..., A_n\}$，则 $t[A] = (t[A_{i1}], t[A_{i2}], ..., t[A_{ij}])$ 表示元组 t 在属性列上的分量集合。

（3）象集 Y_x：设 $R = R(X, Y)$，其中 X 和 Y 为属性集。当 $t[X] = x$ 时，x 在 R 中的象集为

$$Y_x = \{t[Y] \mid t \in R \wedge t[X] = x\}$$

象集 Y_x 表示的是 R 中属性集 X 上值为 x 的诸元组在 Y 上分量的集合。

1．选择

选择（Select）运算用于在一个关系中找出若干元组构成新的关系，是从行的角度施加的操作。选择运算符为 σ。该运算符作用于关系 R 上，将产生一个新的关系 $\sigma_F(R)$：

$$\sigma_F(R) = \{t \mid t \in R \wedge F(t) = "\text{True}"\}$$

其中，F 是一个逻辑表达式，表示选择条件。F 的基本形式为 $X \theta Y$，其中 θ 为比较运算符，X 和 Y 可以为属性、常量、函数等。$\sigma_F(R)$ 表示 R 中满足表达式 F 的诸元组所构成的关系。

【例 2.9】 关系 R 同【例 2.8】，则 $\sigma_{C>5}(R)$ 为

A	B	C
4	5	6

注意：属性名也可以用属性的序号来代替，如 $C > 5$ 也可表示为 $[3] > 5$。

2．投影

投影（Project）运算用于在一个关系中找出若干属性构成新的关系，是从列的角度施加的操作。投影运算符为 π。该运算符作用于关系 R 的属性集 A 上，将产生一个新的关系 $\pi_A(R)$：

$$\pi_A(R) = \{t[A] \mid t \in R\}$$

若属性集 A 不包含关系的键，经投影运算后，结果中很可能出现重复元组。在新的关系中应消除重复元组。因此，投影运算在消除原关系的一些列的同时，可能消除原关系的某些行。

【例 2.10】 关系 R、S 同【例 2.8】，则 $\pi_{B,C}(R)$ 为

B	C
2	3
5	6

$\pi_{R.A,R.C}(R \times S)$ 为

R.A	R.C
1	3
4	6

2.6.2 连接运算

1．连接

连接（Join）是指从两个关系的广义笛卡儿积中找出若干元组构成新的关系，是从行的角度施加的操作。连接运算也称为 θ 连接，其一般表达式为

$$R \underset{A\theta B}{\infty} S = \{ t \mid t=<t_r,t_s> \land t_r \in R \land t_s \in S \land t_r[A]\theta t_s[B]\}$$

其中 A 与 B 分别为 R 和 S 上的属性集，θ 为比较运算符。

连接运算的结果由广义笛卡儿积中的 R 关系在 A 属性集上的值与 S 关系在 B 属性集上的值满足 θ 比较运算的元组构成。当 θ 为 "=" 时，连接运算为等值运算。等值运算是一类常用的连接运算，另一类常用的连接运算为自然连接。

2．自然连接

自然连接（Natural Join）为舍弃重复列的等值连接，它要求两个关系 R 与 S 具有公共属性，在连接结果中把重复的属性消除。设 $R = R(X,Y)$，$S = S(Y,Z)$，则自然连接的一般表达式为

$$R \infty S = \pi_{X,Y,Z}\{<t_r,t_s> \mid t_r \in R \land t_s \in S \land t_r[Y]=t_s[Y]\}$$

自然连接运算的结果由广义笛卡儿积中在公共属性 Y 上等值的元组向非公共属性 X、Z 和公共属性 Y 上投影而形成。

【例 2.11】设有关系 R 和 S 如下。

	R				S	

A	B	C
1	2	4
2	7	9

C	D
4	7
4	5
3	2

则有：

$$R \underset{A<D}{\infty} S$$

A	B	R.C	S.C	D
1	2	4	4	7
1	2	4	4	5
1	2	4	3	2
2	7	9	4	7
2	7	9	4	5

$$R \underset{R.C=S.C}{\infty} S$$

A	B	R.C	S.C	D
1	2	4	4	7
1	2	4	4	5

$R \infty S$

A	B	C	D
1	2	4	7
1	2	4	5

3. 外连接

自然连接考虑的是 R 与 S 的公共属性上等值的那些元组，而不等值的元组被舍弃。若把公共属性上不等值的元组也保留到结果关系中，并在其他属性上取空值（NULL），则这种连接称作外连接（Outer Join），记为 $R⋈S$；若只把关系 R 中要舍弃的元组保留就叫左外连接（Left Outer Join），记为 $R⋉S$；若只把关系 S 中要舍弃的元组保留就叫右外连接（Right Outer Join），记为 $R⋊S$。

$R⋈S$

A	B	C	D
1	2	4	7
1	2	4	5
2	7	9	NULL
NULL	NULL	3	2

$R⋉S$

A	B	C	D
1	2	4	7
1	2	4	5
2	7	9	NULL

$R⋊S$

A	B	C	D
1	2	4	7
1	2	4	5
NULL	NULL	3	2

2.6.3 除运算

考虑关系 $R(X,Y)$ 与关系 $S(Y,Z)$，其中 X、Y、Z 为属性集。R 与 S 的除运算可确定一个新的关系 $R÷S$，记作

$$R÷S=\{t_r[X] \mid t_r \in R \wedge \pi_y(S) \subseteq Y_x\}$$

R 与 S 的除运算结果为 R 中满足条件的元组在 X 上的投影，元组在 X 上分量值为 x 的象集 Y_x 包含 S 在 Y 上的投影。

【例 2.12】计算 $R÷S$，其中 $R = R(A,B,C,D)$ 如下。

A	B	C	D
a	b	c	d
a	b	e	f
b	c	e	f
e	d	c	d
e	d	e	f
a	b	d	e

$S = S(C, D, E)$如下。

C	D	E
c	d	d
e	f	e

令 $X = (A, B)$, $Y = (C, D)$，则 $R \div S$ 的求解步骤如下。

（1）计算 $\pi_X(R)$、$\pi_Y(S)$。

$$\pi_X(R) = \{<a,b>,<b,c>,<e,d>\}$$

$$\pi_Y(S) = \{<c,d>,<e,f>\}$$

（2）计算 $\pi_X(R)$ 中各元素的象集并考虑其与 $\pi_Y(S)$ 的包含关系。

$$Y_{<a,b>} = \{<c,d>,<e,f>,<d,e>\} \supseteq \pi_Y(S)$$

$$Y_{<b,c>} = \{<e,f>\}$$

$$Y_{<e,d>} = \{<c,d>,<e,f>\} \supseteq \pi_Y(S)$$

（3）确定 $R \div S$。

$$R \div S = \{<a,b>,<e,d>\}$$

2.7 关系运算应用举例

考虑【例2.4】中的学生、课程、成绩关系，涉及的关系运算可用关系代数予以表示。

【例2.13】将新课程元组('401','复杂网络','7',48,3)插入课程关系。

$$course \cup \{('401','复杂网络','7',48,3)\}$$

【例2.14】在成绩关系中去掉两条记录 ('001221','101',76) 和 ('001241','101',90)。

$$score - \{('001221','101',76), ('001241','101',90)\}$$

【例2.15】将学号为"001101"、课程号为"101"的成绩改为85分。

$$\{ score - \sigma_{sno='001101' \wedge cno='101'}(score) \} \cup \{('001101', '101', 85)\}$$

【例2.16】检索学号为"001101"的学生信息。

$$\sigma_{sno = '001101'}(student)$$

属性名可用列序号（属性的序号）替代。比如，在本例中，关系代数可改写为 $\sigma_{[1] = '001101'}(student)$。

【例2.17】检索学号为"001101"的学生姓名。

$$\pi_{sname}(\sigma_{sno='001101'}(student))$$

【例2.18】检索姓名为"王林"的学生的成绩。

$$\pi_{grade}(\sigma_{sname = '王林'}(student \infty score))$$

这个查询语句涉及两个关系，即学生和成绩，故可对这两个关系进行自然连接后，再进行选择和投影操作。

【例2.19】检索姓名为"王林"的学生的课程名及成绩。

$$\pi_{cname,grade}(\sigma_{sname= '王林'}(student) \infty score \infty course)$$

【例 2.20】检索选修了"离散数学"或者"数据结构"的学生的学号和姓名。

$$\pi_{sno,sname}(\sigma_{cname='离散数学' \lor cname='数据结构'}(student \infty score \infty course))$$

这个查询语句中的属性名虽然只涉及学生关系和课程关系,但由于学生关系和课程关系中无相同的属性,故需通过成绩关系来进行连接。

【例 2.21】检索未选修"数据结构"的学生的学号和姓名。

$$\pi_{sno,sname}(student) - \pi_{sno,sname}(\sigma_{cname='数据结构'}(student \infty score \infty course))$$

此语句不能写成 $\pi_{sno,sname}(\sigma_{cname <> '数据结构'}(student \infty score \infty course))$。

【例 2.22】检索选修了所有课程的学生的学号。

$$\pi_{sno,cno}(score) \div \pi_{cno}(course)$$

此问题的求解可分成 3 个步骤。

(1)确定参与选课的学生的学号及其所选课程的课程号:$\pi_{sno,cno}(score)$。

(2)确定全部课程的课程号:$\pi_{cno}(course)$。

(3)确定选修了全部课程的学生的学号:$\pi_{sno,cno}(score) \div \pi_{cno}(course)$。

一般涉及否定的查询时采用差操作,涉及全部值时采用除操作。此外,为降低查询成本,可以考虑尽可能早地做投影运算、选择运算,并避免直接做广义笛卡儿积运算。

2.8 关系系统的查询优化

1.查询代价

查询优化在关系数据库系统(简称关系系统)中有着非常重要的作用。查询优化是影响 RDBMS(Relational DataBase Management System,关系数据库管理系统)性能的关键因素,目前 RDBMS 通过某种代价模型计算出各种查询执行策略的代价,然后选取代价最小的执行策略。在集中式数据库中,查询代价主要包括磁盘存取块数(I/O)代价、处理机时间(CPU)代价以及查询的内存代价。在分布式数据库中,还要再加上场地的通信代价,即总代价=I/O 代价+CPU 代价+内存代价+通信代价。

在集中式数据库中,I/O 代价是最主要的。查询优化的总目标是,选择有效的策略,求出给定的关系表达式的值,使得查询代价最小。

2.实例

首先来看一个简单的例子,它说明了为什么要进行查询优化。

【例 2.23】以【例 2.4】中的关系模式为例,求选修了 002 号课程的学生姓名。假定学生-课程数据库中有 1000 条学生记录,10000 条选课记录,其中选修 002 号课程的记录为 50 条。

系统可以用多种等价的关系代数表达式来完成这一查询:

$Q_1 = \pi_{sname}(\sigma_{student.sno=score.sno \land score.cno='002'}(student \times score))$

$Q_2 = \pi_{sname}(\sigma_{score.cno='002'}(student \infty score))$

$Q_3 = \pi_{sname}(student \infty \sigma_{cno='002'}(score))$

还可以写出几种等价的关系代数表达式,但分析这 3 种就足以说明问题了。由于查询执行策略不同,查询时间相差很大。

这个简单的例子充分说明了查询优化的必要性，同时也初步给出了查询优化方法。当有选择运算和连接运算时，应当先做选择运算，这样参加连接的元组就会大大减少。下面给出优化的一般策略。

3．查询优化的一般策略

很多系统采用启发式优化策略对关系代数表达式进行优化。这种优化策略主要考虑如何合理地安排运算的顺序，以花费较少的时间和空间。典型的启发式优化策略有以下几条。

（1）尽可能早地做选择运算。它可以使计算的中间结果大大变小，从而使执行时间减少几个数量级。

（2）尽可能早地做投影运算，投影运算和选择运算同时进行。

（3）避免直接做广义笛卡儿积运算，把广义笛卡儿积运算之前和之后的选择运算和投影运算合并起来一起做。

本 章 小 结

本章首先介绍了一些基本术语、关系的基本理论和关系模式；然后讨论了关系模型的 3 种完整性约束，即实体完整性、参照完整性和用户自定义的完整性。接下来，本章描述了关系代数，使读者对关系代数有了总体的了解，并重点分析了几种基本的运算操作以及实例，使读者了解了关系运算的特点。本章最后讨论了关系系统的查询优化，分析了查询优化的重要性及查询优化的一些方法。

习 题 2

2.1 选择题。

（1）在关系代数的专门的关系运算中，从关系中选出满足条件的元组的运算是_____。

    A．选择   B．投影

    C．连接   D．除

（2）进行自然连接的两个关系必须有_____。

    A．相同的属性个数   B．相同的属性

    C．相同的元组   D．相同的主键

（3）如果关系 R 中有 4 个属性和 3 个元组，关系 S 中有 3 个属性和 5 个元组，则 $R \times S$ 的属性个数和元组个数分别是_____。

    A．7 和 8   B．7 和 15

    C．12 和 8   D．12 和 15

（4）以下关于关系性质的说法中，错误的是_____。

    A．关系中任意两个元组的值不能完全相同

    B．关系中任意两个属性的值不能完全相同

    C．关系中任意两个元组可以交换顺序

    D．关系中任意两个属性可以交换顺序

关系数据库理论 **第2章**

（5）在关系代数中，对一个关系做投影运算后，新关系的元组个数_____原来关系的元组个数。

A. 小于   B. 小于或等于

C. 等于   D. 大于

（6）在学生关系中，规定学号的值是由 8 个数字组成的字符串，这个规则属于_____。

A. 实体完整性   B. 参照完整性

C. 用户自定义的完整性   D. 键完整性

（7）在关系数据库中，关系与关系之间的联系是通过_____实现的。

A. 实体完整性   B. 参照完整性

C. 用户自定义的完整性   D. 域完整性

2.2　为什么关系中的元组没有先后顺序，且不允许重复？

2.3　连接、等值连接和自然连接有什么样的区别？

2.4　设有一个学生借书数据库，包括 s、b、sjb 这 3 个关系模式：

```
s(sno,sname,sage,ssex,sdept)
b(bno,bname,bwri,bpub,bqty,bpri)
sjb(sno,bno,bt,st,qty,fee)
```

学生表由 sno（学号）、sname（姓名）、sage（年龄）、ssex（性别）、sdept（系别）组成；

图书表由 bno（图书号）、bname（图书名）、bwri（作者）、bpub（出版社）、bqty（数量）、bpri（价格）组成；

学生借阅表由 sno（学号）、bno（图书号）、bt（借阅时间）、st（归还时间）、qty（借出数量）、fee（欠费情况）组成。

关系 s

sno	sname	sage	ssex	sdept
s1	李明	18	男	计算机系
s2	王建	18	男	计算机系
s3	王丽	17	女	计算机系
s4	王小川	19	男	数理系
s5	张华	20	女	数理系
s6	李晓莉	19	女	数理系
s7	赵阳	21	女	外语系
s8	林路	19	男	建筑系
s9	赵强	20	男	建筑系

关系 b

bno	bname	bwri	bpub	bqty	bpri
b1	数据通信	赵甲	南北出版社	10	28
b2	数据库	钱乙	大学出版社	5	34
b3	人工智能	孙丙	木华出版社	7	38
b4	中外建筑史	李丁	木华出版社	4	52

bno	bname	bwri	bpub	bqty	bpri
b5	计算机英语	周戊	大学出版社	7	25
b6	离散数学	吴已	木华出版社	2	28
b7	线性电子线路	郑庚	南北出版社	3	34
b8	大学物理	王辛	南北出版社	4	28

关系 sjb

sno	bno	bt	st	qty	fee
s1	b1	08/04/2008	12/09/2008	1	3.5
s1	b2	10/07/2008	11/07/2008	1	0
s1	b3	10/07/2008		1	
s2	b2	09/04/2008	11/07/2008	1	0
s3	b4	09/04/2008	12/31/2008	1	2.7
s3	b3	06/11/2008	09/08/2008	2	0
s4	b2	09/11/2008	12/10/2008	1	0
s4	b1	09/11/2008		1	
s5	b5	09/06/2008	12/31/2008	1	0
s6	b7	05/14/2008	05/31/2008	1	0
s7	b4	05/27/2008	09/16/2008	1	11.2
s7	b7	09/18/2008	10/26/2008	1	0
s9	b8	11/21/2008	12/31/2008	1	0
s9	b8	11/27/2008		1	

试用关系代数完成下列查询并给出结果。

（1）检索学号为 s1 的学生的借书情况。

（2）检索计算机系学生的借书情况。

（3）检索学生李明借的图书的图书名和出版社情况。

（4）检索李明借的《数据库》一书的欠费情况。

（5）检索至少借了王小川同学所借的所有图书的学生的学号。

（6）检索 12 月 31 日归还的图书情况。

（7）检索木华出版社出版的 30 元以下的图书情况。

第 3 章

搭建数据库实验环境

本章学习目标：了解 MySQL 的特点；掌握 MySQL 数据库的安装与配置方法；掌握管理 MySQL 服务的方法；学习使用 MySQL 客户端工具。

3.1 MySQL 数据库

3.1.1 MySQL 简介

MySQL 是一个跨平台的开源关系数据库管理系统，被广泛应用在 Internet 上的中小型网站开发中，其开发者为瑞典 MySQL AB 公司。与其他大型数据库管理系统如 Oracle、Db2、SQL Server 等相比，MySQL 规模小，功能有限，但是它体积小、读写速度快、使用成本低，且它提供的功能对稍微复杂的应用来说已经够用，这些特性使得 MySQL 数据库成为世界上最受欢迎的开放源码数据库之一。由于分布式和集群的出现，MySQL 也被用于大型网站。

1．MySQL 的发展历史

MySQL 的第一版在 1996 年发布，其开发者 MySQL AB 公司 2008 年被 Sun Microsystems 公司收购。Oracle 公司于 2009 年收购 Sun Microsystems 公司时，也获得了 MySQL 的所有权。如今，MySQL 是使用最广泛的开源关系数据库管理系统之一。随着 MySQL 的不断成熟，它也逐渐被用于更多大规模网站和应用。MySQL 的发展历史如表 3.1 所示。

表 3.1　MySQL 的发展历史

时间	标志性事件
1996 年	MySQL 1.0 发布
1996 年	10 月 MySQL 3.11.1 发布（MySQL 没有 2.x 版本）
2000 年	ISAM 升级成 MyISAM 引擎，MySQL 开源
2003 年	MySQL 4.0 发布，集成 InnoDB 存储引擎
2005 年	MySQL 5.0 发布，提供视图、存储过程等功能
2008 年	MySQL AB 公司被 Sun Microsystems 公司收购，开启 "Sun MySQL 时代"
2009 年	Oracle 公司收购 Sun Microsystems 公司，开启 "Oracle MySQL 时代"
2010 年	MySQL 5.5 发布，InnoDB 成为默认的存储引擎
2011 年	MySQL 5.6 发布，增加 GTID 复制，支持延时复制、行级复制
2013 年	MySQL 5.7 发布，支持原生 JSON 数据类型

时间	标志
2016 年	MySQL 8.0.0 发布，可使用 JSON 数据的 SQL 机制，且支持 GIS
2018 年	MySQL 8.0.11 GA 发布，支持 NoSQL 文档存储
2022 年	MySQL 8.0.30 发布

2．MySQL 版本

MySQL 遵守双重协议，一个是 GPL（General Public License，通用公共许可）授权协议，一个是商用授权协议，即针对不同的用户，MySQL 分为两个不同的版本。

（1）MySQL Community Server（社区版）：该版本完全免费，用户可以自由下载使用，但是官方不提供技术支持。

（2）MySQL Enterprise Server（企业版服务器）：为企业提供数据库应用，支持 ACID（Atomicity Consistency Isolation Durability，原子性、一致性、隔离性、持久性）事务处理，可提供完整的提交、回滚、崩溃修复和行政锁定功能，需要付费使用，官方提供技术支持。

3.1.2　MySQL 的特点

MySQL 是一种关系数据库管理系统，由于具有体积小、读写速度快、使用方便、开放源码等优点，被越来越多的公司使用。MySQL 具有如下特点。

（1）容易使用：与其他大型数据库的设置和管理相比，其复杂程度较低，易于学习、使用。

（2）可移植性：能够工作在不同的系统平台上，如 Windows、Linux、UNIX、macOS 等。

（3）丰富的接口：提供了用于 C、C++、Eiffel、Java、Perl、PHP、Python、Ruby 等语言的 API（Application Program Interface，应用程序接口）。

（4）标准 SQL：支持完整的标准 SQL（Structure Query Language，结构化查询语言）。

（5）安全性：具有可靠的数据安全层，可为数据提供高效的加密。

3.2　MySQL 数据库的安装与配置

MySQL 数据库
的安装与配置

3.2.1　MySQL 的安装

对于不同的操作系统，MySQL 提供了相应的版本。在 Windows 操作系统下，MySQL 数据库的安装包分为图形化界面安装包和免安装安装包。这两种安装包的安装方式不同，配置方式也不同。图形化界面安装包有完整的安装向导，安装和配置很方便。免安装安装包直接解压即可使用，但是配置起来不方便。

1．下载

用户可以根据自身的操作系统类型，从 MySQL 官方下载页面免费下载相应的安装包。

用户下载安装包（包括 Windows 图形化界面安装包、Windows 免安装安装包）的步骤如下。下载 Linux 操作系统的 MySQL 安装包也是同样的操作方法。

（1）打开 MySQL 官网。

（2）单击"DOWNLOADS"进入产品列表，单击社区版下载超链接"MySQL Community (GPL) Downloads"。

（3）下载 Windows 图形化界面安装包（本书安装的是 MySQL 8.0.26）。

2．安装

MySQL 允许在多种平台上运行，但平台不同，安装方法也有所差异。这里主要介绍如何在 Windows 平台上安装和配置 MySQL。在 Windows 平台上有两种安装 MySQL 的方式。

- 图形化界面安装（.msi 安装文件）。
- 免安装（.zip 压缩文件）。

本书介绍图形化界面安装，步骤如下。

（1）双击下载的 MySQL 安装包，进行 MySQL 的安装。首先进入"License Agreement"（用户许可证协议）窗口，勾选"I accept the license terms"（我接受系统协议）复选框，单击"Next"（下一步）按钮进入图 3.1 所示的界面进行安装类型选择。

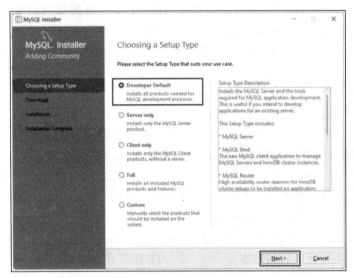

图 3.1　安装类型选择

图 3.1 中列出了 5 种安装类型，分别如下。

- Developer Default：默认安装类型，表示安装数据库服务器及数据库开发的必要工具。
- Server only：仅作为服务器，适用于服务器部署。
- Client only：仅作为客户端，适用于在分布式环境下操作数据库的客户端部署。
- Full：完全安装。
- Custom：自定义安装类型。

作为数据库的学习者，我们选择"Developer Default"，以实现数据库的本地化部署和本地化开发调试。选择后，单击"Next"按钮。

（2）进入"Check Requirements"界面，如图 3.2 所示，然后单击"Next"按钮。

（3）进行安装产品确认，如图 3.3 所示，单击"Execute"按钮，开始 MySQL 各个产品的安装。

（4）安装完成后，在"Status"列中会显示"Complete"，如图 3.4 所示。

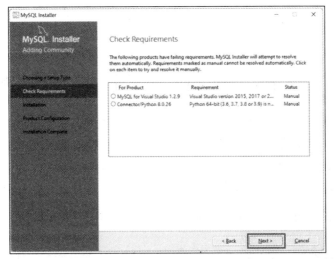

图 3.2 "Check Requirements" 界面

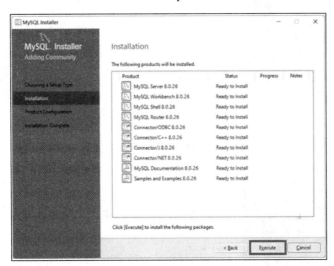

图 3.3 安装产品确认

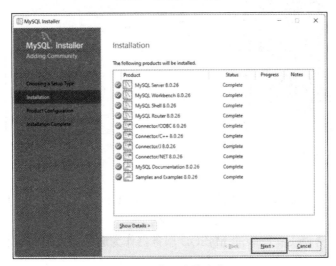

图 3.4 产品安装完成

3.2.2 MySQL 的配置

MySQL 安装完成之后，需要对服务器进行配置，具体配置步骤如下。

（1）在安装的最后一步中，单击"Next"按钮进行服务器配置。确认配置信息，如图 3.5 所示，确认后单击"Next"按钮。

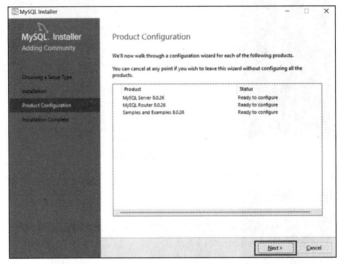

图 3.5　需要配置的产品列表

（2）进行服务器类型和网络配置，如图 3.6 所示。

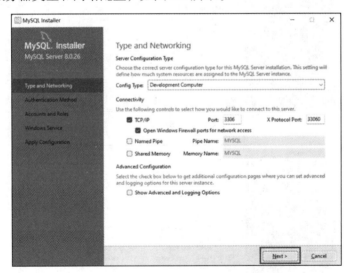

图 3.6　服务器类型和网络配置

服务器类型包括以下 3 种。
- Development Computer（开发机）：安装的 MySQL 服务器作为开发机的一部分，在 3 种可选的类型中，占用的内存最少。
- Server（服务器）：安装的 MySQL 服务器作为服务器机器的一部分，占用的内存在 3 种类型中居中。

- Dedicated（专用服务器）：安装专用 MySQL 服务器，占用机器全部有效内存。

本书建议选择"Development Computer"选项，这样占用系统资源比较少。

网络连接一般使用 TCP/IP 模式，默认端口为 3306。如果服务器中安装的其他软件占用了这个端口，可选其他端口；如果没有特殊需求一般不建议修改。其他设置保持默认状态，然后单击"Next"按钮。

（3）进行认证方式配置，如图 3.7 所示，选择使用强密码认证还是使用已有认证方式。初次使用，可保持默认设置，单击"Next"按钮。

图 3.7　认证方式配置

（4）配置管理员账号和密码，如图 3.8 所示。输入超级管理员 root 账号的密码，注意密码策略，重复输入两次登录密码（建议设为字母、数字加符号），记住该密码以便配置完成后进行登录。如果想添加新用户，可以单击"Add User"（添加用户）按钮进行添加。单击"Next"按钮。

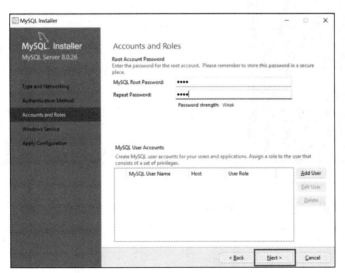

图 3.8　管理员账号和密码配置

（5）配置 MySQL 服务的实例名称以及是否在系统启动后自动运行，如图 3.9 所示。实例名称也是服务名称，无特殊需要也不建议修改。勾选 "Start the MySQL Server at System Startup" 复选框，设置开机启动 MySQL 服务，否则需要手动开启。单击 "Next" 按钮。

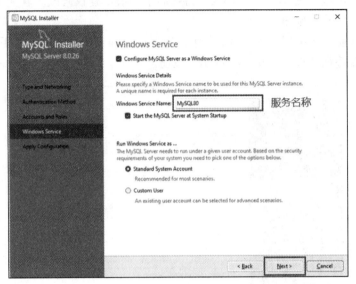

图 3.9　实例名称和自动运行配置

（6）界面如图 3.10 所示，单击 "Execute" 按钮。

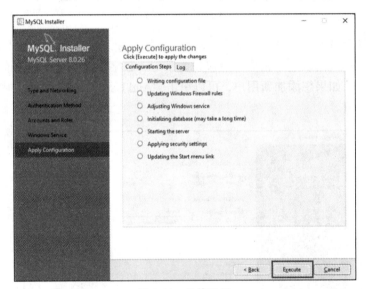

图 3.10　继续配置

继续根据界面提示完成配置，MySQL 配置完成如图 3.11 所示。

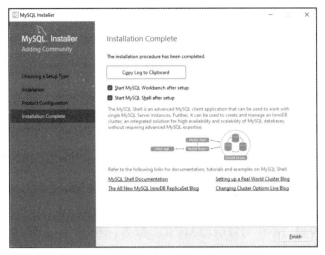

图 3.11　MySQL 配置完成

3.3　MySQL 服务

3.3.1　管理 MySQL 服务

MySQL 安装完成后，需要启动服务进程，否则客户端无法连接数据库。在前面的配置过程中，我们已经将 MySQL 配置为 Windows 服务。控制 MySQL 服务的启动与停止，可以通过两种方式来实现。

1．通过 Windows 服务管理器管理 MySQL 服务

通过 Windows 的服务管理器可以查看 MySQL 服务是否开启。在命令提示符窗口中执行 services.msc 命令，或在 Windows 桌面右击"此电脑"，再单击"管理"→"服务和应用程序"→"服务"打开 Windows 的服务管理器，如图 3.12 所示，MySQL 服务名为 MySQL80（安装时默认名）。

从图 3.12 可以看出，MySQL 服务没有启动，此时可以直接双击 MySQL 服务名打开属性对话框，通过单击"启动"按钮修改服务的状态，如图 3.13 所示。

图 3.12　服务管理器

图 3.13　修改服务的状态

图 3.13 中有一个名为"启动类型"的下拉列表框，其中有以下 3 种类型可供选择。

（1）自动：通常与系统有紧密关联的服务才必须设置为自动，它会随系统一起启动。

（2）手动：服务不会随系统启动，直到需要时由用户启动。

（3）禁用：服务将不能启动。

上述 3 种启动类型初学者可以根据实际需求进行选择，在此建议选择"自动"或者"手动"。

2．通过命令提示符窗口管理 MySQL 服务

MySQL 服务不仅可以通过 Windows 服务管理器启动，还可以通过命令提示符窗口来启动。使用管理员身份打开命令提示符窗口，执行如下命令启动名为 MySQL80 的服务。

```
net start MySQL80
```

通过命令提示符窗口不仅可以启动 MySQL 服务，还可以停止 MySQL 服务，具体命令如下。

```
net stop MySQL80
```

3.3.2 登录 MySQL 服务

登录 MySQL 服务可以使用 MySQL 命令行工具（MySQL Shell）实现，也可以使用命令提示符窗口实现，还可以使用客户端工具实现。

如果希望在命令提示符窗口中直接登录 MySQL 服务，需要配置环境变量（即在系统变量的"path"中加入 mysql.exe 所在的目录，如"C:\Program Files\MySQL\MySQL Server 8.0\bin"），否则就要使用 MySQL 命令行工具。

在 MySQL 的 bin 目录中，mysql.exe 是 MySQL 提供的命令行工具，用于访问数据库。该文件不能直接双击运行，需要打开命令提示符窗口，执行如下命令。

```
mysql -u <用户名>  -p<密码>
```

初次登录时用户名一般使用 root，密码使用配置 MySQL 时所设置的密码。

使用命令提示符窗口成功登录 MySQL 服务后，效果如图 3.14 所示。

图 3.14　成功启动 MySQL 服务

命令提示符窗口中的提示符变成"mysql>"，表示登录 MySQL 服务成功，此后即可执行 SQL 语句，例如，执行"show databases;"来查看服务器中的所有数据库。

3.4 MySQL 客户端工具

MySQL 命令行工具的优点在于不需要额外安装，但利用命令行工具操作不够直观，不方便编辑，容易出错。为了方便操作，可以使用一些图形化的客户端工具，如 SQLyog、Navicat 和 MySQL Workbench 等。下面对这几款工具做简单的介绍。

3.4.1 SQLyog

SQLyog 是一个易于使用的、简洁的、图形化管理 MySQL 数据库的工具，通过它能够在任何地点有效地管理数据库。它可以在 Windows（从 Windows Vista 到 Windows 10）平台上运行，也可以在 Linux 平台和各种 UNIX（包括 macOS）平台上工作。

SQLyog 的安装和使用

1．SQLyog 功能

SQLyog 是 Webyog 公司出品的一款简洁高效、功能强大的图形化 MySQL 数据库管理工具。开发者使用 SQLyog 可以快速、直观地在世界的任何角落通过网络来维护远端的 MySQL 数据库。SQLyog 相比其他类似的 MySQL 客户端工具有如下特点。

（1）基于 C++和 MySQL API 编程。

（2）方便快捷的数据库同步与数据库结构同步工具。

（3）易用的数据库、数据表备份与还原功能。

（4）支持导入与导出 XML、HTML、CSV 等多种格式的数据。

（5）可直接运行批量 SQL 脚本文件，速度极快。

（6）新版本增加了强大的数据迁移功能。

2．SQLyog 的安装及使用

（1）打开 SQLyog 官网，下载并安装 SQLyog。

（2）打开 SQLyog，建立新的连接。输入"我的 SQL 主机地址""用户名""密码""端口""数据/库"等，如图 3.15 所示。

图 3.15　SQLyog 连接服务器的设置

- 我的 SQL 主机地址：可以输入远程服务器地址，默认为"localhost"，即连接本机上的 MySQL 服务器。
- 用户名和密码：初次可以输入 root 和相应密码，若创建了新用户，可以输入新的用户名和密码。
- 端口：使用 MySQL 的默认端口 3306。
- 数据/库：可以输入需要访问的数据库名，默认为服务器中的所有数据库。

（3）连接成功，进入主界面，查询 teaching_manage 数据库中的 student 表的数据，如图 3.16 所示。

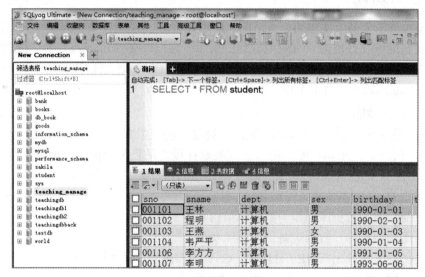

图 3.16 SQLyog 主界面

3.4.2 Navicat

Navicat 是一套数据库开发工具，可同时连接 MySQL、MariaDB、MongoDB、SQL Server、Oracle、PostgreSQL 和 SQLite 数据库。它与 Amazon RDS、Amazon Aurora、Amazon Redshift、Microsoft Azure、Oracle Cloud、MongoDB Atlas、阿里云、腾讯云和华为云等云数据库兼容。使用 Navicat 可以快速、轻松地创建、管理和维护数据库。

Navicat 的功能足以满足专业开发人员的大部分需求，对数据库初学者来说也简单、易操作。Navicat 的图形用户界面（Graphical User Interface，GUI）设计良好，用户能以安全且简单的方法创建、组织、访问和共享信息。

Navicat 适合新手，它针对不同数据库提供了 Navicat for MariaDB、Navicat for SQL Server、Navicat for Oracle、Navicat for SQLite 等各个版本。

在目前的网络市场上，很多数据服务器开发者都会使用 Navicat for MySQL 来访问和修改数据，它是 Navicat 针对 MySQL 数据库打造的多功能管理开发工具。Navicat for MySQL 可链接多种数据源，并且随时可以复制数据到数据编辑器之中，修改数据快捷、方便。它更适合前端工作者使用，对于数据库的维护管理和开发具有重要的作用。全套的图形工具加上直观的图形用户界面，使其更容易被用户所接受，上手指数较高，也可以提升工作效率。

3.4.3　MySQL Workbench

MySQL Workbench 是一款专为 MySQL 设计的 E-R/数据库建模工具。它是著名的数据库设计工具 DBDesigner 4 的"继任者"。MySQL Workbench 可用于设计和创建新的数据库图示、建立数据库文档，以及进行复杂的 MySQL 迁移。

MySQL Workbench 是新一代可视化数据库设计、管理工具，它有开源和商业化两个版本。MySQL Workbench 为数据库管理员、程序开发者和系统规划师提供可视化设计、模型建立，以及数据库管理功能。它包含用于创建复杂的数据模型的 E-R 模型、正向和逆向数据库工程，也可以用于执行通常需要花费大量时间的难以变更和管理的文档任务。该工具支持 Windows、macOS、Linux 系统。

本 章 小 结

本章的内容为后面章节内容的基础，主要涉及 MySQL 客户端和服务器工具的安装、管理和使用。

习　题　3

3.1　选择题。

（1）配置 MySQL 时需要为_____用户设置密码。

A. sa　　　　　　B. root　　　　　　C. admin　　　　　　D. sys

（2）MySQL 安装时默认端口为_____。

A. 4409　　　　　B. 1158　　　　　C. 3307　　　　　　D. 3306

（3）下面的数据库中，_____是开源数据库。

A. Oracle　　　　B. Db2　　　　　C. MySQL　　　　　D. SQL Server

（4）下面关于 MySQL 的说法中错误的是_____。

A. MySQL 是关系数据库管理系统

B. MySQL 软件是开放源码软件

C. MySQL 服务器工作在客户-服务器模式下或嵌入式系统中

D. 在 Windows 系统下书写 MySQL 语句区分大小写

（5）在控制台中执行_____语句可以退出 MySQL。

A. exit　　　　　　　　　　　　B. go 或 quit

C. go 或 exit　　　　　　　　　　D. exit 或 quit

3.2　简要说明 MySQL 数据库的特点。

3.3　安装 MySQL 服务器过程中要注意的问题有哪些？

3.4　启动 MySQL 服务的方法有哪些？

第4章 数据库及数据表的基本操作

本章学习目标：了解 SQL 的特点、MySQL 常用的存储引擎和 MySQL 数据类型等；理解字符集与字符编码在数据库中的用处；掌握对数据库和数据表的管理方法。

4.1 SQL 概述

SQL（Structured Query Language，结构化查询语言）的功能包括数据定义、操纵和控制 3 个方面。SQL 是关系数据库的标准语言，在语法上，不同的数据库产品略有不同。

SQL 是 1974 年在 IBM 的关系数据库 System R 上实现的语言。这种语言由于功能丰富、方便易学而受到用户欢迎，因此被众多数据库厂商采用。经不断修改、完善，SQL 最终成为关系数据库的标准语言。

1986 年 10 月，美国国家标准协会（American National Standards Institute，ANSI）的数据库委员会 X3H2 批准 SQL 为关系数据库语言的美国标准，并公布了 SQL 标准文本(SQL86)。1987 年，国际标准化组织（International Organization for Standardization，ISO）也通过了此标准。此后，ANSI 又于 1989 年公布了 SQL89，1992 年制定的 SQL92 是新的 SQL 标准，简称 SQL2。1999 年，ANSI 公布了新的标准 SQL99，亦称 SQL3。目前，SQL4 标准正在讨论过程之中。

在 SQL 成为国际标准后，各数据库厂商纷纷推出符合 SQL 标准的 DBMS 或提供 SQL 接口的软件。大多数数据库使用 SQL 作为数据存取语言，使不同的数据库系统之间的互操作成为可能。这样的设计带来的意义十分重大，因而有人把 SQL 的标准化称为一场"革命"。

SQL 成为国际标准后，它在数据库以外的领域也受到了重视。在计算机辅助设计（Computer-Aided Design，CAD）、人工智能、软件工程等领域，SQL 不仅作为数据检索的语言规范，还成为检索图形、声音、知识等信息类型的语言规范。SQL 已经成为并将在今后相当长的时间里继续作为数据库领域乃至信息领域中的主流语言。

SQL 标准的制定使得几乎所有的数据库厂商都采用 SQL 作为数据库语言。但各厂商又在 SQL 标准的基础上进行扩充，形成了自己的语言。

4.1.1 SQL 的特点

SQL 功能丰富而且强大，具有以下特点。

1. 语言功能的一体化

SQL 集数据定义语言（Data Definition Language，DDL）、数据操纵语言（Data

Manipulation Language，DML）、数据控制语言（Data Control Language，DCL）功能为一体，语言风格统一，可以独立完成数据库生命周期中的全部活动。

2．模式结构的一体化

在关系模型中实体和实体间的联系均用关系表示，这种数据结构的单一性，使得数据库数据的增加、删除、修改、查询等操作只需使用一种操作符。

3．高度非过程化

使用 SQL 操作数据库，只需提出"做什么"，无须指明"怎样做"。用户不必了解存取路径。存取路径的选择和 SQL 语句的具体执行由系统自己完成，从而降低了编程的复杂性，提高了数据的独立性。

4．面向集合的操作方式

SQL 在记录集合上进行操作，操作结果仍是记录集合。查询、插入、删除和更新都可以是对记录集合进行的操作。

5．两种使用方式、同一语法结构

SQL 既是自含式语言（交互式语言），又是嵌入式语言。SQL 作为自含式语言，可联机交互式使用，每条 SQL 语句可以独立完成其操作；作为嵌入式语言，SQL 语句可嵌入高级语言使用。

6．简洁、易学易用

SQL 是结构化查询语言，较为简单，完成数据定义、数据操纵和数据控制的核心功能只用 9 个动词。其语法简单，接近英语口语，因此容易学习，使用方便。

4.1.2　SQL 的组成

SQL 完成数据定义、数据操纵和数据控制的核心功能只用 9 个动词：CREATE、DROP、ALTER、SELECT、INSERT、UPDATE、DELETE、GRANT、REVOKE，如表 4.1 所示。

表 4.1　SQL 的动词

类别	功能	动词
数据定义	创建定义	CREATE
	删除定义	DROP
	修改定义	ALTER
数据操纵	数据查询	SELECT
	数据插入	INSERT
	数据更新	UPDATE
	数据删除	DELETE
数据控制	授予权限	GRANT
	收回权限	REVOKE

SQL 作为数据库语言，有它自己的词法和语法结构，并有其专用的语言符号，不同的系统稍有差别，但主要的符号都相同。下面给出 SQL 主要的语言符号。

{　}：花括号中的内容为必选参数，其中可有多个选项，各选项之间用竖线分隔，用户必须选择其中的一项。

[　]：方括号中的内容为可选项，用户根据需要选择。

|：竖线表示参数之间"或"的关系。

…：省略号表示重复前面的语法单元。

< >：尖括号表示下面有子句定义。

[, …]：表示同样选项可以出现 n 遍。

后文将介绍 SQL 语句的基本格式和使用方法。各厂商的 RDBMS 实际使用的 SQL 与标准 SQL 都有所差异，并进行了扩充。因此，具体使用时，应参阅实际系统的有关手册。

4.2 存储引擎

4.2.1 存储引擎概述

数据库存储引擎是数据库底层软件组织，是数据库文件的一种存取机制，是实现存储数据、为存储的数据建立索引，以及实现更新、查询数据等的方法。由于关系数据库中的数据是以关系表的形式存储的，所以存储引擎也被称为表类型。

SQL Server 和 Oracle 等数据库管理系统只有一种存储引擎，而 MySQL 数据库支持多种存储引擎，用户可以根据不同的需求选择不同的存储引擎，且允许用户根据需要编写自己的存储引擎。

4.2.2 MySQL 常用的存储引擎

MySQL 默认配置了多种不同的存储引擎，用户可以预先设置或在 MySQL 服务器中启用。用户可以选择适用于服务器、数据库和数据表的存储引擎，以便在选择如何存储信息、如何检索信息以及需要数据结合什么性能和功能的时候具有更大的灵活性。

MySQL 的存储引擎有 InnoDB、MyISAM、MEMORY、MERGE、CSV 等，其中 InnoDB 和 MyISAM 存储引擎最为常用。用户可以使用 SHOW ENGINES 命令查看当前 MySQL 支持的存储引擎，结果如图 4.1 所示。

```
SHOW ENGINES;
```

	Engine	Support	Comment	Transactions	XA	Savepoints
☐	MEMORY	YES	Hash based, stored	NO	NO	NO
☐	MRG_MYISAM	YES	Collection of iden	NO	NO	NO
☐	CSV	YES	CSV storage engine	NO	NO	NO
☐	FEDERATED	NO	Federated MySQL st	(NULL)	(NULL)	(NULL)
☐	PERFORMANCE_SCHEMA	YES	Performance Schema	NO	NO	NO
☐	MyISAM	YES	MyISAM storage eng	NO	NO	NO
☐	InnoDB	DEFAULT	Supports transacti	YES	YES	YES
☐	BLACKHOLE	YES	/dev/null storage	NO	NO	NO
☐	ARCHIVE	YES	Archive storage en	NO	NO	NO

图 4.1 当前 MySQL 支持的存储引擎

图中各列的说明如下。

Engine 列用于指明存储引擎的类型。

Support 列用于指明当前 MySQL 服务器是否支持该类型的存储引擎，YES 表示支持，NO 表示不支持，DEFAULT 表示该类型是当前 MySQL 服务器默认的存储引擎。

Comment 列用于指明存储引擎的解释。

Transactions 列用于指明存储引擎是否支持事务，YES 表示支持，NO 表示不支持。

XA 列用于指明存储引擎是否支持分布式交易处理的 XA 规范，YES 表示支持，NO 表示不支持。

Savepoints 列用于指明存储引擎是否支持事务处理中的保存点，YES 表示支持，NO 表示不支持。

从图 4.1 中可看出，MySQL 默认的存储引擎是 InnoDB，如果要修改默认存储引擎，可以使用如下命令。

```
SET DEFAULT_STORAGE_ENGINE=存储引擎名;
```

如果要查看数据库当前所使用的存储引擎，可以使用如下命令。

```
SHOW VARIABLES LIKE '%storage_engine%';
```

MySQL 常用的存储引擎有以下两种。

1．InnoDB 存储引擎

从 MySQL 5.5 开始，MySQL 采用 InnoDB 为默认存储引擎。InnoDB 是一个事务型存储引擎，提供了对数据库 ACID 事务的支持，并实现了 SQL 标准的 4 种隔离级别，具有提交、回滚和崩溃修复能力。

InnoDB 拥有自己独立的缓冲池，常用的数据和索引都在缓冲池中，处理速度比从磁盘获取更快。

InnoDB 支持行级锁定，行级锁定机制是通过索引来实现的。数据库中大部分 SQL 语句使用索引检索数据，所以行级锁定机制为 InnoDB 在高并发环境下的使用提高了竞争力。

InnoDB 支持外键完整性约束，存储表中的数据时，每张表中的数据都按主键顺序存储，如果没有显式地在定义表时指定主键，InnoDB 会为每一行生成一个 6 字节的 ROWID，并以此作为主键。

如果实际应用中需要进行事务处理，在并发操作时要保证数据的一致性，而且除了查询和插入操作，还要经常进行更新和删除操作。用户可以选择 InnoDB 存储引擎，以有效减少更新操作和删除操作导致的锁定，而且可以保证事务的完整提交和回滚。

2．MyISAM 存储引擎

在 MySQL 5.5 之前，MyISAM 是默认的存储引擎。MyISAM 不支持数据库事务处理，也不支持行级锁定及外键完整性约束。

MyISAM 在对表执行插入与修改操作时需要锁定整个表，因此效率会低一些，在高并发时可能会遇到瓶颈。但 MyISAM 具有较快的查询速度，插入数据的速度也很快。

使用 MyISAM 存储引擎创建数据库，默认会在磁盘中产生 3 个文件，文件的主文件名与表名相同，扩展名分别为 ".frm" ".myd" ".myi"。其中.frm 文件用于存储数据表的定义，.myd 文件用于存储数据表中的数据，.myi 文件用于存储数据表的索引。

如果实际应用中不需要进行事务处理，操作以插入和查询为主，数据的更新和删除操作较少，而且对并发性和事务的完整性要求不高，则可以选择 MyISAM 存储引擎。

注意： 开始学习时，不用考虑选择什么存储引擎来存储数据，使用默认的设置即可。有了索引基础后，再来考虑不同的存储引擎的好处是什么。

4.3 字符集与字符编码

字符集和字符编码无疑是让数据库初学者头痛的部分。当遇到纷繁复杂的字符集，以及各种乱码时，问题的定位往往变得非常困难。

字符集与字符
编码

4.3.1　字符集

字符集（Character Set）是一个系统支持的所有抽象字符的集合。字符是各种文字和符号的总称，包括各国家文字、标点符号、图形符号、数字等。简单地说，字符集规定了某个字符对应的二进制数字存放方式（编码）和某串二进制数字代表哪个字符（解码）的转换关系。常见字符集如表 4.2 所示。

表 4.2　常见字符集

字符集	定长	编码方式	其他说明
ASCII	是	单字节 7 位编码	最早的字符集
ISO-8859-1/latin1	是	单字节 8 位编码	西欧字符集，经常被用来转码
GB2312-80	是	2 字节编码	早期标准，不推荐再使用
GBK	是	2 字节编码	虽然不是国标，但支持的系统不少
GB 18030	否	2 字节或 4 字节编码	数据库较少支持
UTF-32	是	4 字节编码	原始编码，目前很少采用
UCS-2	是	2 字节编码	Windows 2000 内部采用
UTF-16	否	2 字节或 4 字节编码	Java 和 Windows XP/NT 等内部使用
UTF-8	否	1~4 字节编码	互联网和 UNIX/Linux 广泛支持的 Unicode 字符集

4.3.2　字符编码与解码

字符编码（Character Encoding）是一套法则，使用该法则能够对自然语言的字符的集合（如字母表或音节表）与其他的集合（如计算机编码）进行配对，即在字符集与数字系统之间建立对应关系。不同的字符集有不同的字符编码。字符集其实就是字符的集合，而字符编码则是指将字符变成字节用于保存、读取和传输。

如图 4.2 所示，以汉字"中"为例，"中"字在 UTF-8 字符集中的编码为"E4B8AD"，在 GBK 字符集中的编码为"D6D0"，若数据库在建表时选择了 UTF-8 字符集，则存储的数据为"E4B8AD"，选择 GBK 字符集，则存储的数据为"D6D0"，这是编码过程。相反，若要从数据库中读取"E4B8AD"并显示出"中"字，则必须使用 UTF-8 字符集来查询，即解码。若使用 GBK 字符集去解码"E4B8AD"，则可能显示其他字符或乱码。若把存储看成服务器行为，把显示看成客户端行为，则服务器和客户端必须使用相同的编码和解码规则。

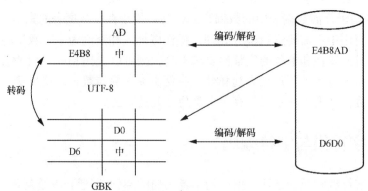

图 4.2　字符编码与解码过程

4.3.3 字符序

字符序（Collation）是指在同一字符集内字符之间的比较规则。只有确定字符序后，才能在一个字符集上定义什么是等价的字符，以及字符之间的大小关系，才能对字符进行排序、比较。一个字符集可以包含多种字符序，每个字符集有一个默认字符序（Default Collation），每个字符序对应唯一的字符集。MySQL 字符序的命名规则是，以字符序对应的字符集名称开头，国家或地区名居中（或 general 居中），以 ci、cs 或 bin 结尾。以 ci 结尾的字符序表示大小写不敏感，以 cs 结尾的字符序表示大小写敏感，以 bin 结尾的字符序表示按二进制编码值比较。例如，GBK 字符集存在两种字符序，即 gbk_chinese_ci 和 gbk_bin，其中 gbk_chinese_ci 中的字符 a 和 A 是等价的（大小写不敏感），gbk_bin 中的字符 a 和 A 不是等价的（大小写敏感）。

4.3.4 MySQL 字符集

MySQL 客户端成功连接 MySQL 服务器后，使用 MySQL 命令 "show character set" 即可查看当前 MySQL 支持的字符集、字符集默认的字符序以及字符集占用的最大字节等信息，目前 MySQL 支持 41 种字符集。其中，支持中文简体的字符集包括 GBK、GB2312、UTF-8、utf8mb4 及 GB 18030，一个 GBK 与 GB2312 中文简体字符占用 2 个字节空间（GBK 字符集是 GB2312 字符集的超集），一个 UTF-8 中文简体字符占用 3 个字节空间，一个 GB 18030 中文简体字符占用 4 个字节空间。在实际开发过程中，较为常用的是 GBK 和 UTF-8。数据库中的数据最终存储于数据表中。如果仅存储中文简体字符，则将表的字符集设置为 GBK 即可；如果需要存储多种语言的数据，则需将表的字符集设置为 UTF-8；如果需要存储 emoji 表情字符，则需将表的字符集设置为 utf8mb4，utf8mb4 为 UTF-8 的超集，重叠的字符编码都相同。

使用 MySQL 命令 "show variables like 'character%'" 即可查看当前 MySQL 使用的字符集，如图 4.3 所示。

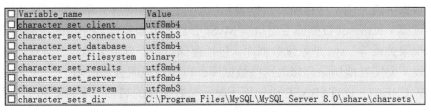

图 4.3　当前 MySQL 使用的字符集

为了避免出现乱码等问题，实际应用中最好使用系统默认配置的字符集，或者统一设置为 UTF-8。

4.4　MySQL 数据库管理

4.4.1 创建数据库

创建数据库就是在数据库系统中划分一块存储数据的空间用于数据的存储和管理。

MySQL 创建数据库的语法格式如下。

```
CREATE DATABASE| SCHEMA [IF NOT EXISTS] db_name
[[DEFAULT] CHARACTER SET charset_name]
[[DEFAULT] COLLATE collation_name];
```

（1）CREATE DATABASE 是创建数据库的命令，SCHEMA 是早期对数据库的叫法。

（2）IF NOT EXISTS 的作用是在创建的数据库名已经存在时给出错误信息。创建数据库时，为了避免和已有的数据库重名，可用 IF NOT EXISTS。

（3）db_name 是数据库名。

（4）[DEFAULT] CHARACTER SET charset_name 是为数据库设置默认字符集，其中"charset_name"可以替换为具体的字符集。

（5）[DEFAULT] COLLATE collation_name 是为数据库的默认字符集设置默认字符序。

如果在创建数据库时省略了上述字符集和排序规则的设置，MySQL 将采用当前服务器在数据库级别上的默认字符集和默认字符序。

【例 4.1】创建名为 teaching_manage 的数据库，采用系统默认字符集和字符序。

```
CREATE DATABASE teaching_manage;
```

创建数据库后，会在存储数据的文件夹 data 下生成一个与数据库同名的文件夹，将来创建的表数据保存在此文件夹中。

4.4.2 查看数据库

在日常使用中，有时需要查看已创建的数据库，查看数据库的 SQL 语句如下。

```
-- 查看所有的数据库
SHOW DATABASES;
-- 查看某个数据库
SHOW CREATE DATABASE teaching_manage;
```

SHOW DATABASES 语句的作用是查看服务器中的所有数据库，包括 MySQL 自动创建的数据库和用户数据库。information_schema 和 performance_schema 数据库分别是 MySQL 服务器的数据字典（用于保存所有数据表和数据库的结构信息）和性能字典（用于保存全局变量等设置）；mysql 数据库主要负责 MySQL 服务器自己需要使用的控制和管理信息，如用户的权限关系等；sys 是系统数据库，包括存储过程、自定义函数等信息。对于初学者来说，建议不要随意地删除和修改这些数据库，以免造成服务器故障。

SHOW CREATE DATABASE 语句用于显示某数据库的名称、字符集和字符序。

4.4.3 使用数据库

由于 MySQL 服务器中的数据需要存储到数据表中，而数据表需要存储到对应的数据库下，并且 MySQL 服务器中又可以同时存在多个数据库，因此，在对数据和数据表进行操作时，需要切换到一个已经创建好的数据库中，具体语法如下。

```
USE 数据库名;
```

例如，切换到数据库 teaching_manage，SQL 语句如下。

```
USE teaching_manage;
```

在数据库操作中，如果想要查看当前在使用的数据库，可以使用如下语句实现。

```
SELECT DATABASE();
```

4.4.4 修改数据库

在数据库创建成功后，数据库编码也就确定了。如果想要更改数据库的字符集和字符序，可以使用 ALTER DATABASE 语句实现，具体语法格式如下。

```
ALTER DATABASE db_name
[ [DEFAULT] CHARACTER SET charset_name]
[[DEFAULT] COLLATE collation_name];
```

【例 4.2】创建数据库 teaching_manage1，然后将其字符集改为 UTF-8，将其字符序改为 utf8_general_ci。

```
ALTER DATABASE teaching_manage1
DEFAULT CHARACTER SET utf8;
COLLATE utf8_general_ci;
```

以上为修改数据库的命令，在图形化操作方式下需要在 SQLyog 中选择当前数据库，再选择"改变数据库…"选项，出现图 4.4 所示的对话框。在对话框中可以查看或更改当前的数据库字符集和排序规则（字符序）。

4.4.5 删除数据库

删除数据库是指系统收回已创建数据库所占

图 4.4 "改变数据库"对话框

用的存储空间，清除其在数据字典中的定义，数据库中所包含数据也将被清除。删除数据库的语法如下。

```
DROP DATABASE [IF EXISTS] 数据库名;
```

以上语句对正在使用的数据库不能执行，只对非使用中的数据库可执行。

【例 4.3】删除 teaching_manage1 数据库，删除前判断数据库是否存在。

```
DROP DATABASE IF EXISTS teaching_manage1;
```

4.5 MySQL 数据类型

SQL 与其他计算机语言一样，有自己的词法和语法。数据表中所有的列必须指定数据类型，不同的数据库系统支持的数据类型稍有差别，但主要数据类型大部分系统都支持。这里以 MySQL 为例，介绍数据库系统常用的数据类型。

1. 数字类型

MySQL 支持所有标准的 SQL 数字类型,包括精确值数据类型(TINYINT、SMALLINT、MEDIUMINT、INT、BIGINT、DECIMAL 和 NUMERIC)和近似值数据类型（FLOAT、REAL 和 DOUBLE PRECISION）。表 4.3 列出了常用的数字类型。

表 4.3 常用的数字类型

类型	字节	取值范围（有符号）	取值范围（无符号）
TINYINT	1	(−128,127)	(0,255)
SMALLINT	2	(−32768,32767)	(0,65535)
MEDIUMINT	3	(−8388608, 8388607)	(0,16777215)
INT	4	(−2147483648, 2147483647)	(0,4294967295)
BIGINT	8	$(-2^{63}, 2^{63}-1)$	$(0, 2^{64}-1)$
DECIMAL [(P[,S])]	如果 $P>S$，为 $P+2$ 字节，否则为 $S+2$ 字节	和 P、S 的值有关	和 P、S 的值有关

数字类型的相关说明如下。

（1）在选择数据类型时，若一个数据将来可能参与数学计算，推荐使用整数或定点数类型；若只用来显示，则推荐使用字符串类型。例如，商品库存可能会增加、减少等，所以保存为整数类型；用户的身份证、电话号码一般不需要计算，可以保存为字符串类型。

（2）表的主键推荐使用整数类型，与字符串相比，整数的处理效率更高，查询速度更快。

（3）定义无符号数据类型，需要在数据类型右边加 UNSIGNED 关键字，如 INT UNSIGNED。

（4）默认情况下，显示宽度是取值范围所能表示的最大宽度。人为指定的显示宽度与取值范围无关，若数据的位数小于显示宽度，会以空格填充，若大于显示宽度，则不影响显示结果。为字段设置零填充（ZEROFILL）时，若数据位数小于显示宽度，会在左侧填充 0。

【例 4.4】创建表并设置字段零填充。

```
-- 创建表并设置字段零填充
CREATE TABLE myint1(
int_1 INT ZEROFILL,
int_2 INT(6) ZEROFILL
);
-- 向表中插入数据
INSERT INTO myint1 VALUES(123,123);
-- 查询插入的数据
SELECT * FROM myint1;
-- 显示结果
int_1        int_2
0000000123   000123
```

（5）MySQL 也支持浮点数类型，如单精度浮点数类型 FLOAT、双精度浮点数类型 DOUBLE PRECISION。由于浮点数类型有精度损失，在实际使用中应尽量使用定点数类型 DECIMAL 来定义小数。

2．字符串类型

MySQL 支持多种字符串类型，常用的字符串类型如表 4.4 所示。

表 4.4 常用的字符串类型

类型	说明	限制
CHAR	固定长度字符串	0～255 个字符
VARCHAR	可变长度字符串	与字符集相关
TEXT	长文本数据	$0～2^{8}-1$ 个字符
BLOB	二进制长文本数据	$0～2^{16}-1$ 个字符

字符串类型的相关说明如下。

（1）CHAR 类型存储的每一个字符占用 1 字节，存储空间为 *n* 字节。如果实际数据不足 *n* 字节，系统会自动在后面添加空格来填满设定的空间。

（2）VARCHAR 类型的存储空间为输入数据的字节的实际长度，其存储的最大长度取决于字符集，GBK 和 UTF-8 对应的最大长度分别为 32766 个字符和 21844 个字符。

（3）从执行效率上来看，TEXT 类型的执行效率不如 CHAR 和 VARCHAR 类型。

（4）BLOB 类型用于保存数据量较大的二进制数据，如图片、PDF 文档等。BLOB 类型与 TEXT 类型的主要区别：BLOB 类型根据二进制数据进行比较与排序，区分字符大小写；TEXT 类型根据字符进行比较与排序，不区分字符大小写。

3．日期和时间类型

MySQL 可以使用许多数据类型来保存日期和时间值，如 TIME 和 DATETIME。MySQL 能存储的最小时间粒度为秒（MariaDB 支持微秒级别的时间类型）。

日期和时间类型的数据可以理解为一种特殊的字符串类型的数据，出生日期、入学日期、入职日期等都要用日期和时间类型来存放。常用的日期和时间类型如表 4.5 所示。

表 4.5　常用的日期和时间类型

类型	字节	取值范围	格式
YEAR	1	1901 到 2155	'YYYY'等
TIME	3	−838:59:59 到 838:59:59	'HH:MM:SS'等
DATE	3	1000-01-01 到 9999-12-31	'YYYY-MM-DD'等
DATETIME	8	1000-01-01 00:00:00 到 9999-12-31 23:59:59	'YYYY-MM-DD HH:MM:SS'等
TIMESTAMP	4	1970-01-01 00:00:00 到 2038-01-19 03:14:07	'YYYY-MM-DD HH:MM:SS'等

日期和时间类型的相关说明如下。

（1）在输入 YEAR 类型的值时，既可以使用 4 位数字和字符（如 2021、'2021'），也可以使用 2 位数字和字符。使用 2 位字符表示为'00'~'99'，其中，'00'~'69'的值会被转化为 2000~2069，'70'~'99'的值会被转换为 1970~1999。使用 2 位数字表示为 1~99，其中，1~69 的值会被转换为 2001~2069，70~99 的值会被转换为 1970~1999。为了避免输入的年份在转换时出错，最好用 4 位数字和字符表示年份。

（2）日期类型 DATE 的常量有多种表示方式：'20221025'、'2022-10-25'、'22-10-25'、'221025'都表示 2022 年 10 月 25 日。日期类型的变量 CURRENT_DATE 用于返回系统当前日期，日期函数 NOW()用于返回系统当前日期和时间。

（3）时间类型 TIME 的常量以'HHMMSS'、HHMMSS 或'HH:MM:SS'格式表示，例如，输入'121314'或 121314 都表示 12:13:14（12 时 13 分 14 秒）。时间类型的变量 CURRENT_TIME 用于返回系统当前时间。

（4）日期时间类型 DATETIME 的常量以'YYYY-MM-DD HH:MM:SS'、YYYYMMDD HHMMSS、'YY-MM-DD HH:MM:SS'、YYMMDDHHMMSS 格式表示，例如，'2022-10-25 12:13:14'、20221025121314、'22-10-25 12:13:14'、221025121314 都表示 2022 年 10 月 25 日 12 时 13 分 14 秒。

（5）时间戳类型 TIMESTAMP 用于表示日期和时间，它的显示与 DATETIME 的相同，但取值范围比 DATETIME 的小。时间戳类型的变量 CURRENT_TIMESTAMP 用于返回系统当前日期和时间，TIMESTAMP 类型的字段一般自动设置为 NOT NULL。

4．ENUM 类型

ENUM 类型又称枚举类型，有时候可以使用枚举列代替常用的字符串类型。枚举列可以把一些不重复的字符串存储成一个预定义的集合。ENUM 类型只允许在预定义的集合中取一个值。ENUM 类型的数据最多可以包含 65536 个元素。定义性别字段的枚举列示例如下。

```
-- 创建 my_enum 表
CREATE TABLE my_enum(myname VARCHAR(20),gender ENUM('男','女'));
-- 插入 2 条记录
INSERT INTO my_enum VALUES('张三','男'),('李四','女');
-- 查询记录
SELECT * FROM my_enum;
```

myname	gender
张三	男
李四	女

5．SET 类型

SET 类型用于保存字符串对象，其定义格式与 ENUM 类型类似。SET 类型的列表中最多可以有 64 个值，且列表中的每个值都有一个顺序编号。为了节省空间，实际保存在记录中的也是顺序编号，但在使用 SELECT、INSERT 等语句进行操作时，仍然要使用列表中的值。SET 类型与 ENUM 类型的区别在于，它可以从列表中选择一个或多个值来保存，多个值之间用逗号","分隔。具体使用示例如下。

```
-- 创建 my_set 表
CREATE TABLE my_set (myname VARCHAR(20),hobby SET('读书','游戏','运动'));
-- 插入 3 条记录
INSERT INTO my_set VALUES('张三','游戏'),('李四','读书'),('王五','游戏,运动');
-- 查询记录
SELECT * FROM my_set WHERE hobby='游戏,运动';
```

myname	hobby
王五	游戏,运动

ENUM 和 SET 类型总结如下。

（1）ENUM 类型类似于单选框，SET 类型类似于复选框。

（2）ENUM 和 SET 类型的优势在于规范数据本身，限定只能插入规定的数据项，可节省存储空间，查询速度比 CHAR、VARCHAR 类型快。

6．JSON 类型

MySQL 从 5.7.8 版本开始提供 JSON 类型。JSON 是一种轻量级的数据交换格式，由 JavaScript 语言发展而来，其本质是字符串。MySQL 中 JSON 类型的数据常见表现方式有两种，分别为 JSON 数组["abe",10,null,true,false]和 JSON 对象{"k1":"value","k2":10}。JSON 数组中保存的数据可以是任意类型的，JSON 对象中保存的数据是一组键值对。

与直接使用 MySQL 字符串类型相比，JSON 类型具有自动验证格式、优化存储格式的优点。JSON 数据所需的空间大致与 LONGBLOB 数据或 LONGTEXT 数据相同，且不能有默认值。下面演示 JSON 类型的使用。

```
-- 创建 my_json 表
CREATE TABLE my_json (j1 json,j2 json);
-- 插入 1 条记录
INSERT INTO my_json VALUES('{"k1":"value","k2":10}','["run","sing"]');
-- 查询记录
```

```
SELECT * FROM my_json;
```

j1	j2
{"k1": "value", "k2": 10}	["run", "sing"]

4.6 MySQL 数据表管理

表是数据库中重要的数据对象，它是一切活动的基础。表的创建、修改、删除操作都是通过 SQL 语句中的 DDL 语句完成的。

4.6.1 创建数据表

创建数据表指的是在已存在的数据库中创建新表。MySQL 既可以根据开发需求创建新的表，又可以根据已有的表复制相同的表结构。下面先讲解如何根据需求创建一个简单的新表。在 MySQL 数据库中，使用 CREATE TABLE 语句可以完成数据表的创建，基本语法格式如下。

创建数据表

```
CREATE TABLE [IF NOT EXISTS] <表名>
( <字段名>  <数据类型> [字段属性] …
  [索引定义]) [表选项];
```

在上述语法中，"字段名"指的是数据表的列名，"数据类型"用于设置字段中保存的数据类型，如日期和时间类型等；可选项"字段属性"指的是字段的某些特殊约束条件；可选项"索引定义"指的是在此处可定义索引。可选的"表选项"用于设置表的相关特性，如存储引擎（ENGINE）、字符集（CHARSET）和校对集（COLLATE）。

【例 4.5】在 teaching_manage 数据库中创建一个名为 student 的数据表，用于保存学生信息，具体 SQL 语句如下。

```
CREATE TABLE IF NOT EXISTS student
 (sno CHAR(6)  PRIMARY KEY COMMENT '学生编号',
  sname VARCHAR(20) NOT NULL COMMENT '学生姓名',
  dept VARCHAR(20)  COMMENT '专业名',
  sex CHAR(1) COMMENT '性别',
  birthday DATE COMMENT '出生日期',
  totalcredit  DECIMAL(4,1) DEFAULT 0 COMMENT '总学分',
  remarks VARCHAR(100) COMMENT '备注'
   ) ENGINE=INNODB DEFAULT CHARSET=utf8mb4
     COLLATE=utf8mb4_0900_ai_ci;
```

执行上面语句后，创建了一个 student 表，各项说明如下。

（1）student 为表名，sno、sname、dept 等为字段名，表名、字段名一般用小写字母。

（2）CHAR(6)、VARCHAR(20)等定义了字段类型和长度。

（3）PRIMARY KEY 为主键约束，字段 sno 不允许出现重复值和空值，同时创建一个以 sno 为名的索引文件；NOT NULL 为非空约束，表示不允许出现空值；DEFAULT 0 为默认值约束，表示在不输入值的情况下，用默认值填充。

（4）COMMENT '学生编号'为字段的注释信息。

（5）ENGINE=INNODB DEFAULT CHARSET=utf8mb4 COLLATE=utf8mb4_0900_ai_ci 为表选项，规定了存储引擎、字符集和校对集，一般可省略。

【例 4.6】在 teaching_manage 数据库中创建一个名为 course 的数据表，用于保存课程信息，具体 SQL 语句如下。

```
CREATE TABLE course
 (cno CHAR(3)  PRIMARY KEY COMMENT '课程编号',
  cname VARCHAR(30) NOT NULL UNIQUE COMMENT '课程名称',
  term TINYINT COMMENT '开课学期' ,
  ctime TINYINT UNSIGNED COMMENT '课时',
  credit DECIMAL(3,1) COMMENT '学分'
 ) ;
```

执行上面语句后，创建了一个 course 表，各项说明如下。

（1）cname VARCHAR(30) NOT NULL UNIQUE 定义课程名称非空且唯一，UNIQUE 定义的字段对插入的记录的相应字段值和表中现有值做比较操作，为了提高效率，系统自动创建唯一索引。

（2）ctime TINYINT UNSIGNED 定义课时为无符号整数。

【例 4.7】在 teaching_manage 数据库中创建一个名为 score 的数据表，用于保存成绩信息，具体 SQL 语句如下。

```
CREATE TABLE score
(score_id INT UNSIGNED  AUTO_INCREMENT COMMENT '成绩表id',
 sno CHAR(6) COMMENT '学生编号,外键',
 cno CHAR(3) COMMENT '课程编号,外键',
 grade DECIMAL(4,1) CHECK(grade>=0) COMMENT '成绩',
 PRIMARY KEY(score_id),
 CONSTRAINT fk_score_sno FOREIGN KEY(sno) REFERENCES student(sno),
 CONSTRAINT fk_score_cno FOREIGN KEY(cno) REFERENCES course(cno)
);
```

执行上面语句后，创建了一个 score 表，各项说明如下。

（1）score_id INT UNSIGNED AUTO_INCREMENT 定义 score 表中的 score_id 为自动增长的无符号整数。

（2）PRIMARY KEY(score_id)定义 score_id 为主键，同时创建字段索引。

（3）grade DECIMAL(4,1) CHECK(grade>=0)定义 grade 字段的值要满足大于或等于 0 的检查约束。

（4）CONSTRAINT fk_score_sno FOREIGN KEY(sno) REFERENCES student(sno)语句定义 sno 为外键，其参照主键为 student 表中的 sno，参照完整性约束名为 fk_score_sno。在外键表中插入记录时，外键值要和主键值做比较操作，外键值在主键表中存在才能插入，为了提高比较效率，系统自动在 score 表的 sno 字段上创建名为 fk_score_sno 的一般索引。

创建表的另一个方式是用已有的表来创建其他表，可以看成表结构和内容的复制。

【例 4.8】在 teaching_manage 数据库中利用 score 表创建一个名为 sc 的数据表，用于保存成绩信息，具体 SQL 语句如下。

```
CREATE TABLE sc AS SELECT * FROM score;
```

注意： 这种方式下，只能复制表结构和内容，原表中的约束和索引通常不会被复制。

4.6.2　查看数据表

1．查看数据表

选择数据库后，可以通过 SHOW TABLES 查看当前数据库中的数据表，基本语法格式及示例如下。

```
SHOW TABLES [ LIKE 匹配模式];
-- 查看当前数据库中所有数据表
```

```
SHOW TABLES;
-- 查看当前数据库中以 stu 开头的数据表
SHOW TABLES LIKE 'stu%';
```

匹配模式符有两种，即 "%" 和 "_"，前者表示匹配 0 至多个字符，后者表示仅匹配一个字符。

2．查看数据表的详细信息

选择数据库后，可以通过 SHOW TABLE STATUS 查看当前数据库中的数据表的详细信息，如表名、存储引擎、创建时间、校对集等，基本语法格式及示例如下。

```
SHOW TABLE STATUS [FROM 数据库名] [LIKE 匹配模式];
-- 查看当前数据库中所有数据表的详细信息
SHOW TABLE STATUS;
-- 查看 teaching_manage 数据库中所有数据表的详细信息
SHOW TABLE STATUS FROM teaching_manage;
```

3．查看数据表结构

选择数据库后，可以通过 DESC|DESCRIBE 或 SHOW COLUMNS 查看当前数据库中的数据表的结构，基本语法格式及示例如下。

```
DESC|DESCRIBE <数据表名> [字段名];
SHOW COLUMNS FROM <数据表名>;
-- 查看当前数据库中 student 表的结构
DESC student;
SHOW COLUMNS FROM student;
-- 查看当前数据库中 student 表中 sname 字段的结构
DESC student sname;
```

4．查看数据表的创建语句

选择数据库后，可以通过 SHOW CREATE TABLE 查看当前数据库中的数据表的创建语句，基本语法格式及示例如下。

```
SHOW CREATE TABLE <数据表名>;
-- 查看当前数据库中 student 表的创建语句
SHOW CREATE TABLE student;
```

4.6.3　修改数据

1．修改数据表名

MySQL 提供了两种修改数据表名的方式，基本语法格式及示例如下。

```
ALTER TABLE <原数据表名> RENAME [TO|AS] <新数据表名>;
RENAME TABLE <原数据表名> TO <新数据表名>;
-- 修改数据表 student 的名称为 student1
ALTER TABLE student RENAME TO student1;
-- 修改数据表 student1 的名称为 student
RENAME TABLE student1 TO student;
```

2．修改数据表选项

MySQL 提供了修改数据表选项的命令，如修改存储引擎、字符集、校对集等，基本语法格式及示例如下。

```
ALTER TABLE <数据表名> <表选项> [=]<表选项>;
-- 修改数据表 student 的字符集为 UTF-8
ALTER TABLE student CHARSET=utf8;
```

4.6.4　修改表结构

1．新增字段

在 MySQL 中，可以使用 ADD 新增字段，基本语法格式及示例如下。

```
ALTER TABLE <数据表名> ADD [COLUMN] <字段名 类型> [FIRST|AFTER 字段名] ;
-- 修改数据表 student，增加 1 个新列 nativeplace
ALTER TABLE  student ADD COLUMN  nativeplace VARCHAR(50);
-- 修改数据表 student，在 sex 后增加 1 个新列 nativeplace
ALTER TABLE  student ADD  nativeplace VARCHAR(50) AFTER sex;
```

2．修改字段

在 MySQL 中，可以修改字段名、字段类型、字段位置等，基本语法格式及示例如下。

（1）修改字段名

```
ALTER TABLE <数据表名> CHANGE  <旧字段名> <新字段名 类型>
-- 修改数据表 student，将 nativeplace 改名为 native
ALTER TABLE  student  CHANGE  nativeplace  native  VARCHAR(50);
```

（2）修改字段类型和位置

```
ALTER TABLE <数据表名> MODIFY <字段名 类型> [FIRST|AFTER 字段名 2]
-- 修改数据表 student，将 nativeplace 的类型改为 VARCHAR(30)
ALTER TABLE student MODIFY nativeplace VARCHAR(30);
-- 修改数据表 student，将 nativeplace 的类型改为 VARCHAR(20)，并放在 birthday 之后
ALTER TABLE student MODIFY nativeplace VARCHAR(20) AFTER birthday;
```

3．删除字段

在 MySQL 中，可以使用 DROP 删除字段，基本语法格式及示例如下。

```
ALTER TABLE <数据表名> DROP [COLUMN] <字段名> ;
-- 修改数据表 student，删除列 nativeplace
ALTER TABLE student DROP nativeplace;
```

4．添加和删除约束

在 MySQL 中，可以在修改表结构时添加和删除约束，基本语法格式及示例如下。

```
ALTER TABLE <数据表名>
[ADD CONSTRAINT <完整性约束名> <完整性约束>]
[ DROP CONSTRAINT <完整性约束名>]
-- 修改数据表 score，在 sno、cno 两字段上添加唯一性约束 uk_sno_cno
ALTER TABLE  score ADD CONSTRAINT uk_sno_cno UNIQUE(sno,cno);
-- 修改数据表 score，删除唯一性约束 uk_sno_cno
ALTER TABLE  score DROP CONSTRAINT uk_sno_cno;
```

注意：前面我们在 course 数据表的 cname 字段上定义了唯一性约束，没有给约束命名，系统以字段名作为约束名。因此，可以利用字段名来删除约束。删除无名约束的 SQL 语句如下。

```
ALTER TABLE  course DROP CONSTRAINT cname;
```

4.6.5　删除数据表

删除数据表操作指删除指定数据库中存在的表，表被删除后是不能恢复的。因此，在实际工作中，删除表之前要将表中的数据备份，基本语法格式及示例如下。

```
DROP TABLE <数据表名>;
-- 删除 student 表
DROP TABLE student ;
```

此语句将指定的表（student）从数据库（teaching_manage）中删除，表被删除，表在数据字典中的定义也被删除，在此表上建立的索引和视图也被自动删除。如果要删除的表包含被其他表（score）外键引用的主键（如 sno），则此表将限制执行删除操作。

4.7 数据表的数据操作

创建表的目的是存储和管理、查询数据，实现数据存储的前提是向表中添加数据；实现表的管理经常要修改、删除表中的数据。MySQL 提供了数据更新功能，INSERT、DELETE、UPDATE 分别用于完成表中数据的插入、删除和更新操作。

4.7.1 插入数据

MySQL 的数据插入语句 INSERT 通常有多种形式，可以一次插入一条记录，也可以一次插入多条记录。

1．插入一条记录

插入一条记录的 INSERT 语句的格式及示例如下。

```
INSERT [INTO] <表名> [(字段名,…)] VALUES(值,…);
-- 向 student 表中插入一条记录，所有字段都有值
INSERT INTO student VALUES('001242','张青','计算机','女','04-01-22',50,'三好学生');
-- 向 student 表中插入一条记录，部分字段有值
INSERT INTO student(sno,sname,dept) VALUES('001243','李四','计算机');
```

注意：

（1）如果 INTO 子句中没有指明任何列名，则插入的记录必须在每个属性列上均有值。

（2）在表定义时说明了 NOT NULL 的属性列必须要有值，否则会出错。

（3）如果 INTO 子句中选择了列名，则 VALUES 子句中的值表达式必须与列一一对应，且类型相符。

（4）字符串类型、日期和时间类型的数据在插入时要加单引号（''）。

（5）在 INSERT 语句中未出现的列，值为 NULL；也可以显式地在 VALUES 子句中用 NULL 来代表空值进行插入。

2．插入多条记录

（1）在 MySQL 数据库中可以使用 INSERT 语句一次插入多条记录，基本格式及示例如下。

```
INSERT [INTO] <表名> [(列名[,列名],…)] VALUES(值[,值], …);
-- 向 score 表中一次插入多条记录
INSERT INTO score VALUES (NULL,'001243','101',90),(NULL,'001243','102',90);
```

（2）插入子查询返回的结果集。

```
INSERT INTO<表名> [(列名, …)] 子查询;
-- 新建一个 stu 表
  CREATE TABLE stu
  (sno CHAR(6) ,
  sname VARCHAR(10) ,
  dept VARCHAR(20) ,
  sex VARCHAR(4)
  );
-- 向 stu 表中插入查询结果
  INSERT INTO stu SELECT sno,sname,dept,sex FROM student WHERE dept='计算机';
```

注意：stu 表定义的字段的类型与长度最好与 SELECT 后面字段的类型和长度相同。

4.7.2 修改数据

修改数据是数据库中的常见操作，通常用于对表中的部分数据进行修改，修改数据的 UPDATE 语句的格式如下。

```
UPDATE <表名> SET 列名={表达式 | (子查询) }[,列名={表达式|(子查询)},…]
[WHERE <条件表达式> ];
```

注意：

（1）如果不选 WHERE 子句，则表中所有的行全被更新。

（2）如果选择 WHERE 子句，则 WHERE 中条件表达式为 TRUE 的行被更新。

【例 4.9】把 student 表中的总学分加 10。

```
UPDATE student SET totalcredit=totalcredit+10;
```

【例 4.10】把 student 表中姓名为"罗林琳"的学生的专业改为"计算机"，备注改为"三好学生"。

```
UPDATE student SET dept='计算机',remarks='三好学生'
WHERE sname='罗林琳';
```

4.7.3 删除数据

删除数据指对表中的记录进行删除，删除数据的 DELETE 语句的格式如下。

```
DELETE FROM <表名> [ WHERE <条件表达式> ];
```

WHERE 子句中的条件表达式用于给出被删除的记录应满足的条件；若不写 WHERE 子句，表示删除表中的所有记录，但表的定义仍存在。本语句将在指定表中删除所有符合条件的记录。

【例 4.11】删除 student 表中计算机系全体学生的记录。

```
DELETE FROM student WHERE dept='计算机';
```

【例 4.12】删除 student 表中的所有记录。

```
DELETE FROM student;
```

通过 TRUNCATE TABLE 语句可以截断基本表，该语句被用于删除表中所有的行，并且释放表所使用的存储空间。在使用 TRUNCATE TABLE 语句后，不能撤销删除操作，语法格式如下。

```
TRUNCATE TABLE <表名>;
```

注意：

（1）只有表的所有者或者有 DELETE TABLE 系统权限的用户能截断表。

（2）DELETE 语句也可以删除表中所有的行，但它不能释放存储空间。用 TRUNCATE TABLE 语句删除行比用 DELETE 语句删除同样的行速度要快一些。

（3）如果表是一个引用完整性约束的父表，在 TRUNCATE TABLE 语句之前没有禁用约束，则无法完成表的截断操作。

【例 4.13】将表 student 删除，并释放其存储空间。

```
TRUNCATE TABLE student ;
```

4.7.4 关于 AUTO_INCREMENT 类型的数据操作

AUTO_INCREMENT 是 MySQL 唯一扩展的完整性约束，当向数据表中插入新记录时，字段上的值会自动生成唯一的 ID。AUTO_INCREMENT 用于定义自增型字段，相关参数的说明如表 4.6 所示。

关于 AUTO_
INCREMENT
类型的数据操作

表 4.6　AUTO_INCREMENT 类型的参数

参数名称	默认值	取值范围	作用
auto_increment_increment	1	1～65535	控制增量的幅度
auto_increment_offset	1	1～65535	设置增量开始的位置（开始的偏移量，初始值）

两个参数为系统变量，均可以在全局和会话级别设置，例如，设置初始值为 2、增量为 2 的方法如下。

```
-- 设置初始值为 2
SET @@auto_increment_offset=2;
-- 设置增量为 2
SET @@auto_increment_increment=2;
-- 查看两个全局变量的值
SHOW VARIABLES LIKE 'auto_inc%';
```

Variable_name	Value
auto_increment_offset	2
auto_increment_increment	2

在设置具体的 AUTO_INCREMENT 约束时，一个数据表中只能有一个字段使用该约束，并且该字段的值必须是无符号整数，例如，score 表的 score_id 定义如下。

```
score_id INT UNSIGNED AUTO_INCREMENT PRIMARY KEY
```

1．自增型字段的数据插入

AUTO_INCREMENT 类型的字段初始值和增量均为 1，每插入一条记录，该字段的值自动加 1。当插入数据时，该字段通常是空值（NULL），但也可以不是空值。例如，向 stu 表中插入记录：

```
CREATE TABLE stu
 (stu_id INT UNSIGNED AUTO_INCREMENT PRIMARY KEY ,
  sname VARCHAR(10)
   );
INSERT INTO stu VALUES(NULL,'张三'),(NULL,'李四'),(10,'王五');
```

stu_id	sname
2	张三
4	李四
10	王五

当 AUTO_INCREMENT 类型的字段在插入时不是空值（如 10）时，若所给的值在当前数据表中已存在，则插入记录无效，否则按当前的数据（如 10）插入，其后插入的数据在当前值最大值上自增。

2．自增型字段的数据修改

在定义表结构时，可以设置自增型字段的初始值，也可以通过修改表结构来修改初始值。

```
-- 创建数据表 stu，定义 stu_id 为自增型字段，设置初始值为 200001，并插入两条记录，观察结果
 CREATE TABLE stu
 (stu_id INT UNSIGNED AUTO_INCREMENT PRIMARY KEY ,
```

```
    sname VARCHAR(10)
    )AUTO_INCREMENT=200001;
INSERT INTO stu VALUES(NULL,'张三'),(NULL,'李四');
```

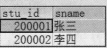

```
-- 修改 stu_id 字段的初始值为 202201，并插入两条记录，观察结果
    ALTER TABLE stu  AUTO_INCREMENT=202201;
    INSERT INTO stu VALUES(NULL,'张三'),(NULL,'李四');
```

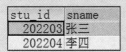

当修改表结构，重新定义初始值时，原表中的数据不会发生变化，只对新插入的数据起作用。

3．自增型字段的数据删除

在使用 DELETE 命令删除表中的记录后，无论是删除全部记录还是删除部分记录，当再插入新记录时，自增型字段的值还是在原来序列最大值的基础上自动增加，不会从初始值开始增加。若想从初始值开始自增，必须使用 TRUNCATE 命令删除表中的全部记录，举例如下。

```
-- 用 DELETE 命令删除 stu 中所有记录，重新插入新记录，观察 stu_id 字段的值
DELETE FROM stu;
INSERT INTO stu VALUES(NULL,'张三'),(NULL,'李四');
```

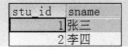

```
-- 用 TRUNCATE 命令删除 stu 中所有记录，插入新记录，观察 stu_id 字段的值
TRUNCATE TABLE stu;
INSERT INTO stu VALUES(NULL,'张三'),(NULL,'李四');
```

stu_id	sname
1	张三
2	李四

定义了自增型字段 stu_id，数据库系统会创建一个 stu_id 变量，且对变量已用过的值进行保存。当使用 DELETE 命令删除记录时，只删除了记录，并没有释放内存，重新插入记录时，系统会找到当前序列的最大值。当使用 TRUNCATE TABLE 命令删除记录时，不仅删除了记录，还释放了内存，stu_id 变量保存的值，以及定义表或修改表设置的初始值将都被清除。重新插入记录时，系统会使用 auto_increment_offset 和 auto_increment_increment 全局变量设置的初始值填充自增型字段。

本 章 小 结

通过本章的学习，读者能够掌握字符编码的常用方法，掌握 MySQL 常用的存储引擎及其使用方法，MySQL 数据类型及其选择方法，掌握数据表的创建、修改和删除等操作，掌握数据表中数据的增加、删除和修改等常用操作，掌握数据表定义中约束的使用和自增型字段的定义以及使用方法。

习 题 4

4.1 选择题。

（1）_____命令不是用于对数据库对象操作的。

A. CREATE B. DROP C. ALTER D. SELECT

（2）MySQL 默认的字符编码为_____。

A. UTF-32 B. UTF-16 C. UTF-8 D. Unicode

（3）采用 UTF-8 字符编码，若性别字段只存放一个汉字，如"男"或"女"，则存储时占_____字节。

A. 1 B. 2 C. 3 D. 4

（4）如果要修改表结构，应该使用的 SQL 语句是_____。

A. UPDATE TABLE B. MODIFY TABLE

C. CHANGE TABLE D. ALTER TABLE

（5）在 SQL 中，属于 DML 命令的是_____。

A. CREATE B. GRANT C. UPDATE D. DROP

（6）关于 MySQL 的存储引擎，以下说法正确的是_____。

A. 有多种存储引擎 B. 有 2 种存储引擎

C. 有 1 种存储引擎 D. 以上说法都不对

（7）MySQL 服务器的存储引擎中支持事务处理、支持外键、支持崩溃修复和并发控制的存储引擎是_____。

A. MEMORY B. NDB

C. InnoDB D. MyISAM

（8）关于 MySQL 的存储引擎 MyISAM 和 InnoDB 的描述，下列选项中正确的是_____。

A. MyISAM 是非事务型的存储引擎，适合用于频繁更新的应用

B. MyISAM 是非事务型的存储引擎，默认是行锁，不会出现死锁，适合小数据量、低并发

C. InnoDB 是事务型的存储引擎，适合用于更新和删除操作比较多的应用

D. InnoDB 是事务型的存储引擎，默认使用表锁，适合大数据、高并发

4.2 简述列约束和表约束的区别是什么，常用的约束有哪些。

4.3 简述如何解决汉字显示乱码问题。

实验一 数据库与数据表的定义和数据操作

【实验目的】

通过实验熟悉数据库上机环境；熟练掌握和使用 DDL，建立、修改和删除数据库和数据表；熟练掌握和使用 DML，对数据表中的数据进行增加、修改和删除操作。

【实验基础数据】

现有教学管理数据库 teachingdb，在数据库中存在 4 张数据表 student、course、teacher、score，4 张表的结构和数据如下。

```
-- student 表
CREATE TABLE student(
sno CHAR(5) PRIMARY KEY,
sname VARCHAR(20) NOT NULL,
sdept VARCHAR(20) NOT NULL,
sclass CHAR(2) NOT NULL,
ssex CHAR(1) ,
birthday DATE,
totalcredit DECIMAL(4,1)
);
-- course 表
CREATE TABLE course(
cno CHAR(3) PRIMARY KEY,
cname VARCHAR(50),
ctime DECIMAL(3,0),
credit DECIMAL(3,1)
);
-- teacher 表
CREATE TABLE teacher(
tno CHAR(6) PRIMARY KEY,
tname VARCHAR(20),
tsex CHAR(1),
tdept VARCHAR(20)
);
-- score 表
CREATE TABLE score (
sno CHAR(5),
cno CHAR(3),
tno  CHAR(6),
grade DECIMAL(5,1),
PRIMARY KEY(sno,cno,tno),
CONSTRAINT fk_sno FOREIGN KEY(sno)  REFERENCES student(sno),
CONSTRAINT fk_cno FOREIGN KEY(cno)  REFERENCES course(cno),
CONSTRAINT fk_tno FOREIGN KEY(tno)  REFERENCES teacher(tno)
);
```

参考插入数据语句如下：

```
-- student 表中的数据
INSERT INTO student VALUES('96001','马小燕','计算机','01','女','2000/01/02',0);
INSERT INTO student VALUES('96002','黎明','计算机','01','男','2000/03/05',0);
INSERT INTO student VALUES('96003','刘东明','数学','01','男','2000/10/05',0);
INSERT INTO student VALUES('96004','赵志勇','信息','02','男','2000/08/08',0);
INSERT INTO student VALUES('97001','马蓉','数学','02','女','2001/03/04',0);
INSERT INTO student VALUES('97002','李成功','计算机','01','男','2001/09/10',0);
INSERT INTO student VALUES('97003','黎明','信息','03','女','2002/02/08',0);
INSERT INTO student VALUES('97004','李丽','计算机','02','女','2002/01/05',0);
INSERT INTO student VALUES('96005','司马志明','计算机','02','男','2001/11/23',0);
-- course 表中的数据
INSERT INTO course VALUES('001','数学分析',64,4);
INSERT INTO course VALUES('002','普通物理',64,4);
INSERT INTO course VALUES('003','微机原理',56,3.5);
INSERT INTO course VALUES('004','数据结构',64,4);
INSERT INTO course VALUES('005','操作系统',56,3.5);
```

```
INSERT INTO course VALUES('006','数据库原理',56,3.5);
INSERT INTO course VALUES('007','编译原理',48,3);
INSERT INTO course VALUES('008','程序设计',32,2);
-- teacher 表中的数据
INSERT INTO teacher VALUES('052501','王成刚','男','计算机');
INSERT INTO teacher VALUES('052502','李正科','男','计算机');
INSERT INTO teacher VALUES('052503','严敏','女','数学');
INSERT INTO teacher VALUES('052504','赵高','男','数学');
INSERT INTO teacher VALUES('052505','刘玉兰','女','计算机');
INSERT INTO teacher VALUES('052506','王成刚','男','信息');
INSERT INTO teacher VALUES('052507','马悦','女','计算机');
-- score 表中的数据
INSERT INTO score VALUES('96001','001','052503',77.5);
INSERT INTO score VALUES('96001','003','052501',89);
INSERT INTO score VALUES('96001','004','052502',86);
INSERT INTO score VALUES('96001','005','052505',82);
INSERT INTO score VALUES('96002','001','052504',88);
INSERT INTO score VALUES('96002','003','052502',92.5);
INSERT INTO score VALUES('96002','006','052507',90);
INSERT INTO score VALUES('96005','004','052502',92);
INSERT INTO score VALUES('96005','005','052505',90);
INSERT INTO score VALUES('96005','006','052505',89);
INSERT INTO score VALUES('96005','007','052507',78);
INSERT INTO score VALUES('96003','001','052504',69);
INSERT INTO score VALUES('97001','001','052504',96);
INSERT INTO score VALUES('97001','008','052505',95);
INSERT INTO score VALUES('96004','001','052503',87);
INSERT INTO score VALUES('96003','003','052501',91);
INSERT INTO score VALUES('97002','003','052502',91);
INSERT INTO score VALUES('97002','004','052505',NULL);
INSERT INTO score VALUES('97002','006','052507',92);
INSERT INTO score VALUES('97004','005','052502',90);
INSERT INTO score VALUES('97004','006','052501',85);
```

【实验内容】

1-1　创建数据库和数据表的 DDL 语句。

（1）创建数据库 teachingdb。

（2）在 teachingdb 中创建 student 表。

（3）在 student 表中增加籍贯字段：nativeplace VARCHAR(20)。

（4）删除 student 表中的籍贯字段。

（5）将 student 表中的 ssex 字段定义改为 VARCHAR(3)。

（6）在 course 表中 cname 上添加唯一性约束 uk_cno。

1-2　操纵数据的 DML 语句。

（1）在 student 表中插入一条数据（'11111','马明','计算机','01','女','2000/01/02',NULL）。

（2）将 student 表中所有学生的总学分加 2，空值也参加计算。

（3）将 student 表中马小燕的出生日期修改为 2000-01-22。

（4）删除 student 表中学号为 11111 的记录。

（5）利用 student 表创建表 s1，s1 的结构与内容与 student 表的完全相同。

（6）删除学生表 s1 中计算机系学生的信息。

（7）删除 s1 表。

第5章 单表查询

本章学习目标：掌握无条件查询、条件查询、分组统计、排序查询、限制查询等；理解每个查询的用法和用处，学会使用查询来解决实际问题。

5.1 查询结构

对于已定义的表或视图，用户可以通过查询操作获得所需要的信息。下面介绍的 SQL 查询语句中的关系既可以是基本表，也可以是视图。当前可将关系理解为基本表，到学习视图操作时，再将查询与视图联系起来。

SQL 查询语句只有一种 SELECT 句型，其一般格式为：

```
SELECT [ALL|DISTINCT] <目标列表达式> [[AS]<别名>] , …]
FROM <表名> [ [[AS]<表别名>], …]
[WHERE <条件表达式>]
[GROUP BY <用于分组的列名>] [HAVING <条件表达式>]
[ORDER BY <用于排序的列名>[ASC|DESC], …]
[LIMIT 子句];
```

对上述格式的相关说明如下。

（1）SELECT 子句从列的角度进行投影操作，用于指定要在查询结果中显示的字段名。用户也可以用关键字 AS 为字段名指定别名（字段名和别名之间的 AS 也可以省略），这样，别名会代替字段名显示在查询结果中。关键字 ALL 表示所有行，一般可省略，关键字 DISTINCT 表示消除查询结果中的重复行。

（2）FROM 子句用于指定要查询的表名或视图名，如果有多个表或视图，它们之间用逗号隔开。

（3）WHERE 子句从行的角度进行选取操作，其中的检索条件是用来约束行的，满足检索条件的行才会出现在查询结果中。

（4）GROUP BY 子句将查询结果按照其后的<用于分组的列名>进行分组，用于分组的列名可以是一个，也可以是多个。

（5）HAVING 子句不能单独存在，如果需要的话，它必须在 GROUP BY 子句之后。这种情况下，只输出在分组查询之后满足 HAVING 条件的行。

（6）ORDER BY 子句用于对查询结果进行排序，ASC 代表升序，DESC 代表降序。默认情况下，如果在 ORDER BY 子句中没有显式指定排序方式，则表示对查询结果按照指定列名进行升序排序。用于排序的列名可以是一个，也可以是多个。

（7）LIMIT 子句用于限制查询结果的行数。

SELECT 语句既可完成简单的单表查询，也可以完成多表查询，甚至复杂的嵌套查询。本章介绍单表查询。

5.2 无条件查询

无条件查询相当于对关系施加投影运算，可以选择所有列，也可以选择一列，或者选择表达式。

1．查询指定列

【例 5.1】查询全体学生的姓名、学号、系别。

```
SELECT sno,sname,dept FROM student;
```

SELECT 子句的<目标列表达式>中列的顺序可以与基本表中列的顺序不一致。也就是说，用户在查询时可以根据实际需要改变列的显示顺序。

2．查询所有列

【例 5.2】查询全体学生的所有信息。

```
SELECT * FROM student;
```

其中的星号表示要选出基本表中的所有列，结果是输出学生的全部信息。这类查询称为全表查询，是最简单的一种查询。

需要说明的是，当使用星号来选择表中所有列时，列的显示顺序遵循建表时的顺序。若要求结果中列的显示顺序与原表中的顺序不同，则必须按实际需要依次输入所有的列名，而不能使用星号。

3．查询经过计算的值

SELECT 子句的<目标列表达式>不仅可以是表中的属性列，还可以是表达式、字符串常量、函数等，即可以对查询出来的属性列进行一定的计算后给出结果。

【例 5.3】查询学生学号和年龄。

```
SELECT sno,YEAR(SYSDATE())-YEAR(birthday) FROM student;
```

4．列的别名

查询结果的列名通常与表中的列名相同。用户可以通过指定列的别名来改变查询结果的列名，这对于含算术表达式、常量、函数名的<目标列表达式>尤为有用。

别名表示方法为

```
列名 AS 别名
```

或者

```
列名 别名
```

【例 5.4】查询学生的学号和年龄，显示时使用别名"学号"和"年龄"。

```
SELECT sno AS 学号,YEAR(SYSDATE())-YEAR(birthday) 年龄 FROM student;
```

注意：别名中有空格、星号等特殊字符时，若期望以原样输出，应使用引号。

```
SELECT "3+2=",3+2;
```

5．消除重复行

原本不完全相同的行，经过向某些列投影后，可能变成相同的行。若想去掉结果表中的重复行，可使用 DISTINCT 关键字。

【例 5.5】查询选修了课程的学生学号（避免出现重复学号）。

```
SELECT DISTINCT sno FROM course;
```

5.3 条件查询

条件查询需要使用 WHERE 子句指定查询条件。条件表达式中通常要使用运算符进行运算，常用的运算符如表 5.1 所示。

表 5.1　条件表达式中常用的运算符

序号	运算符	含义
1	=、<=>、>、<、>=、<=、!=、<>	比较运算
2	AND、OR、NOT	逻辑运算
3	BETWEEN AND、 NOT BETWEEN AND	范围运算
4	IN、NOT IN	集合运算
5	LIKE、NOT LIKE	模糊查询
6	IS NULL、IS NOT NULL	空值运算

5.3.1　比较运算

比较运算用于比较两个表达式的值。常用的比较运算符有 "="（等于）、"<"（小于）、"<="（不大于）、">"（大于）、">="（不小于）、"<>"（不等于）等，比较运算的语法格式如下：

```
<属性列> 比较运算符 {列名|常量|表达式}
```

字符串常量和日期常量要用一对单引号括起来。

【例 5.6】查询总学分大于 50 的学生姓名和总学分。

```
SELECT sname,totalcredit FROM student  WHERE totalcredit>50;
```

【例 5.7】查询总学分不等于 50 的学生姓名和总学分。

```
SELECT sname,totalcredit FROM student  WHERE totalcredit<>50;
```

注意：在 SQL 查询语句中，不等号亦可写为 "!="。

5.3.2　范围运算

范围运算符 BETWEEN AND 和 NOT BETWEEN AND 可用于查找属性值在指定范围内的记录。范围运算的语法格式如下：

```
<属性列> [NOT] BETWEEN <A> AND <B>
```

其中，A、B 分别为范围的下界和上界。

【例 5.8】查询学分在 40 与 49 之间（包括 40 和 49）的学生学号和总学分。

```
SELECT sno, totalcredit FROM student WHERE totalcredit BETWEEN 40 AND 49;
```

【例 5.9】查询学分不在 40 与 49 之间的学生学号和学分。

```
SELECT sno, totalcredit FROM student WHERE totalcredit NOT BETWEEN 40 AND 49;
```

5.3.3　集合运算

集合运算符 IN（NOT IN）用于查找属性值属于（不属于）指定集合的记录。集合运算的语法格式如下：

```
<属性列> [NOT] IN (值表)
```

谓词 IN 实际上是一系列连接词 "OR" 的缩写，所起的作用就是检查列值是否等于它后面括号内的一组值中的某一个。如果列值等于其中某一个值，则运算结果为 TRUE，否则运算结果为 FALSE。NOT IN 的含义则与 IN 的完全相反。

【例 5.10】查询考试成绩为 80、85 或 90 的学生学号。

```
SELECT * FROM score WHERE grade IN (80,85,90);
```

对该例，查询语句亦可改为

```
SELECT * FROM score WHERE (grade = 80) OR (grade = 85) OR (grade = 90);
```

【例 5.11】查询课时不在 50 与 70 之间的课程的课程号及课时。

```
SELECT cno,ctime FROM course WHERE ctime NOT BETWEEN 50 AND 70;
```

5.3.4 模糊查询

在实际应用中，有时无法给出精确的查询条件，因此需要根据不确定信息来进行查询。运算符 LIKE 用于字符串的匹配运算，实现模糊查询。模糊查询的语法格式如下：

```
<属性列> [NOT] LIKE '<匹配串> ' [ESCAPE '转义字符']
```

其功能为查询指定的属性列中与<匹配串>相匹配的行。

匹配串可以是一个完整的字符串，也可以是含有通配符的字符串。通配符如下。

- %（百分号）：任意长（含长度为 0 情形）字符串。
- _（下画线）：任意单个字符。

【例 5.12】查询姓名是以汉字 "林" 开头的学生信息。

```
SELECT * FROM student WHERE sname LIKE '林%';
```

【例 5.13】查询姓名中有 "林" 字的学生信息。

```
SELECT * FROM student WHERE sname LIKE '%林%';
```

【例 5.14】查询姓名长度至少是两个字符且倒数第二个字符必须是汉字 "林" 的学生信息。

```
SELECT * FROM student WHERE sname LIKE '%林_';
```

若待查内容本身含有 "_"，则应使用转义字符 "\" 将其转化为普通字符。例如，在 course 表中插入两条记录，课程名分别为 "DBDESIGN" 和 "DB_DESIGN"。

【例 5.15】查询以 "DB_" 开头的课程的详细情况。

```
-- 插入新记录
INSERT INTO course(cno,cname) VALUES('401','DBDESIGN'),('402','DB_DESIGN');
-- 查询新记录
SELECT * FROM course WHERE cname LIKE 'DB\_%' ;
```

注意：以上 SELECT 语句使用了 MySQL 默认的转义字符 "\"，若使用其他转义字符，需要加上关键字 ESCAPE。使用 "@" 进行转义的例子如下。

```
SELECT * FROM course WHERE cname LIKE 'DB@_%' ESCAPE '@';
```

5.3.5 空值运算

有时，一些属性列可能暂时没有确定的值，这些属性列的值可以设为空值。所谓空值

（NULL），指的是不存在、不确定或者不可用的数据。数据表的行中，未被赋值的字段自动被认作空值，0 长度的字符串亦被自动解释为空值。空值运算的语法格式如下：

```
<属性列> IS [NOT] NULL
```

注意：这里的 IS 不能用"="替代，但可以用"<=>"替代。

赋空值可采用以下两种方式。

（1）把连续两个单引号赋值给它。

（2）把空值 NULL 赋值给它。

空值不能直接参与运算。若运算涉及空值，可借助于 IFNULL()函数。

【例 5.16】 查询学分为空的记录。

```
SELECT * FROM course WHERE credit IS NULL;
```

或

```
SELECT * FROM course WHERE credit <=> NULL;
```

修改总学分，给所有的学生的总学分加 10，观察总学分为 NULL 的情况。

```
UPDATE course SET credit = credit + 10 WHERE cname LIKE 'DB%' ;
```

此时，总学分为 NULL 的记录不会被修改。如何让空值改变呢？可以使用 IFNULL (expr1,expr2)函数：若 expr1 非空，返回 expr1；若 expr1 为 NULL，返回 expr2。

【例 5.17】 用 IFNULL ()修改空值。

```
UPDATE course SET credit = IFNULL(credit,0) + 10 WHERE cname LIKE 'DB%' ;
```

5.3.6 混合运算

逻辑运算符 AND（与）、OR（或）、NOT（非）用于连接多个查询条件，实现混合运算。运算符的优先级如表 5.2 所示。

表 5.2 运算符的优先级

优先级	运算符	含义
1	=、<=>、>、<、>=、<=、!=、<> BETWEEN、IN、LIKE、IS NULL	比较运算
2	NOT	逻辑非运算
3	AND（&&）	逻辑与运算
4	OR（‖）	逻辑或运算

注意：在表 5.2 中优先级数字越小，级别越高，用户可以用括号()改变优先级。

【例 5.18】 查询计算机系或通信工程系总学分大于 50 的学生姓名、系别和总学分。

```
SELECT sname,dept,totalcredit FROM student
WHERE dept IN ('计算机','通信工程') AND totalcredit > 50;
```

【例 5.19】 查询选修课程 101 或课程 102，成绩在 85 和 95 之间的学生的学号、课程号与成绩。

```
SELECT sno,cno,grade FROM score
WHERE cno IN ('101','102') AND grade BETWEEN 85 AND 95;
```

5.4 分组统计

5.4.1 组函数

SQL 提供了一些组函数（聚合函数），用于对一组值进行统计。常用的组函数如表 5.3 所示。

表 5.3 常用的组函数

函数名	用法	功能
COUNT	COUNT(*|[DISTINCT]<列名>)	计算所选记录（列）的个数
SUM	SUM(<列名>)	计算某一数值列的和
AVG	AVG(<列名>)	计算某一数值列的平均值
MAX	MAX()(<列名>)	求（字符、日期、数值列）的最大值
MIN	MIN()(<列名>)	求（字符、日期、数值列）的最小值

COUNT()用于统计满足条件的记录的个数，或所选列的个数。如果使用 DISTINCT，则表示在计算时要消除指定列中的重复值；否则表示允许重复。在使用组函数统计时，NULL 不参加计算。

【例 5.20】查询学生总人数。

```
SELECT count(*) AS 总人数 FROM student;
```

【例 5.21】查询选修了课程的学生人数。

```
SELECT count(DISTINCT sno) FROM course;
```

【例 5.22】查询计算机系学生的平均学分。

```
SELECT AVG(totalcredit) FROM student WHERE dept='计算机';
```

【例 5.23】查询选修了课程号为 101 的课程的学生的最高、最低与平均成绩。

```
SELECT MAX(grade), MIN(grade), AVG(grade) FROM score WHERE cno='101';
```

提示：使用 COUNT(*)对表中行的数目进行计数，不管表中的列包含的是空值（NULL）还是非空值。使用 COUNT(列)对特定列中的行进行计数，会忽略空值（NULL）。

5.4.2 分组查询

对查询结果分组的目的是细化组函数的作用对象。如果未对查询结果分组，组函数将作用于整个查询结果，即整个查询结果只有一个函数值。否则，组函数将作用于每一个组，每一组都有一个相应的函数值。

分组查询的语法格式如下：

```
GROUP BY <用于分组的列名> [HAVING <条件表达式>]
```

其中，GROUP BY 子句将查询结果表中的各行按列进行分组，将列值相等的归于一组。在包含 GROUP BY 子句的查询语句中，SELECT 子句后面的所有字段列表（组函数除外）均应包含在 GROUP BY 子句中，即选项与分组应具有一致性。

若 GROUP BY 子句中带有 HAVING 短语，则满足 HAVING 指定条件的组才能输出。

【例 5.24】查询各门课程的平均成绩与总成绩。

```
SELECT cno,AVG(grade),SUM(grade) FROM score GROUP BY cno;
```

【例 5.25】查询各系的人数。

```
SELECT dept,COUNT(*) FROM student GROUP BY dept;
```

【例 5.26】查询人数在 10 人以上的系别及人数。

```
SELECT dept,COUNT(*) FROM student
GROUP BY dept
HAVING COUNT(*)>10;
```

WHERE 与 HAVING 的区别在于作用对象不同。WHERE 作用于基本表或视图，从中选择满足条件的行；HAVING 则作用于组，从中筛选出满足条件的组。

【例 5.27】查询各系的男女生人数。

```
-- 多字段分组
SELECT dept,sex,COUNT(*) FROM student GROUP BY dept,sex;
```

5.5 排序查询

在实际应用中，经常需要对查询的结果进行排序。在 SQL 查询语句中，可使用 ORDER BY 子句实现这一功能。排序的语法格式如下：

```
ORDER BY <用于排序的列名>[ASC|DESC], …
```

若未指定查询结果的显示顺序，DBMS 通常按行在表中的先后次序输出查询结果。用户可指定按一个或多个属性列升序（ASC）或降序（DESC）排序，默认为升序。

【例 5.28】查询选修课程的学生的学号、课程号与成绩，结果按学号升序、成绩降序排序。

```
SELECT sno,cno,grade FROM score ORDER BY sno,grade DESC;
```

5.6 限制查询结果数量

1. 限制返回结果的记录数

一次性查询出大量记录，不仅不便于阅读查看，还会降低系统效率。为此，MySQL 提供了一个关键字 LIMIT，可以限制查询结果的数量，也可以指定查询从哪一条记录开始。其基本语法格式如下：

```
LIMIT[OFFSET,]记录数;
```

在上述语法中，"记录数"表示限定获取的最大记录数量，也就是说，在"记录数"大于数据表符合要求的实际记录数量时，以实际记录数量为准。当 LIMIT 后仅有此参数时，表示从第 1 条记录开始获取。可选项 OFFSET 表示偏移量，用于设置从哪条记录开始获取，MySQL 中默认第 1 条记录的偏移量为 0，第 2 条记录的偏移量为 1，以此类推。

【例 5.29】查询课程号为 101 的课程的成绩排前 3 名的学生的学号、课程号、成绩。

```
SELECT sno,cno,grade FROM score WHERE cno='101' ORDER BY grade DESC LIMIT 3;
```

【例 5.30】查询课程号为 101 的课程的成绩排 6~10 名的学生的学号、课程号、成绩。

```
SELECT sno,cno,grade FROM score WHERE cno='101' ORDER BY grade DESC LIMIT 5,5;
```

2．分页显示返回的记录

使用 LIMIT 实现数据的分页显示，每页显示 pageSize 条记录，此时显示第 pageNo 页的语句为

```
LIMIT (pageNo-1) * pageSize, pageSize;
```

【例5.31】分页显示 student 表的所有记录，每页显示 10 条记录。

```
-- 第 1 页显示的记录
SELECT * FROM student LIMIT 0,10;
-- 第 2 页显示的记录
SELECT * FROM student LIMIT 10,10;
-- 第 3 页显示的记录
SELECT * FROM student LIMIT 20,10;
```

3．排序后限量更新或删除数据

在 MySQL 中除了可以对查询记录进行排序和限量，对数据表中记录的更新与删除操作也可以进行排序和限量。其基本语法格式如下。

```
-- 数据更新的排序与限量
UPDATE 数据表名 SET 字段=新值, ... [WHERE 条件表达式]
ORDER BY 字段 ASC| DESC LIMIT 记录数;
-- 数据删除的排序与限量
DELETE FROM 数据表名[WHERE 条件表达式]
ORDER BY 字段 ASC|DESC LIMIT 记录数;
```

在上述语法中，UPDATE 和 DELETE 操作中添加 ORDER BY 表示根据指定的字段，按顺序更新或删除符合条件的记录。如果 UPDATE 和 DELETE 操作没有添加 WHERE 条件，则可以使用 LIMIT 来限制更新和删除的数量。

【例5.32】删除 course 表中 CTIME 为 NULL 的两条记录。

```
DELETE FROM course  ORDER BY CTIME LIMIT 2;
```

本例中，经过排序，CTIME 为 NULL 的两条记录排在最前面，所以会被删除。

本 章 小 结

本章主要介绍了单表查询语句的用法，主要是一些与查询相关的运算符的用法，如范围运算符 BETWEEN AND、集合运算符 IN、模糊查询运算符 LIKE、空值运算符 IS NULL 等；另外还介绍了分组统计、排序查询和限制查询等相关用法。

习 题 5

5.1 选择题。

（1）在 SQL 语句中，_____用于去掉重复行。

A．ORDER   B．DESC   C．GROUP   D．DISTINCT

（2）在 SQL 语句中，HAVING 条件表达式用来筛选满足条件的_____。

A．行   B．列   C．分组   D．表

（3）查询结果从第 3 行开始显示 3 行记录的 LIMIT 子句是_____。

A．LIMIT 0,3   B．LIMIT 1,3   C．LIMIT 2,3   D．LIMIT 3,3

（4）在 SQL 语句中，如果要找出 A 字段上不为空值的记录，则选择条件为_____。

A. A!=NULL
B. A<>NULL
C. A IS NOT NULL
D. A NOT IS NULL

5.2 分别用 BETWEEN AND、IN、OR 运算符确定考试成绩为 80、81 或 82 的学生学号，请写出相应的条件表达式。

实验二 单表查询

【实验目的】

通过实验掌握数据库系统单表查询的方法。

【实验内容】

2-1 简单查询语句。

（1）查询年龄大于 20 的学生的学号、姓名和年龄，结果列别名为"学号""姓名""年龄"。

（2）查询选修了课程的学生学号，结果表中学号显示唯一。

（3）查询不是计算机系或信息系的学生。

（4）查询学时在 1～50 的课程信息。

（5）查询姓名长度至少是 3 个汉字且倒数第三个汉字必须是"马"的学生。

（6）查询选修老师编号为 052501、成绩在 80～90、学号为 96×××的学生成绩。

（7）查询没有成绩的学生的学号和课程号。

2-2 分组统计。

（1）查询学生总人数。

（2）查询选修了课程的学生人数。

（3）查询选修各门课程的最高、最低与平均成绩。

（4）查询学生人数不足 3 人的系别及其相应的学生人数。

（5）查询各系中各班的学生人数，结果按班级人数降序排列。

第6章

多表查询

本章学习目标：掌握多表之间的连接查询，包括交叉连接查询、内连接查询、外连接查询，掌握子查询的用法；学会对比同一问题的多种解决方法的效率，并能选择较好的解决方法来解决查询问题。

6.1 连接查询

若一个查询同时涉及两个以上的关系，则称之为连接查询。连接查询是关系数据库中最主要的查询，包括交叉连接查询、内连接查询、外连接查询等。

目前 SQL 提出过两种连接查询标准，第一种是 SQL92 标准，第二种是 SQL99 标准。SQL99 标准不仅在底层实现了优化，而且形式看上去更加一目了然，逻辑性更强，一般建议使用 SQL99 标准。

6.1.1 交叉连接

交叉连接又称广义笛卡儿积，是不带连接谓词的查询。两个表的广义笛卡儿积是两表中记录无条件的交叉连接，会产生一些没有意义的记录，所以这种连接实际很少使用。

【例 6.1】求学生表 student 和课程表 course 的广义笛卡儿积。

SQL92 格式：

```
SELECT * FROM student,course;
```

SQL99 格式：

```
SELECT * FROM student CROSS JOIN course;
```

6.1.2 内连接

内连接查询中用来连接两个表的条件称为连接条件或连接谓词，其一般格式为

```
[<表名1>.]<列名1> <比较运算符> [<表名2>.]<列名2>
```

其中比较运算符主要有=、<>、<、>、<=、>=。

当连接运算符为 "=" 时，称为等值连接，使用其他运算符为非等值连接。连接条件中的列名为连接字段。连接条件中的各连接字段必须是可比的，但不必是相同的。

1．等值连接

当 WHERE 后的比较运算符为 "=" 时，称为等值连接。

【例 6.2】查询学生及其选修课程的情况。

SQL92 格式：

```
SELECT student.*,score.*  FROM student,score WHERE student.sno=score.sno;
```

SQL99 格式：

```
SELECT student.*,score.* FROM student JOIN score ON student.sno=score.sno;
```

内连接查询在执行的过程中相当于双重循环。按照 FROM 后面表的出现顺序（先出现的表作为外层的 FOR 循环，后出现的表作为内层的 FOR 循环），在【例6.2】中，设 student 表为 t，score 表为 s，在满足条件时执行下面的双重循环：

```
FOR t IN student
{  FOR s IN score
   {  IF t.sno = s.sno
         OUTPUT t+s;
   }
}
```

注意：在判定查询条件 t.sno = s.sno 时，为提高查询效率，系统自动为 score 表中的 sno 建立索引。

2. 自然连接

当进行等值连接的两个表中有同名列时，可以使用自然连接。SQL99 专门为自然连接准备了语法格式（JOIN USING）。

【例6.3】用自然连接完成【例6.2】。

```
SELECT * FROM student JOIN score USING(sno);
```

注意：等值连接和自然连接的区别是自然连接会自动去掉返回结果中的重复列。

3. 自身连接

连接操作不仅可以在两个表之间进行，也可以将一个表与其自身进行连接，这称为表的自身连接。当表进行自身连接时，为了区别两个表，必须给它们取不同的别名，表取别名的方式为"表名 别名"。进行自身连接时，由于所有属性都是同名属性，因此必须使用别名前缀。

【例6.4】查询年龄大于王燕年龄的所有学生的姓名、系别和出生日期。

```
SELECT b.sname,b.dept,b.birthday
FROM student a JOIN student b ON a.sno<>b.sno
WHERE a.sname='王燕' and a.birthday>b.birthday;
```

注意：以上 SQL 语句中的 a、b 都是 student 表的别名，用以区分同一张数据表。可以看出本例中的连接也是一种非等值连接。

6.1.3 外连接

在通常的连接操作中，只有满足连接条件的记录才能作为结果输出，因此有些用户需要的信息可能在结果中无法出现。要解决这个问题，就需要使用外连接。外连接的语法格式为

```
SELECT 列表达式 FROM 表名1 {LEFT|RIGHT|FULL} OUTER JOIN 表名2 ON 连接条件;
```

外连接分为以下两种类型。

（1）左外连接（LEFT OUTER JOIN）：结果表除了包括满足连接条件的行，还包括左表的所有行，而右表中的数据如果没有匹配的值，则为空。

（2）右外连接（RIGHT OUTER JOIN）：结果表除了包括满足连接条件的行，还包括右表的所有行，而左表中的数据如果没有匹配的值，则为空。

【例6.5】查询未选修任何课程的学生。

```
SELECT *
FROM student a LEFT JOIN score b on a.sno=b.sno
WHERE b.sno is null;
```

6.2 嵌套查询

在 SQL 中，一条 SELECT...FROM...WHERE 语句称为一个查询块，将一个查询块嵌套在另一个查询块中的查询称为嵌套查询，如 SELECT...FROM...WHERE (SELECT...FROM...WHERE)。上层的查询块称为外层查询或父查询，下层的查询块称为内层查询或子查询。SQL 语句允许多层嵌套查询，即一个子查询还可以嵌套其他子查询。

嵌套查询时，根据内层查询条件是否依赖外层查询，可以将子查询分为不相关子查询和相关子查询。

6.2.1 不相关子查询

子查询的查询条件不依赖于父查询，这类查询称为不相关子查询。不相关子查询根据其返回值的不同可以分为返回单值的子查询（标量子查询）和返回一组值的子查询（列子查询、表子查询）。

1．标量子查询

子查询返回的结果是一个值时，可以使用比较运算符（=、>、<、>=、<=、!=）将父查询和子查询连接起来。

【例6.6】查询选修离散数学的学生的学号。

```
SELECT sno FROM score WHERE cno=
                        (SELECT cno FROM course WHERE cname='离散数学');
```

【例6.7】查询年龄大于王燕年龄的所有学生的姓名、系别和出生日期。

```
SELECT sname,dept,birthday FROM student WHERE birthday<
                        (SELECT birthday FROM student WHERE sname='王燕');
```

2．列子查询

当子查询返回的结果不是一个值而是一个集合即多个值（一列多行）时，就不能简单地使用比较运算符，而必须使用多值比较运算符，以指明在 WHERE 子句中应如何使用这些返回值。多值比较运算符如表 6.1 所示。

表6.1 多值比较运算符

序号	运算符	含义
1	[NOT] IN	字段的值是否在集合中
2	[NOT] ANY	字段的值与集合中的值进行比较，匹配一个则为 TRUE
3	[NOT] ALL	字段的值与集合中的值进行比较，匹配所有则为 TRUE

（1）<属性名> [NOT] IN (SELECT 子查询)

无[NOT]时，只要属性值在 SELECT 子查询结果中，条件表达式的值就为 TRUE，否则为 FALSE；有[NOT]时，则相反。

【例6.8】查询选修离散数学的学生的姓名。

```
SELECT sname   FROM student   WHERE   sno   IN
            (SELECT   sno   FROM   score   WHERE   cno=
                (SELECT   cno   FROM   course   WHERE   cname='离散数学'));
```

（2）<属性名>θ [ANY|ALL] (SELECT 子查询)

θ 表示比较运算符（如>、>=、<、<=、=、<>），使用 ANY 或 ALL 时必须同时使用比较运算符。

【例 6.9】查询比所有计算机系学生的年龄都大的学生。

```
SELECT * FROM student WHERE dept<>'计算机' AND  birthday<ALL
            (SELECT birthday FROM student WHERE dept='计算机');
```

该类查询的等价转换形式为 "<属性名>θ(使用组函数的 SELECT 子查询)"，其对应转换关系如表 6.2 所示。

表 6.2　ANY 或 ALL 与组函数及 IN 的等价转换关系

ANY/ALL	比较运算符					
	=	<>	<	<=	>	>=
ANY	IN	无意义	<MAX	<=MAX	>MIN	>=MIN
ALL	无意义	NOT IN	<MIN	<=MIN	>MAX	>=MAX

【例 6.10】查询课程号为 206 的课程的成绩不低于课程号为 101 的课程的最低成绩的学生学号。

```
SELECT sno,grade FROM score
WHERE cno='206' AND grade>=ANY(SELECT grade FROM score WHERE cno='101');
-- 等价于
SELECT sno,grade FROM score
WHERE cno='206' AND grade>=(SELECT MIN(grade) FROM score WHERE cno='101');
```

3．表子查询

当子查询返回一个表时（多行多列），子查询可以在 FROM 后面当作数据源。

【例 6.11】查询计算机系总学分排名前 3 的学生信息。

```
SELECT *
FROM (SELECT * FROM student WHERE dept='计算机')  AS cs
ORDER BY totalcredit DESC
LIMIT 3;
```

4．用于 DDL 和 DML 中的子查询

（1）用子查询的结果创建表。

【例 6.12】将计算机系的所有学生信息保存到 stu 表中（stu 表不存在）。

```
CREATE TABLE stu
(SELECT * FROM student WHERE dept='计算机');
```

（2）将子查询的结果保存到已有表中。

【例 6.13】将计算机系的所有学生信息保存到 stu 表中（stu 表已存在）。

```
INSERT INTO stu
(SELECT * FROM student WHERE dept='计算机');
```

注意：stu 表要与子查询结果的结构相同。

（3）用子查询的结果更新表。

【例 6.14】将 stu 表中的所有学生的总学分更新为 student 表中的平均学分。

```
UPDATE stu SET totalcredit=(SELECT AVG(totalcredit) FROM student);
```

（4）用子查询的结果删除表。

【例6.15】从 stu 表中删除和 student 表中"王"姓同学学号相同的学生。

```
DELETE FROM stu WHERE sno IN(SELECT sno FROM student WHERE sname LIKE '王%');
```

6.2.2 相关子查询

相关子查询的方式与不相关子查询是不同的。一般来说，子查询都在其父查询前处理，在相关子查询中，子查询的查询条件往往依赖于其父查询的某个属性值。相关子查询一般使用 EXISTS 关键字，查询条件表达式格式如下：

相关子查询

```
[NOT] EXISTS (SELECT 子查询)
```

EXISTS 代表存在量词。在此表达式中，子查询不返回任何数据，只产生逻辑值：无[NOT]时，子查询查到记录，条件表达式值为 TRUE，否则为 FALSE；有[NOT]时，则相反。

此查询中，<目标列表达式>一般都用"*"（其他的属性名也可以，但无实际意义）。

执行相关子查询的过程为，从外查询的关系中依次取一个记录，根据它的值在内查询中进行检查，若 WHERE 子句中的条件表达式值为 TRUE，则将此记录放入结果表（为 FALSE 则舍去）。这样反复处理，直至外查询关系的记录全部被处理完。

【例6.16】查询所有选修了 102 号课程的学生姓名。

```
SELECT sname
FROM student
WHERE EXISTS(SELECT * FROM score  WHERE sno=student.sno AND cno='102');
```

本例中，score.sno 和 student.sno 相关。

【例6.17】查询选修了全部课程的学生姓名。

```
SELECT sname
FROM  student
WHERE NOT EXISTS
    (SELECT cno
     FROM course
     WHERE NOT EXISTS (SELECT *
                       FROM score
                       WHERE sno= student.sno AND cno=course.cno)
    );
```

本例中使用了双重否定，不存在任何一门课程学生没有选修，即学生选修了全部课程。

6.3 传统的集合运算

传统的集合运算有并（UNION）、交（INTERSECT）、差（MINUS）3 种，Oracle 支持 3 种类型的集合运算，MySQL 只支持并运算。

并运算用于将两条 SELECT 语句各自得到的结果集并为一个集。通常情况下该操作自动删除重复记录，若要保留重复的记录，则要带 ALL。

【例6.18】查询所有选修了 101 或 102 号课程的学生学号。

```
SELECT sno FROM score WHERE cno='101'
UNION
SELECT sno FROM score WHERE cno='102';
```

注意：【例6.18】也可以用其他 SQL 语句来实现，例如：

```
SELECT DISTINCT sno FROM score WHERE cno in ('101', '102');
```

但在有些情况下必须使用并运算才能实现。

【例6.19】已知客户表和代理商表结构如下：

```
customer(cid, cname, city, address)
agent(aid, aname, city, address)
```

查询客户及代理商所在的城市。

```
SELECT cname,city FROM customer
UNION ALL
SELECT aname,city FROM agent ;
```

本 章 小 结

本章主要介绍了多表查询，可分为一般的连接查询、嵌套查询和传统的集合运算等。一般的连接查询是关系数据库中最主要的查询，包括交叉连接查询、内连接查询、外连接查询。嵌套查询又分为相关子查询和不相关子查询。传统的集合运算包括并、交、差 3 种运算。

习 题 6

6.1 选择题。

（1）在 SQL 语句中，自然连接使用的关键词是_____。

A. NATURAL JOIN   B. OUTER JOIN

C. INNER JOIN   D. ROSS JOIN

（2）在 SQL 语句中，自身连接必须要设置表的_____。

A. 主键   B. 别名

C. 外键   D. 连接属性

（3）在 SQL 语句中，若不满足连接条件的记录也作为结果输出，则必需的连接方式为_____。

A. NATURAL JOIN   B. OUTER JOIN

C. INNER JOIN   D. ROSS JOIN

（4）在不相关子查询中，>ANY 与使用_____组函数的 SELECT 子查询可以等价转换。

A. >MIN   B. >=MIN

C. >MAX   D. >=MAX

（5）将两条 SELECT 语句各自得到的结果集并为一个集，并删除重复记录的集合操作是_____。

A. UNION   B. UNION ALL

C. INTERSECT   D. MINUS

6.2 比较连接查询和子查询的效率。

6.3 简述相关子查询和不相关子查询的区别。

实验三　多表查询

【实验目的】

通过实验掌握数据库系统多表查询的方法。

【实验内容】

3-1　查询选修了严敏老师的数学分析课程的学生的姓名、课程名、教师名和成绩。

（1）等值连接查询。

（2）自然连接查询。

（3）自身连接查询。

3-2　查询年龄大于刘东明的年龄的所有学生的姓名与出生日期。

（1）自身连接查询。

（2）子查询。

3-3　查询未选修任何课程的学生的学号和姓名。

（1）外连接查询。

（2）子查询。

3-4　查询比数学系中全体学生年龄大的学生的姓名和系别。

（1）查询比数学系中全体学生年龄大的学生的姓名和系别（子查询<ALL）。

（2）查询比数学系中全体学生年龄大的学生的姓名和系别（子查询<MIN()）。

3-5　（相关子查询 EXISTS）查询选修了 004 号课程的学生的姓名和系别。

3-6　（相关子查询 NOT EXISTS）查询选修了全部课程的学生的学号。

3-7　（相关子查询 NOT EXISTS）查询选修了刘东明同学选修的全部课程的学生的学号。

第7章 索引与视图

本章学习目标：理解索引和视图的概念及原理；掌握索引和视图的创建与使用方法；能够根据数据库系统的实际业务需要，创建索引和视图对象，实现数据库系统使用效率的提升。

7.1 索引

在大多数据库系统中，读取数据的次数远大于写入数据的次数，因此，优化数据读取的效率是数据库系统优化器的主要工作之一。

索引采用键值对的数据结构进行保存，索引的键由表中一个或多个字段生成，值存储了键所对应数据的存储位置。实际上，索引是一种以空间代价换取时间效率提升的方法，它采用预先建立的键值对结构，根据查询条件，快速定位目标数据。但需注意，索引一旦创建，将由数据库系统自动管理和维护。索引的维护需要消耗计算资源和存储资源，特别是对数据进行更新时，为确保索引的查询效率，需要更新现有索引结构，故要避免在一个表中创建大量的索引，引起系统整体响应效率的降低。同时，在查询数据时，索引并不是总能生效的，只有在查询条件中使用了索引的字段，索引才会生效。用户在执行查询语句时，可以通过 EXPLAIN 查看 SQL 语句是否使用索引。在应用系统开发中，设计好索引是提升数据库系统使用效率的关键。

7.1.1 B+树索引的数据结构及算法

B+树索引是关系数据库系统中最常用的一种索引结构。B+树中的 B 代表平衡（Balance），因为 B+树是从平衡二叉树演化而来的。数据库中的 B+树索引可以分为聚集索引（Clustered Index）和非聚集索引（Non-Clustered Index）。B+树的非叶子节点只存储键值对，实际的数据记录都存储在叶子节点中。B+树的叶子节点是按主键值顺序排列的，同层节点之间都有双向指针，相邻的节点具有顺序引用的关系。

1. 聚集索引

聚集索引也称聚簇索引。聚集索引将数据与索引放到一起，索引结构的叶子节点保存了行数据（所有字段的值）。在聚集索引中，表中行的逻辑顺序与键值的索引顺序相同，因此，找到索引也就找到了行数据。

聚集索引

关系数据库系统中，创建表对象时，若同时定义了主键，系统会在主键字段上自动创建一个聚集索引。由于实际的数据只能按照 B+树进行排序，因此每张表只能拥有一个聚集索引。因聚集索引能够在 B+树索引的叶子节点上直接找到数据，故在多数情况下，查询优化器倾向于采用聚集索引。此外，由于聚集索引定义了数据的逻辑顺序，使查询优化器能够快速发现需要扫描某一范围的数据，因而聚集索引对针对范围值的查询非常有利。

以对 student 表的 sno 字段建立聚集索引结构为例，如图 7.1 所示，student 表中的所有记录都按照 sno 值从小到大依次存储在叶子节点中，并分页存储。系统默认 1 页存储 4K 字节，假定叶子节点中 1 页只能存储 3 条记录，则存储 student 表初始的所有记录需要 7 页。非叶子节点用于存储键值对，键为 sno 的值，值为下层节点的页首地址，假设每页只能存储 3 个键，则可存储 4 个页首地址，即有 4 个页指针（或称扇出为 4），共需 3 页来存储键值对。一页中存储的键越多，扇出就越多，存储非叶子节点所需要的页数就越少，树的高度就越低，查询速度就越快。

图 7.1 所示的 B+树共有 10 页来存放 student 表，如何查询想要的记录呢？例如：

```
SELECT * FROM student WHERE sno='001111';
```

首先要将根节点（即第 1 页）调入内存，对比发现 001111 大于 001101 且小于 001202，则将根节点中 001101 键对应的页指针指向的第 2 页调入内存，在第 2 页中对比找到 001111 键，将该键页指针指向的第 7 页调入内存，在第 7 页中对比找到该条记录。在执行查询过程中，要找到目前记录，系统至少需要读入 3 页数据，即至少进行 3 次 I/O 操作。

B+树中如何进行范围查询呢？例如：

```
SELECT * FROM student WHERE sno>'001111' and sno<'001206';
```

如图 7.1 所示，按上述方法，首先读入第 1 页、第 2 页、第 7 页，找到键值为 001111 的记录，由于页内记录之间都有单向指针进行链接，依据链接向后查找第 7 页内的记录，找完本页的记录若还没有完成查询，则利用页间指针将下一页调入内存，继续执行页内搜索，直到不满足查询条件。

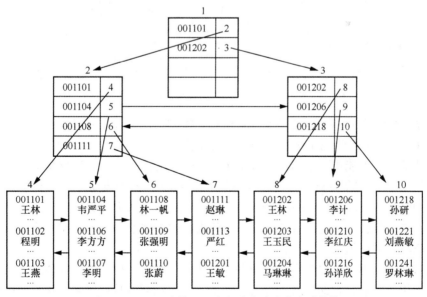

图 7.1　student 表按 sno 字段建立的聚集索引结构

提示： B+树的高度一般都在 2～4 层，也就是说查找某一条记录一般需要 2～4 次 I/O（读入或写出）操作。另外，当系统分配给数据实例的内存足够大时，系统一次可能将一张表

索引与视图 ┃ 第7章

的多页甚至整个表读入内存，以减少 I/O 操作次数。

2．辅助索引

辅助索引也称二级索引（Secondary Index），一般在非主键字段上创建，如使用 index 创建的一般索引或使用 unique index 创建的唯一索引等。辅助索引按要查找的键值组织 B+树结构，叶子节点除包含键以外，其索引行还包含书签（Bookmark）。该书签用来告诉存储引擎哪里可以找到与索引相对应的行数据。由于 InnoDB 存储引擎表是索引组织表，因此 InnoDB 存储引擎的辅助索引的书签就是相应行数据的聚集索引的主键值，而 MyISAM 存储引擎的辅助索引的书签就是相应行的首地址。

辅助索引

以 student 表按 sname 字段建立的辅助索引结构为例，如图 7.2 所示，student 表中的所有记录的 sname 字段值和 sno 字段值都按照 sname 字段值从小到大（汉语拼音顺序）依次分页存储在叶子节点中，非叶子节点按 sname 字段值建立索引结构。若 B+树中每页存储 4 个键值对，共需要 9 页存储索引数据。

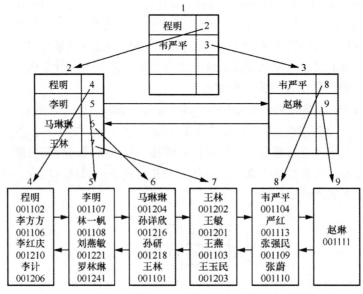

图 7.2　student 表按 sname 字段建立的辅助索引结构

在图 7.2 所示的 B+树中，若查询 sname='王林'的记录，首先要将第 1 页、第 2 页、第 7 页调入内存，对比找到 sname='王林'的记录。由于"王林"是第 7 页中的第一条记录，且姓名有可能重复，不能排除第 6 页中也存在 sname='王林'的记录，因此根据页间指针向前搜索，在第 6 页中按条件查询，最终找到两条 sname='王林'的记录，对应的主键值分别为001101 和 001202。若要找到对应这两条记录的详细信息，则还要通过"回表"的方式进行查询，如图 7.3 所示，即先利用二级索引找到相应的主键值，再利用主键值通过聚集索引去查询"王林"的详细信息。

所谓"回表"即先在二级索引中查询到相应的主键值，再根据主键值到聚集索引中查询在二级索引中没有包含的信息。可见"回表"需要访问的页面较多，执行效率没有在单个的 B+树中高。

提示：sname 字段上已创建了索引，请考虑语句 SELECT sno FROM student WHERE sname='王林';和 SELECT * FROM student WHERE sname='王林'; 在执行效率上的区别。

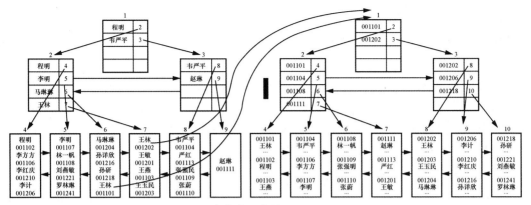

图 7.3　回表查询示意图

7.1.2　B+树联合索引

联合索引

联合索引，也称多列索引，是建立在多个字段上的索引，概念与单列索引相对。联合索引的结构依然是 B+树，但联合索引键的数量不止一个。构建 B+树，要根据联合索引最左侧的字段的排序来实现，也就是把使用最频繁的字段放在最左侧，以此类推。图 7.4 所示为 student 表按 sname 字段和 birthday 字段建立的联合索引结构。树中的所有节点首先按第一字段 sname（汉语拼音顺序）进行排序，在第一字段相同的情况下再按第二字段 birthday 进行排序。对比单字段的 B+树结构可以发现，联合索引的 B+树结构每页中存放的键值对会减少，树的高度可能会增高，查询性能会降低。

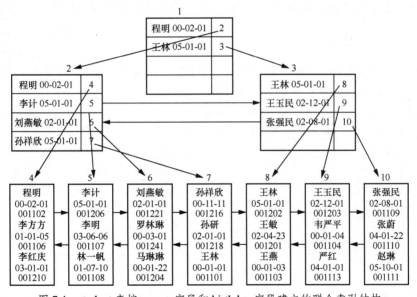

图 7.4　student 表按 sname 字段和 birthday 字段建立的联合索引结构

假设按主键 sno 字段建立的聚集索引名为 primary，按 sname 字段建立的辅助索引名为 idx_sname，按 sname 字段和 birthday 字段建立的联合索引名为 idx_sname_birthday，考虑以下查询语句对索引的使用。

语句一：

```
SELECT * FROM student WHERE sname='王林';
```

语句二：

```
SELECT sno FROM student WHERE sname='王林';
```

语句三：

```
SELECT * FROM student WHERE sname='王林' AND birthday='2005-01-01';
```

语句四：

```
SELECT sno ,sname FROM student WHERE sname='王林' AND birthday='2005-01-01';
```

语句五：

```
SELECT * FROM student WHERE birthday='2005-01-01';
```

分析：语句一查询的是"王林"的全部信息，用到了辅助索引 idx_sname 和聚集索引 primary，进行了回表查询；

语句二查询的是"王林"的 sno 信息，只用到了辅助索引 idx_sname，因为 idx_sname 包含 sno 和 sname 信息；

语句三查询的是"王林"的全部信息，用到了联合索引 idx_sname_birthday 和聚集索引 primary，进行了回表查询；

语句四查询的是"王林"的 sno 和 sname 信息，只用到了联合索引 idx_sname_birthday，因为 idx_sname_birthday 包含 sno 和 sname 信息；

语句五执行全表扫描，用不到任何索引，因为联合索引遵守最左前缀原则。

从上面的分析可以看出，语句一、语句三要查询全部信息，需要回表查询，而语句二、语句四查询的信息包含在辅助索引中，可直接从辅助索引中查询出结果，我们把这种查询方式称为索引覆盖（Covering Index），利用索引覆盖能提升查询的效率。

7.1.3 全文索引

student 表中的部分信息如图 7.5 所示，如果在 remarks 字段上建立了一般索引 idx_remarks，B+树索引对下面的查询是支持的：

全文索引

```
SELECT * FROM student WHERE remarks LIKE '三好学生%';
```

sno	sname	dept	sex	birthday	totalcredit	remarks
001101	王林	计算机	男	2000-01-01	50.0	三好学生, 党员, 学生干部
001102	程明	计算机	男	2000-02-01	50.0	获奖学金2次, 三好学生, 党员, 学生干部
001103	王燕	计算机	女	2000-01-03	50.0	获奖学金2次, 三好学生, 学生干部
001104	韦严平	计算机	男	2000-01-04	50.0	获奖学金3次, 党员, 学生干部
001106	李方方	计算机	男	2001-01-05	50.0	获奖学金1次, 三好学生, 党员
001107	李明	计算机	男	2003-06-06	54.0	提前修完数据结构, 并获学分
001108	林一帆	计算机	男	2001-07-10	52.0	已提前修完一门课程
001109	张强民	计算机	男	2002-08-01	50.0	获奖学金2次, 三好学生
001110	张蔚	计算机	女	2004-01-22	50.0	三好学生
001111	赵琳	计算机	女	2005-10-01	50.0	三好学生, 学生干部
001113	严红	计算机	女	2004-01-01	48.0	有一门课不及格, 待补考
001201	王敏	通信工程	男	2002-04-23	42.0	获奖学金2次

图 7.5　student 表中的部分信息

然而这种查询的结果并不符合用户的要求，因为在更多的情况下，用户需要查询的是 remarks 字段包含"三好学生"的记录，即：

```
SELECT * FROM student WHERE remarks LIKE '%三好学生%';
```

根据 B+树索引的最左前缀原则，上述 SQL 语句即使添加了 B+树索引也需要进行全表扫描来得到结果。类似这样的要求在互联网应用中还有很多。例如，搜索引擎需要根据用户输入的关键字进行全文查找，电子商务网站需要根据用户的查询条件，在可能需要的商品的详细介绍中进行查找，这些都不能使用 B+树索引完成。

全文索引（Full-Text Index）也称全文检索，是能够将存储于数据库中的整本书或整篇文章中的任意内容信息查找出来的技术。通过它可以根据需要获得全文中有关章、节、段、句、词等的信息，也可以进行各种统计和分析。全文索引比普通 LIKE 模糊匹配速度快，是目前搜索引擎常使用的一种关键技术。

MySQL 支持 3 种模式的全文索引：自然语言模式（Natural Language Mode，默认模式）、布尔模式（Boolean Mode）和查询扩展模式。但是，只有数据类型为 CHAR、VARCHAR、TEXT 等的字段才可以创建全文索引。例如，在 student 表的 remarks 字段上创建和使用全文索引 ft_remarks 的语句如下：

```
CREATE FULLTEXT INDEX ft_remarks ON student(remarks);
SELECT * FROM student WHERE MATCH(remarks) AGAINST('三好学生');
```

7.1.4　HASH 索引

HASH 索引，也称哈希索引。HASH 索引基于哈希表实现，只对精确匹配索引所有列的查询有效。对于每一个数据行，存储引擎会对所有的索引列计算一个哈希值。HASH 索引将所有的哈希值存储在索引中，同时在哈希表中保存指向每一个数据行的指针，如图 7.6 所示。

HASH 索引

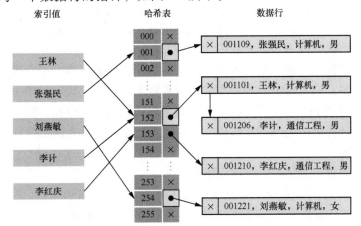

图 7.6　student 表按 sname 字段建立的 HASH 索引结构

因为 HASH 索引自身只需存储对应的哈希值，故索引结构十分紧凑，查找速度非常快。但 HASH 索引也存在着以下一些缺点。

（1）HASH 索引每次查询时都要遍历哈希表，直到找到对应的哈希值，当数据量大时，哈希表也会变得庞大，遍历耗时增加，从而造成性能下降。

（2）HASH 索引仅支持"="“IN”“<=>”精确查询，不支持范围查询，也不支持部分索引列匹配查询。

（3）不同的索引值，计算得到的哈希值可能相同，这种情况称为"冲突"。例如，图 7.6 中的"王林"和"李计"的哈希值都是 152。找到哈希值 152 在哈希表中存储数据的物理位置，这个位置对应着两条数据，即"001101，王林，计算机，男"和"001206，李计，通信工程，男"，然后需再次遍历这两条数据，找到需要的数据。所以，当哈希值冲突严重时，HASH 索引的效率会有所降低。

MySQL 并没有显式支持 HASH 索引，而是根据数据的访问频次和模式，自动为热点数据页建立 HASH 索引，称为自适应哈希索引（Adaptive Hash Index）。InnoDB 注意到某些索引值被使用得非常频繁时，会在内存中基于 B+树索引再创建一个 HASH 索引，这样 B+树索引也会具有 HASH 索引的一些优点。这是一个全自动的、内部的行为，用户无法控制或者配置。

索引的设计和
使用原则

7.1.5 索引的设计和使用原则

1．设计原则

使用索引能够提高查询速度，降低服务器负载，但相应地，建立索引会占用物理空间。创建和维护索引的代价会随着数据量的增加而增大。因此，为了使索引的使用效率更高，在创建索引时，必须考虑在哪些字段上创建索引和创建什么类型的索引，通常遵循以下几个原则。

（1）索引命名符合规范

创建索引时需要设定一个索引名，索引的一般命名规则：主键索引名为"pk_字段名"（pk_代表 primary key）；唯一索引名为"uk_字段名"（uk_代表 unique key）；普通索引名为"idx_字段名"（idx_即 index 的简称）。

（2）查询条件中使用频繁的字段适合建立索引

建立索引的目的是快速定位指定数据的位置，因而创建索引时，要选择在 WHERE 子句、GROUP BY 子句、ORDER BY 子句或表与表之间连接运算中使用频繁的字段上建立索引。

（3）数字类型的字段适合建立索引

建立索引的字段类型也会影响查询和连接的性能。例如，数字类型的字段与字符串类型的字段在处理时，前者仅需比较一次，而后者则需要逐个比较字符串中的每一个字符。因此，与数字类型的字段相比，字符串类型的字段的处理时间更长，复杂程度也更高。一般建议尽可能地选择数字类型的字段建立索引，这也是在设计表时经常使用自增型字段作为主键的主要原因。

（4）存储空间较小的字段适合建立索引

MySQL 中适用于存储数据的数据类型有多种，对于建立索引来说，占用存储空间越小的越合适。例如，存储大量文本信息的 TEXT 类型与存储指定长度字符串的 CHAR 类型相比，显然 CHAR 类型更有利于提高检索的效率。

（5）重复度较高的字段不适合建立索引

建立索引时，若字段中保存的数据重复度较高，在这种情况下，即使该字段（如 student 表中的 sex 字段）在查询时会被频繁使用，也不适合建立索引。

（6）更新频繁的字段不适合建立索引

对于建立了索引的字段，当数据更新时，为了保证索引数据的准确性，还要同时更新索引。字段值频繁更新会造成 I/O 访问量增加，加大系统的资源消耗，加重存储负载，加大数据维护的成本。

（7）尽量使用前缀来建立索引

如果索引字段的值很长，最好使用字段值的前缀建立索引。例如，TEXT 和 BLOG 类型的字段，进行全文检索会很浪费时间。如果只检索字段的前若干个字符，则可以提高检索速度。

（8）限制索引的数量

索引的数量不是越多越好。每个索引都需要占用磁盘空间，索引越多，需要的磁盘空间就越大。修改数据表中的数据时，对索引要进行相应的维护，因此，越多的索引，会使数据表的更新花费越多的时间。

2．使用原则

对于已经创建索引的数据表来说，要想对该表的查询使用索引，需要注意以下几点，否则 MySQL 可能不会按预想的那样使用索引检索数据。

（1）查询时保证字段的独立

对于建立了索引的字段，在查询时要保证该字段在关系运算符（如=、>等）的一侧"独立"。所谓"独立"指的是索引字段不能是表达式的一部分或函数的参数。

例如，在 sh_goods 表中查询时，如 WHERE 条件表达式为 id+2>3，那么即使 id 上已建立主键索引，查询时也不会使用索引；而若 WHERE 条件表达式为 id>3-2，那么查询就会使用此索引。

（2）模糊查询中通配符的使用

在模糊查询时，若匹配模式的最左侧有通配符"%"，则表示只要数据中有"%"后指定的内容就符合要求，因而会导致 MySQL 全表扫描，而不会使用设置的索引。例如，对于 student 表中的索引，WHERE 子句中的"sname LIKE '王%'"就会使用联合索引，而"sname LIKE '%王%'"就会放弃使用索引，采用全表扫描的方式查询。

值得一提的是，MySQL 的优化器在查询时会判断全表扫描是否会比使用索引慢，若是则使用索引，否则使用全表扫描。

（3）最左前缀匹配原则

对于联合索引，系统按从左到右的顺序使用索引中的字段，一个查询可以只使用索引的一部分，但只能是最左侧部分。例如，索引 index (a,b,c)支持使用 a、a,b、a,b,c 这 3 种组合进行查找，但不支持使用 b,c 或 c 进行查找。

（4）查询时使用索引覆盖

当 SELECT 查询语句涉及的字段包含在联合索引文件中时，WHERE 语句不需要满足最左前缀匹配原则，系统也会按索引执行，这称为索引覆盖。

以上介绍的设计与使用索引的原则并不是一成不变的，开发者需要结合开发经验与实际需求进行调整。

7.2 MySQL 索引管理

索引是提高数据库性能的重要方式，用于快速查找数据表中的特定记录。如果在数据表上查询的字段建立了索引，MySQL 就能快速到指定位置去搜寻行数据，而不必全表扫描。

7.2.1 MySQL 中索引的实现

MySQL 支持多种存储引擎，其中 InnoDB 和 MyISAM 比较常用，本小节主要介绍这两种引擎的索引的实现。MyISAM 无论是主键索引还是辅助索引都采用非聚集索引，而 InnoDB 的主键索引采用聚集索引，辅助索引采用非聚集索引。

MySQL 中索引的实现

MySQL 中查询的基本流程如图 7.7 所示，其中主要步骤如下。

（1）客户端将查询请求发送到 MySQL 服务器。

（2）服务器查看查询缓存中的数据，如果找到相应数据，则返回数据，否则进入下一阶段。

（3）服务器对 SQL 语句进行解析，生成一棵解析树，再根据 MySQL 规则进一步检查解析树是否合法。

（4）查询优化器找到最好的查询执行方式，并生成查询执行计划。MySQL 使用基于开销（Cost）的优化器，最终采用开销最小的计划作为最终执行计划。

（5）服务器根据执行计划，调用存储引擎 API 来执行查询。MySQL 提供了 EXPLAIN 关键字，用于查看指定的执行计划，通过该计划，可以得到以下信息：表的读取顺序、数据读取操作的操作类型、哪些索引可以使用、哪些索引被实际使用、表之间的引用、每张表有多少行被优化器查询等。

（6）服务器将查询结果返回给客户端，同时缓存查询结果。

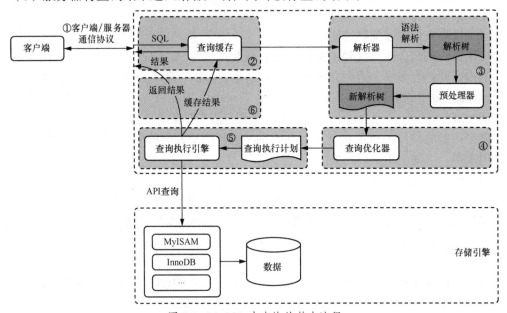

图 7.7　MySQL 中查询的基本流程

MySQL 查询优化器可能会生成多种执行计划，分别计算成本，然后选成本最小的计划。查询优化器的计算信息来自表的页面个数、索引分布、索引长度、索引个数、数据行长度等，因为系统的复杂性，最终被选择执行的计划往往与实际分析有偏差。

7.2.2　索引的建立与查看

MySQL 数据库中，有以下几种索引。

（1）PRIMARY：主键索引，索引列值唯一且不能为空；一张表只能有一个主键索引。

索引的建立与

查看

（2）INDEX：普通索引，索引列没有任何限制。

（3）UNIQUE：唯一索引，索引列的值必须是唯一的，但允许有空值。

（4）FULLTEXT：全文索引。

（5）SPATIAL：空间索引，对空间数据类型的字段建立的索引（本书不涉及）。

MySQL 数据库支持两种建立索引的方式，可以在创建数据表的同时建立索引，也可以在已有数据表上添加索引。

1．创建数据表的同时建立索引

在 CREATE TABLE 语句中添加以下语句来实现在创建数据表的同时建立索引。

```
[UNIQUE | FULLTEXT | SPATIAL] INDEX | KEY <index_name>
(<column_name>[(length)] [ASC | DESC] ,… )
```

参数说明如下。

- [UNIQUE | FULLTEXT | SPATIAL]：可选项，指所创建的索引类型。
- INDEX | KEY：索引关键字，二选一。
- <index_name>：索引名称，同一个表中索引不能同名。
- <column_name>[(length)] [ASC | DESC]：<column_name>指所要创建索引的列名；[(length)]为可选项，使用指定列的部分字符创建前缀索引，有利于减小索引文件，节约存储空间，[(length)]取值一般大于或等于 3，可使用 DISTINCT LEFT (column_name, length)/COUNT(column_name)的值进行判断，该值越大，区分度（字段不重复的比例）越大。

【例 7.1】以 teaching_manage 中的 student 表为例，根据需求创建数据表并创建相应的索引：

（1）在 sname 字段和 dept 字段上创建联合索引 idx_sname_dept，用于根据 sname 或 sname+dept 组合快速查询学生相关信息；

（2）在 remarks 字段上创建全文索引 ft_remarks，用于快速查询"三好学生""学生干部"等学生信息。

建表语句如下：

```
CREATE TABLE student
  ( sno CHAR(6) PRIMARY KEY,
    sname VARCHAR(20) NOT NULL ,
    dept VARCHAR(20) ,
    sex CHAR(1) ,
    birthday DATE ,
    totalcredit DECIMAL(4,1) DEFAULT 0 ,
    remarks VARCHAR(100) ,
    INDEX idx_sname_dept(sname,dept),
    FULLTEXT ft_remarks(remarks)
  ) ;
```

2．创建数据表后添加索引

可以使用 CREATE INDEX 语句在一个已有的数据表上添加索引。其语法格式为

```
CREATE [UNIQUE | FULLTEXT | SPATIAL] INDEX <index_name>
  ON <table_name> (<column_name>[(length)] [ASC | DESC] …) ;
```

【例 7.2】在 course 表的 cname 字段上创建前缀索引 pf_cname，用于减小索引文件，节约存储空间。

```
CREATE INDEX pf_cname ON course ( cname(4) );
```

分析：

```
SELECT COUNT(DISTINCT LEFT(cname,3))/COUNT(cname) FROM course
```

以上语句中 length 值取 3，执行结果为 0.7778。

```
SELECT COUNT(DISTINCT LEFT(cname,4))/COUNT(cname) FROM course
```

以上语句中 length 值取 4，执行结果为 1.0000。

可见，就表中现有的数据而言，取 cname 字段的前 4 个字符就能区分每一门课程，因此无须使用 cname 字段的全部字符来建立索引。

3．使用 ALTER TABLE 语句建立索引

除 CREATE INDEX 语句外，还可以通过 ALTER TABLE 语句直接为已有的数据表建立索引。其语法格式为

```
ALTER TABLE <table_name> ADD [UNIQUE | FULLTEXT | SPATIAL] INDEX
  <index_name> (<column_name>[(length)] [ASC | DESC] … ) ;
```

【例 7.3】在 score 表的 sno 字段和 cno 字段上创建联合唯一索引，用于约束同一个学生的同一门课程的成绩只能出现一次。

```
ALTER TABLE score ADD UNIQUE INDEX idx_sno_cno( sno, cno );
```

说明：若 score 表中同一个学生的同一门课程的成绩只能出现一次，则建表时需要在 score 表的 sno 字段和 cno 字段上创建联合唯一索引。但在实际的操作中，若该生选修该门课程并进行了补考，则补考成绩也应记录在表中，这时就会出现违反唯一性约束的情况。因此，如何创建索引，要根据实际的业务需求来设计。

4．查看数据表上的索引

可以通过 SHOW INDEX 语句来查看索引。其语法格式为

```
SHOW INDEX FROM <table_name> [ where <condition>];
```

【例 7.4】查看 course 表中的索引。

```
SHOW INDEX FROM course;
```

显示 course 表的索引信息，截取部分字段如图 7.8 所示。

Non_unique	Key_name	Seq_in_index	Column_name	Collation	Cardinality	Sub_part	Packed	Null	Index_type
1	pf_cname	1	cname	A	9	4	(NULL)		BTREE
0	PRIMARY	1	cno	A	9	(NULL)	(NULL)		BTREE
0	uk_cname	1	cname	A	9	(NULL)	(NULL)		BTREE

图 7.8　course 表的索引信息部分字段

参数说明如下。

- Non_unique：索引字段值是否可以重复，0 表示不可以，1 表示可以。
- Key_name：索引的名字，如果索引是主键索引，则它的名字为 PRIMARY。
- Seq_in_index：建立索引的字段序号值，联合索引第一个字段为 1，第 2 个字段为 2。
- Column_name：建立索引的字段。
- Collation：索引字段是否有排序，A 表示有排序，NULL 表示没有排序。
- Cardinality：计算连接时使用索引的可能性，值越大，可能性越高。
- Sub_part：前缀索引的长度，如 4，无前缀索引则为 NULL。
- Index_type：索引类型，可选值有 BTREE、FULLTEXT、HASH、RTREE。

7.2.3　查看索引的使用情况

索引建立后，SQL 语句在执行过程中如何使用索引由数据库系统决定，但可以使用

EXPLAIN 关键字查看 SQL 语句执行中索引的使用情况。

【例 7.5】查看 student 表中的索引使用信息。

```
EXPLAIN SELECT * FROM student WHERE sname LIKE '王%';
```

student 表的索引使用信息如图 7.9 所示。

【例 7.6】查看 student 表中的全文索引使用信息。

```
EXPLAIN SELECT * FROM student1 WHERE MATCH(remarks) AGAINST('三好学生' );
```

student 表的全文索引使用信息如图 7.10 所示。

```
           id: 1                              id: 1
   select_type: SIMPLE              select_type: SIMPLE
        table: student1                  table: student1
   partitions: NULL                 partitions: NULL
         type: range                      type: fulltext
possible_keys: idx_sname_dept   possible_keys: ft_remarks
          key: idx_sname_dept            key: ft_remarks
      key_len: 82                    key_len: 0
          ref: NULL                      ref: const
         rows: 1                        rows: 1
     filtered: 100.00               filtered: 100.00
        Extra: Using index condition    Extra: Using where; Ft_hints: sorted
```

图 7.9　student 表的索引使用信息　　　图 7.10　student 表的全文索引使用信息

部分参数说明如下。

- id：查询标识符，默认从 1 开始，若使用了联合查询，则该值依次递增，联合查询结果对应的该值为 NULL。
- select_type：操作类型，如 DELETE、UPDATE 等，但是当执行 SELECT 语句时，它的值有多种，例如，SIMPLE 表示不需联合查询或简单的子查询。
- table：查询的表名。
- partitions：匹配的分区。
- type：取值可为 system，const、eq_ref、ref、fulltext 等。
- key：查询使用到的索引。
- ref：表示哪些字段或常量与索引进行了比较，例如，const 表示常量与索引进行了比较。
- rows：预计需要检索的记录数。
- filtered：按条件过滤的百分比。
- Extra：附加信息，例如，Using index 表示使用了索引覆盖。

7.2.4　索引的删除

数据库中不使用的索引建议删除，因为它们会降低表的更新速度，影响数据库的性能。

在 MySQL 中可以通过删除原有索引，再根据需要创建一个同名的索引，来实现修改索引操作。可以通过 ALTER TABLE 语句或 DROP INDEX 语句删除索引。

1. 使用 ALTER TABLE 语句删除索引

语法格式为

```
ALTER TABLE <table_name> DROP INDEX <index_name> ;
```

参数说明如下。

- <table_name>：删除索引所在的数据表的名称。
- <index_name>：删除的索引名称。

【例 7.7】删除 student 表中的 idx_sname_dept 索引。

```
ALTER TABLE student1 DROP INDEX idx_sname_dept;
```

2．使用 DROP INDEX 语句删除索引
语法格式为

```
DROP INDEX <index_name> ON <table_name> ;
```

【例 7.8】删除 score 表中的 uk_sno_cno 索引。

```
DROP INDEX uk_sno_cno ON score;
```

7.3 视图

前面我们一直在逻辑层对数据库进行操作，即基于基本表操作。但是，某些情况下，基于数据安全性的考虑，可能需要向用户隐藏特定的某些数据。例如，学校有 15 个院系，每个院系的工作人员只需要知道本院系学生的学号、姓名等信息，不能查看其他院系学生的信息，此时，可以考虑使用数据对象——视图。

7.3.1 视图概述

1．视图的概念
视图是指从一个或几个基本表（或视图）导出的表，如图 7.11 所示。它与基本表不同，是虚拟表。数据库中只存储视图的定义，视图中的数据仍然存放在基本表中。

从数据库系统外部来看，视图与普通的基本表一样，可以被查询和删除，也可以进行数据更新（但有一定的限制），还可以在一个视图上再定义新的视图。

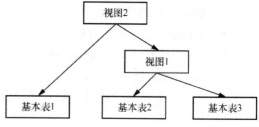

图 7.11　视图的概念

2．视图的分类
依据数据来源不同，可以将视图分为以下 4 种。

（1）基于单表的视图：从单个基本表中导出的视图。在基于单表的视图中若只是去掉了基本表的某些行或某些列，但保留了主键，这种视图称为行列子集视图。

（2）基于多表的视图：从多个基本表中导出的视图。

（3）基于视图的视图：从一个或多个视图中导出的视图。

（4）基于表和视图的视图：从基本表和视图中导出的视图。

定义基本表时，为了减少数据库中的数据冗余，表中只存放基本数据。由于视图中的数据并不实际存储，故定义视图时可以根据应用需求设置一些派生字段（由基本数据经过计算派生或导出的数据）。这些派生字段由于在基本表中并不实际存在，故称其为虚拟列。带虚拟列的视图称为带表达式的视图。带有聚集函数和 GROUP BY 子句的视图称为分组视图。

3．视图的存储

数据库中只存储视图的定义（具体定义存储在数据字典中），不存储视图对应的数据，这些数据仍存储在原来的基本表中。所以一旦基本表中的数据发生变化，从视图中查询出的数据也随之发生变化。

因为数据库中不存储视图对应的数据，所以在每次使用视图时，都必须执行视图定义中的查询操作，如果视图来自多个表或者来自表和视图，这可能会造成系统性能下降。因此，在部署使用大量视图的应用时，应该进行测试。

4．视图的优点

视图定义最终在基本表上实现，对视图的一切操作最终也要作用在基本表上，那么为什么还要定义视图呢？因为视图具有以下优点。

（1）视图能够简化用户的操作

若用户只关心基本表中的部分数据，则可以定义一个视图，该视图只包含用户关心的数据。当用户查询所关心的数据时，只需要对视图进行简单查询，至于这个视图怎么来的，用户无须了解。

（2）视图为重构数据库提供了一定程度的逻辑独立性

数据的逻辑独立性指当数据库重构时，如增加新的表或对原有表增加新的字段时，用户编写的应用程序不必修改。视图可以在一定程度上实现数据的逻辑独立性。

例如，将学生表 student(sno,sname,sex,dept) 垂直地分成 sx(sno,sname,sex) 和 sy(sno, dept) 两个基本表。这时原表 student 为 sx 表和 sy 表自然连接的结果。如果建立一个视图 student，这个视图包含 sx 和 sy 中所有不重复的列，这样尽管数据库的逻辑结构改变了（变为 sx 和 sy），但应用程序不必修改，因为新建立的视图 student 被定义为用户原来的表，使外模式保持不变，用户的应用程序通过视图仍然能够查找数据。

视图只能在一定程度上提供数据的逻辑独立性。由于视图的更新是有条件的，因此应用程序中修改数据的语句可能仍会因基本表结构的改变而改变。

（3）视图能够对机密数据提供安全保护

通过视图机制，我们可以在设计数据库应用系统时对不同用户定义不同的视图，使机密数据不出现在不应看到这些数据的用户的视图上，此时视图自动提供了对机密数据的安全保护功能。例如，student 表涉及全校 15 个院系的学生数据，可以在其上定义 15 个视图，每个视图只包含一个院系的学生数据，并只允许每个院系的工作人员查询和修改本院系的学生数据。

7.3.2 视图的工作机制

定义视图后，就可以像操作基本表一样对视图进行查询和更新（更新有一定的限制）了。数据库中对视图的所有操作都要转换为对基本表的操作。

1．工作机制

RDBMS 对视图执行查询时采用视图消解法，具体过程：首先进行有效性检查，检查查询中涉及的表、视图是否存在；如果存在，则从数据字典中取出视图的定义，把定义中的子查询和用户的查询合并，转化成等价的对基本表的查询，然后执行修正了的查询，如图 7.12 所示。

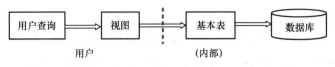

图 7.12　视图查询过程

2.视图的依赖性

视图依赖于视图定义中的基本表。如果基本表被删除，则依赖于该基本表的视图失效。反之，视图的创建和删除只影响视图本身，不影响视图依赖的基本表。

7.4　MySQL 视图管理

MySQL 视图
管理

7.4.1　视图的建立

建立视图使用 CREATE VIEW 语句，其语法格式为

```
CREATE [OR REPLACE] [ALGORITHM = {UNDEFINED|MERGE|TEMPTABLE}]
[DEFINER = {user|current_user}]
[SQL SECURITY {DEFINER|INVOKER}]
VIEW view_name[(column_list)]
AS select_statement
[WITH [CASCADED|LOCAL] CHECK OPTION];
```

参数说明如下。

① CREATE：表示创建视图的关键字。

② OR REPLACE：可选项，表示替换已有视图。

③ ALGORITHM：可选项，表示视图算法，会影响查询语句的解析方式，它的取值有如下 3 个，一般情况下使用 UNDEFINED 即可。

- UNDEFINED：默认值，由 MySQL 自动选择算法。
- MERGE：将 select_statement 和查询视图时的 SELECT 语句合并起来查询。
- TEMPTABLE：先将 select_statement 的查询结果存入临时表，然后用临时表进行查询。

④ DEFINER：可选项，表示定义视图的用户，与安全控制有关，默认为当前用户。

⑤ SQL SECURITY：可选项，用于视图的安全控制，它的取值有如下 2 个。

- DEFINER：默认值，以定义者指定的用户的权限来执行。
- INVOKER：以调用视图的用户的权限来执行。

⑥ view_name：表示要创建的视图的名称。

⑦ column_list：可选项，用于指定视图中各列的名称。默认情况下，与 SELECT 语句查询的列相同。如果指定列名，则顺序与 SELECT 子句中目标列的顺序要一致。

⑧ WITH CHECK OPTION：可选项，用于视图数据操作时的检查条件，对视图进行更新操作时系统自动加上视图定义中的谓词条件。若省略此项，则不进行检查。它的取值有如下 2 个。

- CASCADED：默认值，操作数据时要满足所有相关视图和表定义的条件。例如，当在一个视图的基础上创建另一个视图时，进行级联检查。
- LOCAL：操作数据时满足该视图本身定义的条件即可。

提示：

（1）默认情况下，新创建的视图保存在当前数据库中。若要明确指定在某个数据库中创建视图，应将视图名称指定为"数据库名.视图名"。

（2）在 SHOW TABLES 的查询结果中会包含已创建的视图。

（3）创建视图要求用户具有 CREATE VIEW 权限，以及查询涉及的列的 SELECT 权限。如果还有 OR REPLACE 子句，则用户必须具有视图的 DROP 权限。

（4）在同一个数据库中，视图名称不能与已存在的表名相同，为了区分，建议在命名时添加"view_"前缀或"_view"后缀。

RDBMS 执行 CREATE VIEW 语句时只将视图定义存入数据字典，并不执行其中的 SELECT 语句。使用视图查询时，按照视图的定义基于基本表查询数据。

1．创建基于单表的视图

【例 7.9】建立视图 view_dept，包含系别信息。

```
CREATE VIEW view_dept
AS
SELECT distinct dept
FROM student;
```

分析：定义 view_dept 视图时指定了 distinct，因此视图中的每个系别只出现一次。

【例 7.10】建立计算机系学生的视图 view_cs，包含 sno、sname、dept、birthday、totalcredit、remarks。

```
CREATE VIEW view_cs
AS
SELECT sno,sname,dept,birthday,totalcredit,remarks
FROM student
WHERE dept='计算机';
```

【例 7.11】建立通信工程系学生的视图 view_ce，包含 sno、sname、dept、sex、birthday、totalcredit、remarks，并要求进行修改和插入操作后仍保证该视图只有通信工程系的学生。

```
CREATE VIEW view_ce
AS
SELECT sno,sname,dept,sex,birthday,totalcredit,remarks
FROM student
WHERE dept='通信工程'
WITH CHECK OPTION ;
```

分析：定义 view_ce 视图时加上了 WITH CHECK OPTION 参数，这样在对该视图进行插入、修改和删除操作时，RDBMS 会自动加上 dept='通信工程'的条件。

以上 3 个基于单表的视图中，view_cs 和 view_ce 都保留了主键，均为行列子集视图；view_dept 不包含主键，不是行列子集视图。

【例 7.12】建立反映学生年龄的视图 view_age，包含 sno、sname、age。

```
CREATE VIEW view_age(sno,sname,age)
AS
SELECT sno,sname,YEAR(CURDATE()) - YEAR(birthday)
FROM student;
```

分析：年龄需使用表达式 YEAR(CURDATE()) - YEAR(birthday)计算得到，列名默认与表达式相同，若希望将列名定义为 age，则要给出列名，列名的顺序和个数应与 SELECT 字段列表的顺序与个数一致。

也可以在 SELECT 语句中为表达式指定别名，则视图会使用别名作为默认列名，语句如下。

```
CREATE VIEW view_age
AS
SELECT sno,sname,YEAR(CURDATE()) - YEAR(birthday) AS age
FROM student;
```

view_age 视图是带表达式的视图。

【例 7.13】建立反映学生平均成绩的视图 view_avgscore，包含 sno、avg_score。

```
CREATE VIEW view_avgscore(sno,avg_score)
AS
SELECT sno,AVG(grade)
FROM score
GROUP BY sno;
```

分析：平均成绩需使用聚集函数得到，列名默认与表达式相同。若希望列名是 avg_score，则要给出列名。

view_avgscore 视图是分组视图。

2．创建基于多表的视图

【例 7.14】建立计算机系选修了 102 号课程的学生的视图 view_cs_102，包含 sno、sname、grade。

```
CREATE VIEW view_cs_102
AS
SELECT student.sno,sname,grade
FROM student,score
WHERE student.sno=score.sno AND dept='计算机' AND cno ='102';
```

3．创建基于视图的视图

【例 7.15】建立计算机系选修了 102 号课程且成绩不低于 90 分的学生的视图 view_cs_102_90，包含 sno、sname、grade。

```
CREATE VIEW view_cs_102_90
AS
SELECT sno,sname,grade
FROM view_cs_102
WHERE grade>=90;
```

7.4.2 视图的查看

查看视图指查看数据库中已存在的视图的定义。查看视图必须有 SHOW VIEW 权限。查看视图的方式有如下 3 种。

1．使用 DESCRIBE 语句查看视图

使用 DESCRIBE 语句不仅可以查看基本表的字段信息，还可以查看视图的字段信息，包括字段名、字段类型等信息。其语法格式为

```
DESCRIBE view_name;
```

【例 7.16】查看视图 view_cs 的字段信息，结果如图 7.13 所示。

```
DESCRIBE view_cs;
```

	Field	Type		Null	Key	Default		Extra
☐	sno	char(6)	7B	NO		▾ (NULL)	OK	
☐	sname	varc...	11B	NO		▾ (NULL)	OK	
☐	dept	varc...	11B	YES		▾ (NULL)	OK	
☐	sex	char(1)	7B	YES		▾ (NULL)	OK	
☐	birthday	date	4B	YES		▾ (NULL)	OK	
☐	totalcredit	deci...	12B	YES		▾ 0.0	3B	
☐	remarks	varc...	12B	YES		▾ (NULL)	OK	

图 7.13　查看视图的结果

参数说明如下。

- Field：字段名。
- Type：字段类型。
- Null：表示该列是否可以为空。
- Key：表示该列是否已有索引。
- Default：表示该列是否有默认值。
- Extra：表示获取到的与给定列相关的附加信息。

2．使用 SHOW CREATE VIEW 语句查看视图

使用 SHOW CREATE VIEW 语句不仅可以查看创建视图的语句，还可以查看视图的字符编码。其语法格式为

```
SHOW CREATE VIEW view_name;
```

【例 7.17】查看视图 view_ce 的创建语句。

```
SHOW CREATE VIEW view_ce;
```

3．在 views 表中查看视图

所有视图的定义都存储在 information_schema 数据库下的 views 表中，也可以在这个表中查看所有视图的详细信息。

【例 7.18】查看视图 view_cs_102 的信息。

```
SELECT * FROM information_schema.views WHERE table_name='view_cs_102';
```

7.4.3　视图的修改

修改视图是指修改数据库中已存在的视图的定义。修改视图有如下两种方法。

1．使用 CREATE OR REPLACE 语句修改视图

使用 CREATE OR REPLACE 语句可以创建新视图，也可以修改已存在视图。

【例 7.19】修改视图 view_cs，删除备注字段 remarks。

```
CREATE OR REPLACE VIEW view_cs
AS
SELECT sno,sname,dept,birthday,totalcredit
FROM student
WHERE dept='计算机';
```

分析：如果视图不存在，则新建视图，如果视图已经存在，则替换原有视图。建议修改前通过 DESCRIBE 语句查看修改之前的视图。

2．使用 ALTER 语句修改视图

使用 ALTER 语句修改视图，语法格式为

```
ALTER [ALGORITHM = {UNDEFINED|MERGE|TEMPTABLE}]
[DEFINER = {user|current_user}]
```

```
[SQL SECURITY {DEFINER|INVOKER}]
VIEW view_name[(column_list)]
AS select_statement
[WITH [CASCADED|LOCAL] CHECK OPTION];
```

可以看出，ALTER 语句中除了关键字 ALTER，其他参数与 CREATE 语句相同，这里不赘述。

【例 7.20】修改视图 view_cs，增加字段 sex。

```
ALTER VIEW view_cs
AS
SELECT sno,sname,dept,sex,birthday,totalcredit
FROM student
WHERE dept='计算机';
```

7.4.4　视图的更新

更新视图指通过对视图进行数据修改、插入、删除操作，达到更新基本表中数据的目的。因为视图是虚拟表，数据库中不存放视图的数据，所以通过视图更新数据最终要转换为对基本表中数据的更新。像对视图进行查询一样，对视图的更新也会通过视图消解法转换为等价的对基本表的更新。

视图的更新

1．通过视图插入数据

【例 7.21】使用 INSERT 语句向通信工程系学生视图 view_ce 插入一条数据，其中 sno 为 001208，sname 为李小荣，dept 为通信工程，sex 为女，birthday 为 2004-4-3。

```
INSERT
INTO view_ce
VALUES('001208','李小荣','通信工程','女','2004-4-3',0,NULL);
```

上述语句转换为对基本表的更新：

```
INSERT
INTO student(sno,sname,dept,sex,birthday,totalcredit,remarks)
VALUES('001114','李小荣','通信工程','女','2004-4-3',0,NULL);
```

分析：语句执行时，由于视图 view_ce 在定义时指定了 WITH CHECK OPTION，因此插入数据时要检查视图定义时的条件 dept='通信工程'，此数据的 dept 符合条件，插入成功。如果插入的学生数据的 dept 不是通信工程，则不符合视图定义条件，插入失败。

【例 7.22】使用 INSERT 语句向计算机系学生视图 view_cs 插入一条数据，其中 sno 为 001114，sname 为王立红，dept 为通信工程，sex 为女，birthday 为 2004-4-23。

```
INSERT
INTO view_cs
VALUES('001114','王立红','通信工程','女','2004-4-23',0);
```

上述语句转换为对基本表的更新：

```
INSERT
INTO student(sno,sname,dept,sex,birthday,totalcredit)
VALUES('001114','王立红','通信工程','女','2004-4-23',0);
```

分析：语句执行成功，可以看出，虽然插入的数据不是计算机系学生的数据，但是仍然可以插入。因为定义 view_cs 视图时，没有 WITH CHECK OPTION 参数。

2．通过视图修改数据

【例 7.23】使用 UPDATE 语句将通信工程系学生视图 view_ce 中 sno 为 001201 的学生

的 remarks 改为"优秀团员"。

```
UPDATE view_ce
SET remarks = '优秀团员'
WHERE sno = '001201';
```

上述语句转换为对基本表的更新：

```
UPDATE student
SET remarks = '优秀团员'
WHERE sno= '001201' AND dept='通信工程';
```

分析：转换时，由于视图 view_ce 在定义时指定了 WITH CHECK OPTION，因此除了此语句中的查询条件，还会自动添加视图定义时的条件 dept='通信工程'。

3. 通过视图删除数据

【例 7.24】使用 DELETE 语句将通信工程系学生视图 view_ce 中 sno 为 001203 的学生删除。

```
DELETE
FROM view_ce
WHERE sno='001203';
```

上述语句转换为对基本表的删除：

```
DELETE
FROM student
WHERE sno= '001203' AND dept='通信工程';
```

分析：转换时，由于视图 view_ce 在定义时指定了 WITH CHECK OPTION，因此除了此语句中的查询条件，还会自动添加视图定义时的条件 dept='通信工程'。由于学号为 001203 的学生在 score 表被引用，因此语句没有语法错误，但是执行失败，不能删除数据。

行列子集视图是可更新的，但是并非所有情况都能执行视图的更新操作。以下情况视图的更新操作将不能被执行。

（1）视图未包含基本表中被定义为非空的列。

（2）带表达式的视图和分组视图。

（3）在定义视图的 SELECT 语句中使用了 DISTINCT。

7.4.5 视图的删除

当不再需要视图时，应将其删除。删除视图时，只会删除视图的定义，不会删除视图所依赖的基本表的数据。删除一个或多个视图使用 DROP 语句，语法格式为

```
DROP VIEW [IF EXISTS] view_name [, view_name1] ... ;
```

参数说明如下。

- IF EXISTS：可选项，省略时，如果视图不存在，则系统提示错误信息，语句执行失败；如果视图存在，语句能够成功执行。

- view_name：删除的视图的名称，视图名称可以添加多个，使用逗号隔开。

【例 7.25】删除视图 view_cs_102。

```
DROP VIEW view_cs_102;
```

分析：上述语句执行成功后，视图 view_cs_102 会被删除，但由该视图导出的视图 view_cs_102_90 仍然存在，只是失效了。

本 章 小 结

索引和视图都属于数据库优化技术。索引采用键值对的存储结构，以 B+树或 HASH 结构对数据进行排序，通过空间代价提高数据的检索效率。视图以虚拟表形式存在，可以提高数据库操作的便捷性、数据的逻辑独立性及数据的安全性。

原则上视图只用于检索数据，不用于更新数据。如果用户需要更新视图数据，可在定义视图时配套使用 WITH CHECK OPTION 参数限制视图更新数据的检查条件。索引数量并非越多越好，创建索引需要遵循索引设计原则，并结合业务需要，选择合适的索引类型。

习 题 7

7.1 选择题。

（1）_____语句不能用于创建索引。

A. CREATE INDEX   B. CREATE TABLE
C. ALTER TABLE   D. CREATE DATABASE

（2）下列对索引的描述正确的是_____。

A. 经常被查询的列不适合建立索引   B. 小型表适合建立索引
C. 有很多重复值的列不适合建立索引   D. 有主键或外键的列不适合建立索引

（3）MySQL 中不可对视图执行的操作有_____。

A. SELECT   B. INSERT   C. DELETE   D. CREATE INDEX

（4）对视图描述错误的是_____。

A. 视图是虚拟表   B. 可以像查询表一样来查询视图
C. 视图和基本表一样，都存储数据   D. 行列子集视图是可更新视图

（5）索引可以提高_____操作的效率。

A. INSERT   B. UPDATE   C. DELETE   D. SELECT

（6）在 MySQL 中唯一索引的关键字是_____。

A. FULLTEXT   B. ONLY   C. UNIQUE   D. PRIMARY

（7）WITH CHECK OPTION 子句可对视图进行_____。

A. 条件检查   B. 删除   C. 更新   D. 插入

（8）不允许记录中出现重复值和 NULL 的索引是_____。

A. 普通索引   B. 外键   C. 主键索引   D. 唯一索引

（9）下列关于索引的描述不正确的是_____。

A. 索引是一个指向表中数据的指针
B. 创建主键系统会自动创建聚集索引
C. 索引的建立和删除对表中的数据毫无影响
D. 表被删除时将同时删除在其上对应的索引

（10）关于数据库视图，下列说法正确的是_____。

A. 视图可以提高数据的操作性能
B. 定义视图的语句可以是任何数据操作语句

C. 视图可以提供一定程度的数据独立性

D. 视图的数据一般是物理存储的

7.2 索引关键字的选取原则有哪些？

7.3 MySQL 中普通索引、主键索引、唯一索引有何区别？

7.4 简述创建视图的必要性。

7.5 简述视图与基本表的区别与联系。

7.6 操作题。

导入表 zlgc（序号 int,项目名称 varchar(255),单位 varchar(255), 项目类别 varchar(255),负责人 varchar(255),等级 varchar(255)）的内容，完成以下任务：

（1）在"序号"上创建主键索引 primary；

（2）在"项目名称"上创建前缀索引 idx_pname，并判断前缀字符个数；

（3）在"负责人"上创建全文索引，并查找"曹慧平"参与的项目；

（4）在"单位""项目类别"上创建联合索引 idx_school_category；

（5）创建视图 v_maxschool 保存哪个学校获得的项目最多；

（6）创建视图 v_school_categorys 保存每个学校在不同的项目类别上分别获得了多少个项目；

（7）分析以上两个视图执行时对索引 idx_school_category 的使用情况。

实验四　索引与视图

【实验目的】

通过实验进一步理解索引、视图的使用方法。

【实验内容】

4-1 为 student 表按姓名升序建立唯一索引，索引名为 idx_sname。

4-2 删除索引 idx_sname。

4-3 在 student 表 sname 字段和 dept 字段上创建联合索引 idx_sname_dept。

4-4 在 course 表的 cname 字段上创建唯一索引 uk_cname。

4-5 在 course 表的 cname 字段上创建 4 个字符的前缀索引 pf_cname。

4-6 在 course 表的 cname 字段上创建全文索引。

4-7 创建计算机系的学生的视图 student_cs。

4-8 创建有"学号"和"平均成绩"两个字段的视图 v_grade_avg。

4-9 在视图 v_grade_avg 上查询平均成绩大于 90 分的学生信息。

4-10 建立信息系学生的视图 v_information，并要求进行修改和插入操作时能保证该视图只有信息系的学生。

4-11 修改信息系学生的视图 v_information，并要求进行修改和插入操作时能保证该视图只有信息系的学生，并且只返回"学号""姓名""专业"三个字段的值。

4-12 使用 INSERT 语句向视图 v_information 中插入一条数据（'98001','王立红','信息','02'）。

数据库编程

本章学习目标：理解 MySQL 编程的基础知识（常量、变量、内置函数、分支结构、循环结构）；理解游标的概念与使用流程；掌握存储过程与存储函数的概念、使用方法及两者之间的区别；掌握触发器和事件的创建与使用流程；能够根据数据库系统的实际业务需求，创建存储过程、触发器和事件等数据库对象，提升数据库系统的执行效率。

8.1 MySQL 数据库编程概述

关系数据库标准查询语言（SQL）提供了数据定义、数据操作和数据控制功能，但不支持过程化编程。实际上，面对复杂的应用需求，DBMS 需要提供一种过程化的编程方式。为此，大多数数据库产品均支持过程化的 SQL 编程，如 Oracle（PL/SQL）、SQL Server（Transact-SQL）等，MySQL 也不例外。

MySQL 提供了存储过程、存储函数、触发器和事件等不同类型的存储程序。

存储过程和存储函数由一组 SQL 语句和流控制语句构成，它们可以被应用程序、触发器或其他存储过程调用，这样可避免开发人员重复编写 SQL 代码，提高代码的可复用性。存储过程和存储函数由系统进行预编译，在服务器中存储和执行，因此存储过程和存储函数具有执行速度快、性价比高、安全性高等特点。

触发器和事件是与数据表操作相关的特殊类型的存储过程，可以包含一系列的 SQL 语句。触发器是满足一定条件自动触发执行的数据库对象，例如，对数据表更新记录时，更新触发器被系统自动触发执行。事件是基于特定时刻或时间间隔，进行周期性调用的数据库对象，例如，在某一时刻定期激活事件向数据表中插入记录。上述 4 种类型的存储程序的定义、功能及使用方式不尽相同。下面先介绍 MySQL 编程的基础知识，再讲解 MySQL 的 4 种存储程序。

8.2 常量、变量、注释、DELIMITER 命令与语句块

本节将介绍存储程序中常用的常量、变量、注释、DELIMITER 命令及 BEGIN...END 语句块。

8.2.1 常量

常量：指程序运行过程中值保持不变的量，可分为字符串型常量、数值型常量、日期

时间型常量、布尔型常量及 NULL 这 5 种。

1．字符串型常量

字符串型常量：指用单引号或双引号括起来的字符序列，如'中国'、"China!"。常量包含具有特殊功能的字符时，如需要显示，则需要使用转义字符"\"将其转为普通字符，如双引号"\""、单引号"\'"等。

2．数值型常量

数值型常量分为整型常量和浮点型常量两种。整型常量又可分为十进制型常量、二进制型常量和十六进制型常量。十进制型常量最为常用，可直接书写。另外，浮点型常量还可用科学记数法表示，如 38.4E-2。二进制型的整数表示为 0b+二进制数，如 0b1001101；十六进制型整数表示为 0x+十六进制数，如 0xA6。

3．日期和时间型常量

日期和时间型常量：按特定格式表示时间或日期的一种字符串，主要包括日期型常量、时间型常量、日期时间型常量。

（1）日期型常量：包括年、月、日，如 2022-05-10。

（2）时间型常量：包括小时数、分钟数、秒数及微秒数，如 03:28:45:00001。

（3）日期时间型常量：是日期和时间的组合，如 2022-05-10 03:28:45。

4．布尔型常量

布尔型常量：只包含 TRUE 和 FALSE 两个值。TRUE 代表成立，用 1 表示；FALSE 代表不成立，用 0 表示。

5．NULL

NULL：无类型的常量，通常表示"没有值""无数据""不确定"等含义。需要注意的是，NULL 和数值 0、长度为 0 的字符串含义不同，应加以区分。

8.2.2　变量

变量：程序运行过程中可以变化的量，用于暂存数据。变量具有变量名、变量值和数据类型 3 个要素。变量名指变量的名称，用于区分不同的变量；变量值指变量中存储的数据，可通过赋值语句等改变；数据类型指变量值所属的数据类型，如 INT、VARCHAR、DATE 等。MySQL 支持 3 种类型的变量，分别为系统变量、用户变量和局部变量。

1．系统变量

系统变量：由 MySQL 自动创建，以两个"@"开头，用于存储当前服务实例的属性、特征等。

系统变量的值由系统初始化，默认值可在系统配置文件 myini 或在命令行指定的选项中进行更改。系统变量分为全局系统变量和会话系统变量。

全局系统变量：服务器自动将其初始化为默认值，影响服务器整体操作。会话系统变量：由服务器在每次针对一个客户端建立一个新连接时创建，影响各个客户端连接操作。MySQL 将当前所有全局系统变量的值复制一份给会话系统变量。两者的区别是，全局系统变量的修改会影响整个服务器，而会话系统变量的修改只会影响当前正在进行的会话。

（1）查看系统变量的语句，其语法格式为

```
SHOW [GLOBAL|SESSION] VARIABLES [LIKE 'pattern'] ;
```

参数说明如下。

- [GLOBAL|SESSION]：可选项，GLOBAL 指查看全局系统变量，SESSION 指查看会话系统变量。
- [LIKE 'pattern']：查看含有某个字符的系统变量，'pattern'指需要匹配的字符串。

例如，查看含有"auto"的全局系统变量，实现语句为

```
SHOW GLOBAL VARIABLES LIKE '%auto%';
```

（2）查看系统变量值的语句，其语法格式为

```
SELECT {@@GLOBAL.|@@SESSION.|@@}system_variable_name;
```

参数说明如下。

- system_variable_name：系统变量名称。
- {@@GLOBAL.|@@SESSION.|@@}：@@GLOBAL.用于标记全局系统变量，@@SESSION.用于标记会话系统变量，@@首先标记会话系统变量，若会话系统变量不存在，则标记全局系统变量。

例如，查看全局系统变量 AUTOCOMMIT 的值，实现语句为

```
SELECT @@GLOBAL.AUTOCOMMIT;
```

如果省略 GLOBAL.，变为"SELECT @@ AUTOCOMMIT;"，则效果等同于"SELECT @@ SESSION.AUTOCOMMIT;"。

（3）系统变量的赋值语句，其语法格式为

```
SET {@@GLOBAL.|@@SESSION.|@@}system_variable_name[:]=value|DEFAULT;
```

参数说明如下。

- value|DEFAULT：可选项，value 指用户给定的值；DEFAULT 指系统变量的默认值。
- [:]= ：赋值运算符。

其他参数说明与前面相同，略。

例如，把全局系统变量 AUTOCOMMIT 值的设置为 1，实现语句为

```
SET @@GLOBAL.AUTOCOMMIT=1;
```

2．用户变量

用户变量：也称用户会话变量，指用户成功连接服务器后，用户在会话空间内定义的变量，属于某个特定会话。某个用户连接断开后，其会话空间被释放，所有用户变量均消失。因此，用户变量的生命周期从客户端与服务器建立连接开始，到客户端与服务器断开连接结束。

用户变量无须提前定义和赋值，以"@"开头，可直接使用。未赋值的用户变量，初值默认为 NULL。用户变量的赋值有两种方法，分别如下。

（1）SET 语句，其语法格式为

```
SET @variable_name1[:]=expression1[,variable_name2[:]=expression2,…];
```

参数说明如下。

variable_name1 和 variable_name2：变量名称。变量的命名要遵守标识符的命名规则，且不能与关键字和已有变量重名。

例如，将用户变量 a、b 分别赋值为 10、20，实现语句为

```
SET @a=10,@b=20;
```

用户可使用"SELECT @a,@b;"语句查看@a、@b 的值。

（2）SELECT 语句，其语法格式为

```
SELECT @variable_name1:=expression1[,variable_name2:=expression2,…];
```

或

```
SELECT expression1 INTO @variable_name1;
```

SELECT、INTO 为关键字，其他参数的含义见 SET 语句的参数说明。这里的赋值符号只能使用":="。

例如，将 student 表中学生的总人数赋值给用户变量 num，实现语句为

```
SELECT @num:=(SELECT COUNT(*) FROM student);
```

或

```
SELECT COUNT(*) INTO @num FROM student;
```

用户也可使用"SELECT @num;"语句查看@num 的值。

3．局部变量

局部变量：在语句块（BEGIN…END）中定义的变量，作用范围仅限于语句块，只能在存储过程、存储函数和触发器等存储程序内定义和使用。

（1）局部变量的定义

DECLARE 语句用于定义局部变量并指定其初值。局部变量必须先用 DECLARE 声明后再使用，且不以"@"开头，其语法格式为

```
DECLARE variable_name [,…] datatype(size) DEFAULT default_value;
```

参数说明如下。

- DECLARE：关键字，用于声明变量，一次可同时声明多个变量，变量名之间用逗号分隔。
- datatype(size)：datatype 为 MySQL 支持的所有数据类型，如 INT、VARCHAR、DATETIME 等，size 用于指定数据大小。
- DEFAULT default_value：用于为变量设置默认值，值由 default_value 设定；若无DEFAULT，变量默认值为 NULL。

例如，定义整型变量 var_i 且设置其默认值为 0，实现语句为

```
DECLARE var_i INT DEFAULT 0;
```

再如，定义字符串型变量 var_name，数据类型为变长字符串且最大长度为 20，实现语句为

```
DECLARE var_name VARCHAR(20);
```

（2）局部变量的赋值

局部变量定义之后，可使用 SET 语句或 SELECT 语句为其赋值（方法参考用户变量）。

例如，定义长度为 3 的字符串型变量 var_s，默认值为"女"，并将其重新赋值为"男"，实现语句为

```
DECLARE var_s CHAR(3) DEFAULT '女';
SET var_s='男';
```

又如，把学号为"001101"学生的姓名赋给字符串型变量 var_name，实现语句为

```
DECLARE var_name VARCHAR(10);
SELECT sname INTO var_name FROM student WHERE sno='001101';
```

也可使用 SET 语句赋值，实现语句为

```
DECLARE var_name VARCHAR(10);
SET var_name=(SELECT sname FROM student WHERE sno='001101');
```

（3）局部变量使用时的注意事项

- 使用前需用 DECLARE 语句声明，并指明数据类型，之后才可以使用 SELECT 或 SET 语句赋值。
- 变量不以"@"开头。
- 作为存储过程或存储函数的形参时，无须声明，但需指定数据类型。

8.2.3　注释、DELIMITER 命令和语句块

1．注释

用户可以使用注释符为程序代码添加注释。注释的作用有两个：一是可对程序代码的功能做简要说明，提升程序的可读性；二是可使程序中的部分语句暂时不被执行，便于程序调试，当需要执行这些语句时，将注释符去掉即可恢复。

MySQL 支持 3 类注释符：双连线字符（--）和井号字符（#）用于单行注释；"/*...*/"符号用于多行注释，"/*"用于行首，"*/"用于行尾。

2．DELIMITER 命令

MySQL 语句执行结束的标记符默认为"；"，当有语句提交时，MySQL 把以"；"结束的部分当成一个独立任务立即执行。但存储程序是一个整体，不应该被分割成多个独立任务分别执行。DELIMITER 命令可以重新定义语句执行结束的标记符，系统会将 DELIMITER 命令定义的新标记符通知解释器，语句的结束有了新标记符之后，MySQL 只有遇到该新标记符才会结束语句执行。其语法格式为

```
DELIMITER new_delimiter
```

new_delimiter 用于指定新的语句执行结束的标记符，如"//""$$"等符号。

例如，语句"DELIMITER //"重新定义语句执行结束的标记符为"//"，解释器遇到原来的标记符"；"时暂不执行，直到遇到标记符"//"才整体运行代码。

注意：DELIMITER 语句的末尾没有"；"。存储程序执行完后，可再通过 DELIMITER 命令将语句执行结束的标记符改回默认的"；"。

3．语句块

语句块：是程序中一个相对独立的执行单元。可使用 BEGIN...END 将一组语句包含起来形成语句块，语句块中的语句使用"；"隔开。一个 BEGIN...END 语句块可以包含一个或多个 BEGIN...END 语句块，形成语句块的嵌套。但此种语句块不能单独运行，须包含在存储过程、存储函数、触发器或事件中。

其语法格式为

```
BEGIN
        语句1;
        [语句 n; |语句块; ]
END
```

8.3 流程控制结构、游标与内置函数

程序执行时，按照其流程控制结构对执行流程加以控制。流程控制结构主要有顺序结构、分支（选择）结构和循环结构。顺序结构按照代码编写的先后顺序依次执行代码，分支结构和循环结构根据条件判断的结果决定程序的执行流程。

8.3.1 分支结构

分支结构：程序依据一定的条件选择其执行路径。

1. IF 语句

IF 语句是流程控制结构中最常用的，其语法格式为

```
IF 表达式 1 THEN
    语句序列 1;
[ELSEIF 表达式 2 THEN
    语句序列 2;]
…
[ELSE
    语句序列 n;]
END IF;
```

执行过程：首先计算 IF 后面表达式 1 的值，如果其值为 TRUE，则执行 THEN 后面的语句序列 1，执行完毕后结束 IF 语句；如果表达式 1 的值为 FALSE，则计算第 1 个 ELSEIF 后面表达式 2 的值，如果该值为 TRUE，则执行 THEN 后面的语句序列 2，执行完毕后结束 IF 语句；如果表达式 2 的值也为 FALSE，则计算下一个 ELSEIF 后面的表达式的值，以此类推。如果所有的 ELSEIF 后面表达式的值都为 FALSE，则执行 ELSE 后面的语句序列 n，执行完毕后，IF 语句结束。IF 语句虽包含多个语句序列，但程序在一个时刻只能选择其中一个执行。

【例 8.1】将学号为 "001108"，课程号为 "102" 的学生成绩以等级制显示。成绩与等级的对应关系：90～100 分，等级为 "A"；80～89 分，等级为 "B"；60～79 分，等级为 "C"；低于 60 分，等级为 "D"。参考代码如下：

```
BEGIN
  DECLARE mesg CHAR DEFAULT 'A';
  DECLARE v_sc INT;
  SELECT grade INTO v_sc FROM score WHERE sno='001108' AND cno='102';
  IF v_sc<60 THEN SET mesg ='D';
  ELSEIF v_sc<80 THEN SET mesg ='C';
  ELSEIF v_sc<90 THEN SET mesg ='B';
  ELSE SET mesg='A';
  END IF;
  SELECT v_sc,mesg;
END
```

分析：程序段中使用 SELECT 语句为用户变量 v_sc 赋值，采用 IF 语句根据 v_sc 的值输出成绩等级；此语句块为匿名块，需要将其放入存储过程或存储函数（8.5 节介绍）中才能完整执行。

2. CASE 语句

CASE 语句是一种多分支结构，有两种使用格式。

（1）第一种格式的 CASE 语句：

```
CASE 表达式
    WHEN 常量值 1 THEN 语句序列 1[;]
    [WHEN 常量值 2 THEN 语句序列 2[;]]
        …
    [ELSE 语句序列 n[;]]
END[;]
```

执行过程：首先计算 CASE 后面的表达式的值，将计算的结果依次与各个 WHEN 后面的常量值做比较，如果计算的结果与某个 WHEN 后面的常量值相等，则执行对应的 THEN 后面的语句序列，执行完后，结束 CASE 语句；如果计算的结果与所有 WHEN 后面的常量值都不相等，则执行 ELSE 后面的语句序列，执行完后，结束 CASE 语句；若 CASE 语句中没有 ELSE，且所有计算的结果都与 WHEN 后面的常量值不相等，CASE 语句返回 NULL。

（2）第二种格式的 CASE 语句：

```
CASE
    WHEN 表达式 1 THEN 语句序列 1[;]
    [WHEN 表达式 2 THEN 语句序列 2[;] ]
        …
    [ELSE 语句序列 n[;]]
END[;]
```

执行过程：依次计算每个 WHEN 后面的表达式的值，当某个表达式的值为 TRUE 时，则执行对应的 THEN 后面的语句序列，执行完后，结束 CASE 语句；如果所有 WHEN 后面的表达式的值都为 FALSE，则执行 ELSE 后面的语句序列，执行完后，结束 CASE 语句；若 CASE 语句中没有 ELSE，且所有 WHEN 后面的表达式的值都为 FALSE，CASE 语句返回 NULL。

需要注意的是，第一种格式的 CASE 语句和第二种格式的 CASE 语句中 WHEN 和 ELSE 子句末尾的分号是否要添加，应根据实际情况确定。当 CASE 语句用在 SELECT 语句中时，WHEN 和 ELSE 子句后面不需要添加分号，如【例 8.2】和【例 8.3】；当 CASE 语句用在 BEGIN...END 语句块中时，则 WHEN 和 ELSE 子句后面需要添加分号，如【例 8.4】。

【例 8.2】查询 student 表中学生的系别情况，若系别的值是"计算机"，结果显示为"CS"；若系别的值是"通信工程"，结果显示为"TE"。参考代码如下：

```
SELECT sno,
  CASE dept
    WHEN '计算机' THEN 'CS'
    WHEN '通信工程' THEN 'TE'
  END  AS 系别
FROM STUDENT;
```

【例 8.3】使用 CASE 语句完成【例 8.1】，参考代码如下：

```
SELECT sno, cno,
CASE
  WHEN grade<60 THEN 'D'
  WHEN grade>=60 AND grade<79 THEN 'C'
  WHEN grade>=80 AND grade<90 THEN 'B'
  WHEN grade>=90 THEN 'A'
END AS '总评'
FROM score WHERE sno='001108' AND cno='102';
```

分析：由【例 8.2】和【例 8.3】看出，可以将 CASE 语句直接应用到 SELECT 语句中，提升 CASE 语句使用的灵活性。

【例 8.4】根据系别代码输出学院的名称，例如，系别代码为"CS"则输出"计算机学院"，系别代码为"MS"则输出"数学学院"，其他系别代码均输出"学院代码有误"。参考代码如下：

```
BEGIN
    DECLARE v_dept CHAR(2);
    DECLARE sw VARCHAR(10);
    SET v_dept='CS';
    CASE
        WHEN v_dept='CS' THEN
        SET sw='计算机学院';
        WHEN v_dept='MS' THEN
        SET sw='数学学院';
        ELSE
        SET sw='学院代码有误';
        END CASE;
    SELECT sw;
END
```

分析：CASE 语句放在语句块中使用时，WHEN 子句、ELSE 子句和 END 子句的末尾均要加语句执行结束的标记符";"。

8.3.2 循环结构

循环结构：指程序中需要重复执行某些操作的结构，由循环条件判断循环体是继续执行还是结束。根据循环条件所处的位置，循环结构分为当型循环和直到型循环两种。

1．WHILE 语句

WHILE 语句属于当型循环，其语法格式为

```
[开始标签:] WHILE 循环条件 DO
循环体;
END WHILE [开始标签];
```

说明：循环体由多条语句构成，可重复执行；开始标签由用户给定，也可省略，但若采用了开始标签，END WHILE 后面一定要加上开始标签以保持一致。

执行过程：首先判断循环条件的值是否为 TRUE，如果为 TRUE，则执行循环体，执行完循环体后，继续判断循环条件的值是否为 TRUE，如果仍然为 TRUE，则继续执行循环体，如此反复，直到循环条件的值为 FALSE，结束循环。

【例 8.5】使用 WHILE 语句计算 1～100 的所有自然数的累加和。

```
BEGIN
    DECLARE v_count INT DEFAULT 0;
    DECLARE v_sum INT DEFAULT 0;
    WHILE v_count <= 100 DO
        SET v_sum = v_sum + v_count;
        SET v_count = v_count + 1;
    END WHILE;
    SELECT v_sum;
END
```

2．REPEAT 语句

REPEAT 语句属于直到型循环，其语法格式为

```
[开始标签:] REPEAT
循环体;
UNTIL 循环条件
END REPEAT [开始标签];
```

执行过程：首先执行一次循环体，再判断 UNTIL 后面的循环条件的值，如果该值为 FALSE，则继续执行循环体，如此反复，直到循环条件的值为 TRUE，结束循环。

【例8.6】使用 REPEAT 语句计算 1～100 的所有能被 3 整除的自然数的累加和。

```
BEGIN
  DECLARE v_n INT DEFAULT 1;
  DECLARE v_s INT DEFAULT 0;
  REPEAT
    IF v_n%3=0 THEN
      SET v_s=v_s+v_n;
    END IF;
    SET v_n=v_n+1;
  UNTIL v_n>100
  END REPEAT;
  SELECT v_s;
END
```

3．LOOP 语句

除了上述两种结构，MySQL 还提供了 LOOP 语句来实现循环结构，其语法格式为

```
[开始标签:]LOOP
    循环体;
END LOOP [开始标签];
```

LOOP 语句构成的循环是无条件判断的死循环，没有实际意义。实际应用中，LOOP语句需要与跳出循环的语句结合才能使用。

4．LEAVE 语句和 ITERATE 语句

（1）LEAVE 语句

LEAVE 语句可以实现从循环体中跳出，工作原理类似于 C、C++等语言中的 break 语句，其语法格式为

```
LEAVE 标签;
```

功能：跳出由标签标识的 LOOP、REPEAT、WHILE 语句的循环体或者 BEGIN... END语句块。LEAVE 语句无须等待检查条件，可立即跳出循环。

【例8.7】使用 LOOP 和 LEAVE 语句，计算 1～100 的所有自然数的累加和。

```
BEGIN
    DECLARE v_count INT DEFAULT 0;
    DECLARE v_sum INT DEFAULT 0;
    label: LOOP
        SET v_sum = v_sum + v_count;
        SET v_count = v_count + 1;
        IF v_count > 100 THEN
            LEAVE label;
        END IF;
    END LOOP label;
    SELECT v_sum;
END
```

分析：程序中使用"LEAVE label;"语句结束 LOOP 循环。

（2）ITERATE 语句

ITERATE 语句可以中止当前执行的本次循环，直接进入下一次循环，类似于 C、C++ 等语言中的 continue 语句，其语法格式为

```
ITERATE 标签;
```

功能：跳出由标签标识的循环，但只能用于 LOOP、REPEAT 和 WHILE 语句构成的循环。

【例 8.8】 使用 LOOP 和 ITERATE 语句计算 1～100 的所有能被 3 整除的自然数的累加和。

```
BEGIN
  DECLARE v_s INT DEFAULT 0;
  DECLARE v_n INT DEFAULT 0;
  add_num: LOOP
    SET v_n=v_n+1;
    IF v_n>100 THEN
      LEAVE add_num ;
    ELSEIF MOD(v_n,3)!=0 THEN
      ITERATE add_num;
    END IF;
    SET v_s=v_s+v_n;
  END LOOP add_num ;
  SELECT v_s;
END;
```

分析：程序中 MOD( )为取模函数。MOD(v_n,3)表示求 v_n 对 3 取模的结果，即 v_n 除以 3 的余数。当 v_n 不能被 3 整除时，则结束本次循环，不执行累加，直接执行下一次循环。

8.3.3　游标

MySQL 编程返回的结果通常包含多条记录，用户可以使用游标从结果集中逐一读取、逐一处理记录。游标使用的流程为定义游标、打开游标、使用游标、关闭游标。

1．定义游标

用户可使用 DECLARE 关键字定义游标，将查询结果存放到当前的游标中，查询语句由 SELECT 给出。其语法格式为

```
DECLARE 游标名称 CURSOR FOR SELECT 语句;
```

2．打开游标

定义游标之后，需先将其打开，才能读取数据。用户可使用 OPEN 语句打开游标，其语法格式为

```
OPEN 游标名称;
```

打开游标时，执行游标定义中的 SELECT 语句并将结果集存储到服务器内存中。

3．使用游标

游标打开后，可使用 FETCH 语句从游标中读取数据，其语法格式为

```
FETCH 游标名称 INTO 变量名1 [,变量名2]…;
```

执行过程：从指定的游标中读取数据并将其赋值给指定的变量，要求变量名的个数、类型必须与 SELECT 语句查询的字段个数、类型保持一致。执行一次 FETCH 语句，可以

从游标中读取一条记录，之后游标的内部指针向后移动一步，指向下一条记录。

4．关闭游标

游标使用结束后，需要使用关闭游标语句将其关闭，关闭游标意味着释放游标中查询结果所占用的内存。其语法格式为

```
CLOSE 游标名称;
```

【例8.9】根据学号统计某同学所获得的总学分，如果课程成绩达不到70分，该门课程的学分不能计入。

```
DELIMITER$$
CREATE  PROCEDURE cursor10(v_sno CHAR(6))
BEGIN
   DECLARE sum_credit, v_grade,v_credit INT;
   DECLARE v_done INT DEFAULT FALSE;
   DECLARE cs_credit_grade CURSOR FOR
   SELECT credit,grade  FROM course JOIN score ON course.cno=score.cno
        WHERE sno=v_sno;
   DECLARE CONTINUE HANDLER FOR NOT FOUND SET v_done=TRUE;
   SET sum_credit=0;
   OPEN cs_credit_grade ;
        label:LOOP
              FETCH cs_credit_grade INTO v_credit,v_grade;
              IF v_done
                  THEN LEAVE label;
              END IF;
              IF v_grade>=70 THEN
                  SET sum_credit=sum_credit+v_credit;
              END IF;
        END LOOP label;
   CLOSE cs_credit_grade;
   SELECT v_sno,sum_credit;
END$$
DELIMITER;
```

8.3.4　常用内置函数

MySQL 提供了丰富的内置函数，用户在编程中可以直接使用这些内置函数，也可以根据需要自己定义函数。MySQL 提供的内置函数有数学函数、字符串函数、日期时间函数、类型转换函数、聚合函数等。

1．数学函数

数学函数（如求绝对值函数、求平方根函数、求对数函数、求指数函数等）用于数学运算。常用数学函数如表8.1所示。

表8.1　常用数学函数

函数	函数功能	示例
ABS(X)	返回 X 的绝对值	ABS(-8.1)=8.1
SIGN(X)	返回 X 的正负号，用0、1或-1 表示	SIGN(-2.7)=-1 SIGN(0)=0
RAND()	返回(0,1)的随机数	返回值都不相同
SQRT(X)	返回 X 的平方根	SQRT(4)=2

函数	函数功能	示例
EXP(*X*)	返回以 e 为底的 *X* 次幂的值	EXP(1)=2.71828
POWER(*X,Y*)	返回以 *X* 为底的 *Y* 次幂的值	POWER(2,4)=16
LOG(*X*)	返回 *X* 的以 e 为底的自然对数值	LOG(1)=0
LOG10(*X*)	返回 *X* 的以 10 为底的常用对数值	LOG10(10)=1
CEILING(*X*)	返回大于 *X* 的最小整数	CEILING(4.8)=5 CEILING(-4.8)=-4
FLOOR(*X*)	返回小于 *X* 的最大整数	FLOOR(4.8)=4 CEILING(-4.8)=-5
ROUND(*X,n*)	将 *X* 按指定的小数位数 *n* 四舍五入	ROUND(3.1415,3)=3.142

2．字符串函数

字符串函数用于字符串运算，如获取字符串的子字符串、连接字符串、截取字符串、比较字符串等。常用字符串函数如表 8.2 所示。

表 8.2　常用字符串函数

函数	函数功能	示例
LEFT(*s,n*)	从字符串 *s* 左端截取 *n* 个字符形成子串	LEFT('数据库原理',3)='数据库'
RIGHT(*s,n*)	从字符串右端截取 *n* 个字符形成子串	RIGHT('数据库原理',2)='原理'
LTRIM(*s*)	去掉字符串 *s* 左端开始处的空格	LTRIM('　　数据库')='数据库'
RTRIM(*s*)	去掉字符串 *s* 右端末尾处的空格	RTRIM('数据库　　　')='数据库'
TRIM(*s*)	去掉字符串 *s* 左端开始处和右端末尾处的空格	TRIM('　数据库　　')='数据库'
POSITION(*s1* IN *s*)	返回字符串 *s* 中 *s1* 首次出现的位置	POSITION('e','chinese')=5
REPEAT(*s,n*)	将字符串 *s* 重复 *n* 次形成新的字符串	REPEAT('OK!',3)='OK!OK!OK!'
REPLACE(*s,s1,s2*)	用字符串 *s2* 替代字符串 *s* 中的子串 *s1*	REPLACE('GoOD','OD','od!')='Good!'
INSTR(*s,s1*)	返回字符串 *s* 中 *s1* 首次出现的位置，不存在 *s1* 则返回 0	INSTR('数据库原理','原理')=3
CONCAT(*s1,s2,...,sn*)	将字符串 *s1,s2,...,sn* 合并成一个字符串	CONCAT('中国','安徽','合肥')='中国安徽合肥'

3．日期时间函数

日期时间函数用于获取系统的当前日期或时间、获取日期或时间的某一具体信息、进行日期和时间格式化等。常用日期时间函数如表 8.3 所示。

表 8.3　常用日期时间函数

函数	函数功能	示例
CURDATE()	获取当前日期	CURDATE()的值为当前的日期
CURTIME()	获取当前时间	CURTIME()的值为当前的时间
YEAR(*x*)	返回日期中的年份值	YEAR('2022-10-1')的值为 2022

函数	函数功能	示例
MONTH(x)	返回日期中的月份值	MONTH('2022-10-1')的值为 10
DAY(x)	返回日期中的日的值	DAY('2022-10-1')的值为 1
WEEK(x)	返回当前日期在当年的第几个星期	WEEK('2022-10-1')的值为 39
MONTHNAME(x)	返回当前日期所在月份的英文名称	MONTHNAME('2022-10-1')的值为 October
DATE_ADD(date,INTERVAL exptype）	返回日期 date 加上间隔 exptype 的结果	DATE_ADD(CURDATE(),INTERVAL 1 year)的结果为 1 年后的日期
DATE_SUB(date,INTERVAL exptype）	返回日期 date 减去间隔 exptype 的结果	DATE_SUB(CURDATE(),INTERVAL 1 year)的结果为 1 年前的日期
DATEDIFF(date1,date2)	返回日期 date1 减去 date2 的天数	DATEDIFF('2022-5-1','2022-1-1')的结果为 120

4．类型转换函数

类型转换函数用于将一种类型的数据转换成另外一种类型的数据。常用类型转换函数如表 8.4 所示。

表 8.4　常用类型转换函数

函数	函数功能	示例
CAST(value as type)	将 value 类型的数据转换为 type 类型的数据	CAST(2800 AS CHAR(4))的值为字符串'2800'
CONVERT(value,type)	把 value 类型的数据转换为 type 类型的数据	CONVERT('2800',DECIMAL(6,2))的值为 2800.00

5．聚合函数

聚合函数用于对数据表中的数据进行计算和汇总，如求和、求平均值、统计个数、求最大值和最小值。常用聚合函数如表 8.5 所示。

表 8.5　常用聚合函数

函数	函数功能	示例
SUM()	对参数列的数值求和	SUM(成绩)返回成绩列中成绩的总和
MAX()	对参数列的数值求最大值	MAX(成绩)返回成绩列中的最大值
MIN()	对参数列的数值求最小值	MIN(成绩)返回成绩列中的最小值
AVG()	对参数列的数值求平均值	AVG(成绩)返回成绩列中的平均值
COUNT()	统计满足条件的值的个数	COUNT(*)返回数据表中的记录数

8.4 存储过程

8.4.1 存储过程概述

存储过程（Stored Procedure）：由一组 SQL 语句和流程控制语句构成，可以被应用程序、触发器或另外一个存储过程调用。

存储过程可以包含变量和常量的声明及初始化、分支或循环语句，它可以接收参数的传入、通过输出参数返回单个或多个结果。存储过程具有以下优点。

（1）一个存储过程一次可以执行一组 SQL 语句。

（2）存储过程可调用其他存储过程，体现模块化编程。

（3）存储过程在创建时就在服务器上进行编译，所以执行速度比单条 SQL 语句快。

（4）系统可以不授权用户直接访问应用程序中的数据表，而是授权用户访问数据库的存储过程，从而在一定程度上保证数据库的安全。

（5）存储过程可以重复执行，进而减少重复工作，提高执行效率。

创建与调用存
储过程

8.4.2 创建与调用存储过程

1．创建存储过程

用户可以使用 CREATE PROCEDURE 语句创建存储过程，但必须具有该权限。其语法格式为

```
CREATE [DEFINER={user|current_user}] PROCEDURE [IF NOT EXISTS] procedure_name
([[IN|OUT|INOUT] parameter_name type[,…]])
    [characteristic]
routine_body;
```

参数说明如下。

① [DEFINER={user|current_user}]：可选项，用于指定存储过程的定义者（可以是指定的用户或者当前用户），默认为当前用户。

② [IF NOT EXISTS]：表示只有不存在同名的存储过程，才可以创建。

③ procedure_name：创建的存储过程的名称。数据库中，存储过程的名称必须唯一。默认在当前数据库中创建存储过程，若需要在特定的数据库中创建，可通过"数据库.存储过程名"完成。

④ [[IN|OUT|INOUT] parameter_name type[,...]]：用于指定存储过程的形参，是可选项。其中 IN|OUT |INOUT 表示参数传递类型，parameter_name 为参数名称，type 为参数的数据类型。即使没有参数，存储过程名称后面的括号也不能省略；如果有两个以上的参数，参数之间用逗号分隔。

参数传递类型有 3 种：IN、OUT 和 INOUT。IN 表示输入参数。OUT 表示参数需要在存储过程执行完成后返回给调用者。INOUT 表示在存储过程调用时调用者必须给定并且在执行后返回给调用者的参数。如果省略了参数传递类型，则参数传递类型默认为 IN。IN 参数为引用传递，即将实参指针传递给形参；OUT 和 INOUT 参数为值传递，即将实参的值复制给形参。

⑤ [characteristic]：可选项，用于设定存储过程的某些特征。其包含的内容及语法格式如下。

```
    [LANGUAGE SQL | [NOT] DETERMINISTIC | {CONTAINS SQL | NO SQL |
READS SQL DATA|MODIFIES SQL DATA} | SQL SECURITY {DEFINER | INVOKER} |
    COMMENT 'string']
```

- LANGUAGE SQL：指定编写存储过程的语言为 SQL，省略时默认为 SQL。
- DETERMINISTIC：表示存储过程对同样的输入参数产生相同的结果，意为"确定的"。NOT DETERMINISTIC 表示会产生不确定的结果（默认）。
- {CONTAINS SQL | NO SQL | READS SQL DATA | MODIFIES SQL DATA}：表示存储过程包含读或写数据的语句，如果省略，默认为 CONTAINS SQL。CONTAINS SQL 表示存储过程包含 SQL 语句，但不包含读或写数据的语句（如 SET 语句）；NO SQL 表示

存储过程不包含 SQL 语句；READS SQL DATA 表示存储过程包含 SELECT 查询语句，但不包含 UPDATE 语句；MODIFIES SQL DATA 表示存储过程包含 UPDATE 语句。

- SQL SECURITY{DEFINER | INVOKER}：用于指定存储过程执行时的权限验证方式，省略时默认为 DEFINER。DEFINER 表示 MySQL 将验证调用存储过程的用户是否具有存储过程的执行权限及是否具有存储过程中引用的相关对象的权限；INVOKER 表示 MySQL 将使用当前调用存储过程的用户执行此过程，并验证用户是否具有存储过程的执行权限和存储过程中引用的相关对象的权限。
- COMMENT 'string'：用于为存储过程指定注释信息。

⑥ routine_body：表示过程体，可以是一条语句，也可以是由 BEGIN 和 END 构成的语句块，即在存储过程中需要执行的 SQL 语句。

2．调用存储过程

存储过程被定义后，系统对其进行预编译，并将其作为一种数据库对象存储到对应的数据库中。对于已经创建好的存储过程，用户可以在 MySQL 中调用，也可以在应用程序中调用。这里主要讲述如何在 MySQL 中调用，其语法格式为

```
CALL procedure_name [(procedure_parameter)];
```

参数说明如下。

- procedure_name：已定义的存储过程名。
- procedure_parameter：实参，可以为变量、常量等。如果不需要参数，则语法格式可简化为"CALL procedure_name;"。

【例 8.10】创建存储过程 pro_del_sc，根据学号和课程号删除 score 表中的数据，学号和课程号由存储过程的参数传入。

```
DELIMITER //
CREATE PROCEDURE pro_del_sc (v_sno CHAR(6),v_cno CHAR(3))
BEGIN
  DELETE FROM score WHERE sno=v_sno AND cno=v_cno;
END//
DELIMITER ;
```

调用语句"CALL pro_del_sc ('001106','102');"可完成 score 表中指定记录的删除。

【例 8.11】创建存储过程 pro_inquire，该存储过程通过学生的姓或名实现模糊查询，查询出符合条件的学号和姓名，存储过程的参数为学生的姓或名。

```
DELIMITER //
CREATE PROCEDURE pro_inquire(v_name VARCHAR(20))
BEGIN
  SELECT sno, sname FROM student WHERE sname LIKE CONCAT('%',v_name,'%');
END //
DELIMITER ;
```

例如，查找姓或名为"李"的学生的学号和姓名，可调用"CALL pro_inquire('李');"语句实现。

8.4.3　存储过程中的条件处理器

存储过程调用中，常常有异常情况出现。例如，调用向数据表中插入记录的存储过程，如果插入的记录违反了外键约束条件，即子表中的记录在父表中找不到相应记录，系统会报错，并返回错误代码，包括数值

存储过程中的
条件处理器

MySQL_error_code 和字符串 sqlstate_value 两部分。外键约束条件异常的 MySQL_error_code 值为 1452，sqlstate_value 值为"23000"。【例 8.9】采用游标中的记录数控制读取游标的循环，如果直接采用无条件的 LOOP 循环读取游标中的记录，当游标指向的下一条记录地址无效时，表示游标中的记录已经全部取完，系统也会报错，返回 MySQL_error_code 值为 1329 和 sqlstate_value 值为"02000"的错误代码。

　　为保证顺利调用存储过程，需要对异常进行处理。但 MySQL 返回的错误代码可读性较差，这里可采用条件处理器处理，流程为，先对存储程序执行中可能出现的异常进行声明，再对出现的异常进行适当的处理，保证存储程序在系统警告或报错的情况下仍能继续执行。条件处理器既增强了存储程序处理问题的能力，也避免了程序因异常而停止运行。

1．定义条件

　　定义条件的语句用于将 MySQL 中的错误代码命名为异常名，并将异常名与指定的错误条件关联，使得存储程序代码更加清晰。其语法格式为

```
DECLARE condition_name CONDITION FOR {SQLSTATE sqlstate_value| MySQL_error_code};
```

　　condition_name 表示异常名，{SQLSTATE sqlstate_value| MySQL_error_code}用于指定是何种异常。

　　上述外键约束条件异常的定义条件的语句为

```
DECLARE error_foreignkey CONDITION FOR 1452;
```

或

```
DECLARE error_foreignkey CONDITION FOR SQLSTATE '23000';
```

2．定义处理程序

　　定义处理程序时，DECLARE 语句的语法格式为

```
DECLARE {CONTINUE|EXIT} HANDLER FOR {condition_value[, condition_value…]}  statement;
```

　　说明：

　　（1）当异常发生时，条件处理器有两种处理方式，分别为 CONTINUE 和 EXIT。其中 CONTINUE 表示遇到异常，执行 statement 语句后，继续执行下一条 SQL 语句；EXIT 表示遇到异常，执行 statement 语句后，退出当前的语句块。

　　（2）condition_value 包括 SQLSTATE'sqlstate_value'、MySQL_error_code、condition_name、SQLWARNING、NOT FOUND 和 SQLEXCEPTION。SQLSTATE'sqlstate_value' 中的 'sqlstate_value'是长度为 5 的字符串错误代码；MySQL_error_code 指数字类型错误代码；condition_name 指通过定义条件语句命名的异常名；SQLWARNING 指以 01 开头的所有 SQLSTATE 码所对应的异常；NOT FOUND 指以 02 开头的所有 SQLSTATE 码所对应的异常；SQLEXCEPTION 指不以 01 或 02 开头的 SQLSTATE 码所对应的异常，即未被 SQLWARNING 或 NOT FOUND 捕获的异常。

　　【例 8.12】创建存储过程 insert_sc，该存储过程将完成向 score 表插入数据，其中学号和课程号由输入参数给出，同时程序返回是否插入成功的结果。

```
DELIMITER //
CREATE PROCEDURE insert_sc (v_sno CHAR(6),v_cno CHAR(3),v_grade INT,OUT v_message
VARCHAR(100))
  BEGIN
    DECLARE done BOOLEAN DEFAULT 0;
    DECLARE errorforeignkey CONDITION FOR 1452;
```

```
    DECLARE CONTINUE HANDLER FOR errorforeignkey SET done=1;
    INSERT INTO score VALUES(NULL,v_sno,v_cno,v_grade);
    IF done=1 THEN
      SET v_message:='error_foreignkey';
    ELSE
      SET v_message:='success';
    END IF;
  END //
  DELIMITER ;
```

分析: 存储过程中也可以不声明异常，直接用错误代码（MySQL_error_code）来定义处理器，即"DECLARE CONTINUE HANDLER FOR 1452 SET done=1;"。

在定义处理程序时可直接采用错误代码实现相应的功能，但这样不便于阅读程序。

存储过程创建后，插入学号为 001107、课程号为 209、成绩为 60 的记录。调用语句"CALL insert_sc ('001107','209','60',@message);"，再执行"SELECT @message;"，结果为"success"，表明存储过程执行过程中未出现异常。

当再插入另一条记录，即学号为 001108、课程号为 219、成绩为 70 的记录时，调用语句"CALL insert_sc ('001108','219','70',@message);"，再查看@message，结果为"error_foreignkey"。课程表中不存在课程号为 219 的课程，所以该操作违反外键约束条件，产生了异常，条件处理器捕获了异常并将局部参数 done 设置为 1。如果在 insert_sc 存储过程中，对外键约束条件异常不进行捕获和处理，那么调用存储过程 insert_sc 插入记录时，系统会报错。

存储过程 insert_sc 中仅定义了违反外键约束条件的异常，此外还有可能存在用户自定义约束条件的异常，如分数出现负数。因此定义异常处理时，可以将可能出现的异常均列出。语句"DECLARE CONTINUE HANDLER FOR errorforeignkey, SQLEXCEPTION, SQLWARNING SET done=1;"可对列出的异常进行捕获，但无法区别异常的种类。

【例 8.13】创建 cno_number 表用于存储每门课程选修的人数，创建存储过程 pro_cno_num，该存储过程用于统计每门课程选修的人数，并把课程号、课程名和选修课程的人数插入 cno_number 表。

（1）创建 cno_number 表，参考代码如下：

```
CREATE TABLE cno_number
  ( id INT UNSIGNED AUTO_INCREMENT PRIMARY KEY,
    cno CHAR(3),
    cname VARCHAR(30),
    number INT UNSIGNED);
```

（2）创建存储过程 pro_cno_num，存储过程中使用游标读取课程的课程号和课程名，参考代码如下：

```
DELIMITER //
CREATE PROCEDURE pro_cno_num( )
BEGIN
  DECLARE v_cno VARCHAR(3);
  DECLARE v_cname VARCHAR(30);
  DECLARE v_num INT DEFAULT 0;
  DECLARE done BOOLEAN DEFAULT 1;
  DECLARE ct CURSOR FOR SELECT cno, cname FROM course;
  DECLARE CONTINUE HANDLER FOR SQLSTATE '02000' SET done=0;
  DELETE FROM cno_number;
  OPEN ct;
  WHILE done DO
```

```
    FETCH ct INTO v_cno,v_cname;
    SELECT COUNT(*) INTO v_num FROM score WHERE cno=v_cno;
     INSERT INTO cno_number VALUES(NULL,v_cno,v_cname,v_num);
  END WHILE;
CLOSE ct;
END//
DELIMITER ;
```

（3）存储过程创建后，通过语句"CALL pro_cno_num ( );"调用。

（4）执行语句"SELECT * FROM cno_number;"，验证 pro_cno_num 存储过程的功能。

分析：cno_number 表存储了每门课程选修的人数，该例中读取游标的控制循环条件由条件处理器控制。

8.4.4 存储过程管理

1．查看存储过程

存储过程创建后，用户可以使用 SHOW CREATE PROCEDURE 语句查看存储过程的定义，包括存储过程的名称、代码、字符集等信息。其语法格式为

```
SHOW CREATE PROCEDURE procedure_name;
```

procedure_name 为存储过程的名称。

例如：

```
SHOW CREATE PROCEDURE pro_cno_num;
```

也可使用 SHOW PROCEDURE STATUS 语句查看存储过程的状态特征，其语法格式为

```
SHOW PROCEDURE STATUS LIKE 'pattern';
```

pattern 是用于匹配存储过程名的模式字符串，需要用英文单引号括起来。模式字符串中可以有普通的字符，也可以有"%"和"_"通配符。其功能是查看名称与 pattern 所指定的模式字符串相匹配的所有存储过程的状态特征，包括所属数据库、存储过程名、类型、定义者、注释、创建和修改时间、字符编码等信息。

例如，语句"SHOW PROCEDURE STATUS LIKE 'pro%';"用于查看名称以 pro 开头的所有存储过程的状态特征。

2．删除存储过程

当存储过程不再需要时，应使用删除语句将其从内存中删除。其语法格式为

```
DROP PROCEDURE procedure_name;
```

例如，删除存储过程 pro_inquire，可使用"DROP PROCEDURE pro_inquire;"语句完成。

8.5 存储函数

8.5.1 存储函数概述

存储函数（自定义函数）与存储过程一样，也是由一组 SQL 语句和一些特殊的流程控制语句组成的程序段。其功能由函数体决定，函数体可以是一条语句，也可以是语句块，其通过 RETURN 语句返回一个函数值。

存储过程与存储函数的区别：存储过程的参数传递类型可以有 IN、OUT 和 INOUT 这 3 种，而存储函数的参数传递类型只有 IN 类型；存储过程需要使用 CALL 语句调用，而存储函数可以直接使用，方法与使用内置函数相同；存储过程不允许包含 RETURN 语句，不能有返回值，但可以通过 OUT 或 INOUT 参数带回多个值，而存储函数的函数体必须包含一条 RETURN 语句，且只能返回一个值；存储函数不能调用存储过程，存储过程可以调用存储函数；存储过程主要用于执行并完成某个功能，而存储函数主要用于计算并返回一个函数值。

创建与调用存储函数

8.5.2 创建与调用存储函数

1. 使用 CREATE FUNCTION 语句创建存储函数
用户可使用 CREATE FUNCTION 语句创建存储函数，其语法格式为

```
CREATE [IF NOT EXISTS] FUNCTION func_name ( [func_parameter[…]])
RETURNS type [characteristic…]
func body;
```

参数说明如下。

- [IF NOT EXISTS]：表示如果不存在同名函数，才可以创建。
- func_name：存储函数名，由创建用户具体指定，默认在当前数据库下创建存储函数。若需要在特定数据库中创建存储函数，通过"数据库名.func_name"完成。
- RETURNS type：用于指明函数返回值的数据类型，type 表示数据类型。
- characteristic：用于定义函数的状态特征，其内容和格式与 CREATE PROCEDURE 语句中 characteristic 的相同，在此不赘述。
- func_body：函数体，用于实现函数的功能。因函数运算结束后必须有返回值，所以函数体中必须至少有一条 RETURN 语句，格式为"RETURN value;"。
- func_parameter：函数的参数，默认为 IN 类型。

2. 调用存储函数
存储函数的调用方法与 MySQL 内置函数的调用方法一样，调用方法为 func_name (func_parameter)。这里的 func_parameter 为实参，应与函数定义中的形参相匹配。

【例 8.14】创建存储函数 fun_st_num，统计 student 表中某个系别的人数，系名由函数的参数给出。参考代码如下：

```
DELIMITER //
CREATE FUNCTION fun_st_num(v_dept VARCHAR(20))
RETURNS INT
READS SQL DATA
COMMENT '系别的人数'
BEGIN
  DECLARE v_num INT DEFAULT 0;
  SELECT COUNT(*) INTO v_num FROM student WHERE dept=v_dept;
  RETURN v_num;
END//
DELIMITER ;
```

例如，统计 student 表中计算机系的人数，可用"SELECT fun_st_num('计算机');"语句实现。

8.5.3 存储函数管理

存储函数的管理包括查看存储函数、删除存储函数、修改存储函数等，本节只介绍存储函数的查看和删除。

1．查看存储函数

用户可以使用 SHOW CREATE FUNCTION 语句查看存储函数的定义，包括存储函数的名称、代码、字符集等信息。其语法格式为

```
SHOW CREATE FUNCTION function_name;
```

function_name 表示存储函数的名称。

例如：

```
SHOW CREATE FUNCTION fun_st_num;
```

还可使用 SHOW FUNCTION STATUS 语句查看存储函数的状态特征。其语法格式为

```
SHOW FUNCTIONE STATUS LIKE 'pattern';
```

说明： 这里的'pattern'与存储过程中查看存储状态的'pattern'一致，功能是查看名称与 pattern 所指定的模式相匹配的所有存储函数的状态特征，包括所属数据库、存储函数名、类型、定义者、注释、创建和修改时间、字符编码等信息。

2．删除存储函数

当存储函数不再使用时，应使用删除存储函数语句将其删除。其语法格式为

```
DROP FUNCTION function_name;
```

例如，删除存储函数 fun_st_num 的语句为

```
DROP FUNCTION fun_st_num;
```

8.6 触发器

8.6.1 触发器概述

触发器（Trigger）是一种特殊的存储过程，编译后存储在数据库服务器中。当特定事件发生时，触发器由系统自动调用执行，无须显式执行。另外，触发器不接收任何参数，而存储过程需要显式调用，可以接收和传回参数。

触发器与数据表联系紧密，主要用于实现复杂完整性约束，以及对数据库中的特定事件进行监控和响应。

触发器基于永久性表创建，并且只能由数据库的特定操作事件触发。当操作影响到被保护的数据时，如进行插入（INSERT）、修改（UPDATE）和删除（DELETE）操作时，数据库系统就会自动执行触发器中的动作体，以保护数据完整性。使用触发器时需明确以下几点。

（1）触发事件：即执行哪些操作会启动触发器。触发器的触发事件主要包括 INSERT、UPDATE 和 DELETE 这 3 种。

（2）触发对象：即对哪个数据表进行操作。

（3）触发时机：触发器执行的时间。触发时机有 BEFORE 和 AFTER 这 2 种。

（4）触发级别：MYSQL 中触发级别指定为 FOR EACH ROW，即行级触发器。触发事件每作用于一条记录，触发器就执行一次。

8.6.2　触发器的创建与应用

1．触发器创建

用户可以使用 CREATE TRIGGER 语句创建触发器，其语法格式为

```
CREATE TRIGGER [IF NOT EXISTS] < trigger_name >
{BEFORE|AFTER } {UPDATE|INSERT|DELETE} ON < table_name >
FOR EACH ROW
TRIGGER_BODY
```

参数说明如下。

- IF NOT EXISTS：指如果不存在同名触发器，才可以创建。
- trigger_name：创建的触发器的名称，由创建用户具体指定。
- BEFORE|AFTER：说明触发器的类型，BEFORE 指触发器在指定操作执行前操作；AFTER 指触发器在指定操作执行后操作。
- UPDATE|INSERT|DELETE：触发事件，指定 INSERT、DELETE 或 UPDATE 事件当中的 1 个。目前 MYSQL 不支持多个事件触发。
- table_name：数据表名。
- FOR EACH ROW：行级触发器。目前 MySQL 只支持行级触发器。
- TRIGGER_BODY：触发器激活时执行的语句，也称动作体。当执行多条语句时，一般使用语句块。动作体不能包含 DDL 语句，ROLLBACK、COMMIT、SAVEPOINT 也不能使用。

注意：

（1）触发器和指定的数据表关联，当数据表被删除时，任何与该数据表相关的触发器同时也被删除。

（2）行级触发器的执行顺序：执行 BEFORE 行级触发器→执行 DML 语句→执行 AFTER 行级触发器。

2．NEW 和 OLD 关键字

触发程序执行过程中，触发事件会引起数据的改变。MySQL 用 NEW 代表"新"值状态的记录，用 OLD 代表"旧"值状态的记录。

INSERT 型触发器中，如果触发类型为 BEFORE，则 NEW 表示将要插入的新记录；如果触发类型为 AFTER，则 NEW 表示已经插入的新记录。

UPDATE 型触发器中，如果触发类型为 BEFORE，则 OLD 表示将要被修改的原记录，NEW 表示将要修改为的新记录；如果触发类型为 AFTER，则 OLD 表示已经被修改的原记录，NEW 表示已经修改为的新记录。

DELETE 型触发器中，如果触发类型为 BEFORE，则 OLD 表示将要删除的原记录；如果触发类型为 AFTER，则 OLD 表示已经被删除的原记录。

INSERT 操作没有"旧"值状态的记录，DELETE 操作没有"新"值状态的记录。当向数据表中插入新记录时，触发程序可以使用 NEW 关键字访问新记录，即通过"NEW.字段名"的方式访问新记录的某个字段。当从表中删除旧记录时，触发程序可以使用 OLD 关

键字访问旧记录，即通过"OLD.字段名"的方式访问旧记录的某个字段。当修改表的某条记录时，可以分别通过"NEW.字段名"和"OLD.字段名"的方式访问修改后的新记录的某个字段和修改前的旧记录的某个字段。

OLD 表中的记录是只读的，只能引用，不能修改；而 NEW 表可以在触发器中使用 SET 赋值。例如，在 BEFORE 触发程序中，可使用"SET NEW.col name=value;"语句更改 NEW 表记录的值。

【例 8.15】创建 delsc 表，存储从 score 表中删除的学号、课程号和成绩。当从 score 表删除记录时，触发 triggerdel_sc 触发器向 delsc 表中插入删除的记录。参考代码如下。

（1）采用复制 score 表结构的方式建立 delsc 表。

```
CREATE TABLE delsc
as
SELECT sno,cno,grade FROM score WHERE 1=2;
```

（2）创建 triggerdel_sc 触发器。

```
DELIMITER //
CREATE TRIGGER triggerdel_sc
AFTER DELETE ON SCORE
FOR EACH ROW
BEGIN
    INSERT INTO delsc (sno,cno,grade)VALUES(OLD.sno,OLD.cno,OLD.grade);
 END//
DELIMITER;
```

（3）执行语句 "DELETE FROM SCORE WHERE sno='001102';"。

（4）查看 delsc 中的内容，语句为 "SELECT * FROM delsc;"。

【例 8.16】创建日志表 score_log(id,operate_date,operate_user,log_text)，用于记录对成绩表所做的修改操作的相关信息。创建触发器 trig_score，当用户对 score 表进行操作时将触发 trig_score 触发器，将操作用户的用户名、操作日期和修改前后的数据插入日志表 score_log。参考代码如下。

（1）创建 score_log 表，表中 id 用于存放记录数，operate_date 用于存放操作日期，operate_user 用于存放操作用户，log_text 用于存放修改前和修改后的数据。

```
CREATE TABLE score_log(
    id INT NOT NULL AUTO_INCREMENT PRIMARY KEY,
    operate_date DATE,
    operate_user VARCHAR(20),
    log_text  VARCHAR(200));
```

（2）创建触发器 trig_score。

```
DELIMITER //
CREATE TRIGGER trig_score AFTER UPDATE ON score
FOR EACH ROW
BEGIN
 INSERT INTO score _log(id, operate_date, operate_user, log_text)
 VALUES(NULL,NOW(),USER(),CONCAT('学号为',  OLD.sno,'的成绩',OLD.grade,'修改为',
NEW.grade));
 END //
DELIMITER ;
```

（3）修改 score 表数据后，查看 score_log 的内容。

```
UPDATE score SET grade=80 WHERE sno='001103' AND cno='102';
SELECT * FROM score_log;
```

【例 8.17】student 表和 score 表是关联的，score 表创建时如果没有对外键设置级联删除，那么当删除 student 表中的记录时，只要 score 表中有学生的成绩记录，就不能删除 student 表中的记录。解决此问题的方法为在 score 表创建时设置外键的级联删除，或者创建触发器。这里采用创建触发器 del_sc 来实现删除 student 表中的记录时一起删除 score 表中相应的记录。参考代码如下。

（1）创建触发器 del_sc。

```
DELIMITER //
CREATE TRIGGER del_sc
BEFORE DELETE ON student
FOR EACH ROW
BEGIN
DELETE FROM SCORE WHERE sno=OLD.sno;
END//
DELIMITER ;
```

（2）选择 student 和 score 表中都存在的记录，如学号为 001104 的学生记录。将 student 表中学号为 001104 的学生记录删掉，相应的 SQL 语句为

```
DELETE FROM student WHERE sno='001104';
```

（3）再查看 score 表中学号为 001104 的学生的成绩是否存在，相应的 SQL 语句为

```
SELECT * FROM score WHERE sno='001104';
```

分析：执行后发现 score 表中学号为 001104 的学生的成绩已被删去，说明触发器 del_sc 可以实现删除 student 表中的记录时，随之删除 score 表中相应的记录。

8.6.3 触发器管理

1．查看触发器
查看触发器是指对数据库中已存在的触发器的定义、状态和语法等信息进行查看。
（1）使用 SHOW TRIGGERS 语句查看触发器，其语法格式为

```
SHOW TRIGGERS;
```

用户可以查看所有触发器，内容包括触发器名、触发事件、操作对象表、执行的操作等。
（2）通过 INFORMATION_SCHEMA.TRIGGERS 表查看触发器，其语法格式为

```
SELECT * FROM INFORMATION_SCHEMA. TRIGGERS;
```

查询结果包含触发器所属数据库、触发器名、触发时机及触发事件等。
（3）使用 SELECT 语句查看特定触发器，其语法格式为

```
SELECT * FROM INFORMATION_SCHEMA. TRIGGERS WHERE condition;
```

condition 表示查看触发器的条件。
【例 8.18】使用 SELECT 语句查看 INFORMATION_SCHEMA 数据库中有关 SCORE 表的触发器，实现语句如下：

```
SELECT * FROM INFORMATION_SCHEMA.TRIGGERS
WHERE EVENT_OBJECT_TABLE='SCORE';
```

2．删除触发器

如果触发器不再使用，应将其删除。由于 MySQL 没有提供修改触发器的语句，因此触发器不能被修改，只能先将触发器删除，然后重新创建。

删除触发器的语法格式为

```
DROP TRIGGER [IF EXISTS] [schema_name.] trigger_name;
```

参数说明如下。

- [IF EXISTS]：可选项，避免在没有触发器的情况下执行删除触发器操作。
- schema_name：可选项，用于指定触发器所在的数据库，若没有指定，则默认为当前数据库。
- trigger_name：要删除的触发器的名称。

注意：执行 DROP TRIGGER 语句需有 SUPER 权限，删除一个表的同时会自动删除该表上的所有触发器。

【例 8.19】删除触发器 del_sc，实现语句如下：

```
DROP TRIGGER IF EXISTS del_sc;
```

8.7 MySQL 事件

8.7.1 事件概述

事件（Event）是 MySQL 在相应时刻调用的数据库对象。它也是一种特殊的存储过程，用于定时执行某个任务，如删除记录、对数据进行汇总、清空表、删除表等。事件与一般存储过程不同，事件没有调用者，在被激活后执行。触发器基于数据表操作，而事件是基于时间被调度的。

事件所特有的属性是时间和周期。当创建一个事件时，可以创建一个包含一条或者多条 SQL 语句的数据库对象，这些 SQL 语句可以在固定时刻执行或者周期性地执行。事件可以精确到每秒执行一次，这体现了事件的实时优势。对于数据实时性要求比较高的应用，如股票交易、银行转账等应用，可以通过事件定时或进行周期性处理。

MySQL 使用事件调度器（Event Scheduler）调度事件，它可以不断地监视事件是否被调用。事件调度器默认处于关闭状态，如果要创建事件，则必须开启它。事件调度器开启（ON）或者关闭（OFF）的语法格式为

```
SET @@GLOBAL.event_scheduler=ON/OFF;
```

查看事件调度器是否开启的语法格式为

```
SHOW VARIABLES LIKE '%event_scheduler%';
```

8.7.2 创建事件

用户可使用 CREATE EVENT 语句创建事件。每个事件由两部分组成：事件调度，表示事件启动时刻和频率；事件动作，表示事件启动时执行的代码。事件动作可以包含一条 SQL 语句，如 INSERT 或者 UPDATE 语句，也可以是一个存储过程或者 BEGIN...END 语句块。创建事件的语法格式为

```
CREATE EVENT [IF NOT EXISTS] <event_name>
  ON SCHEDULE schedule
  [ON COMPLETION [NOT] PRESERVE]
  [ENABLE | DISABLE | DISABLE ON SLAVE]
  [COMMENT 'comment']
  DO event_body;
```

参数说明如下。

- IF NOT EXISTS：指如果不存在同名事件，才可以创建。
- event_name：事件名，由创建用户具体指定。
- schedule：表示时间调度规则，决定事件激活的时间或者频率。
- ON COMPLETION [NOT] PRESERVE：可选项，指定事件是一次执行还是永久执行，默认为 ON COMPLETION NOT PRESERVE，即一次执行，执行后会自动删除；ON COMPLETION PRESERVE 表示永久执行。
- ENABLE|DISABLE|DISABLE ON SLAVE：可选项，用于设定事件的状态，默认为 ENABLE，表示事件是被激活的，事件调度器会检查该事件是否被调用；DISABLE 指事件是关闭的，事件的声明存储到目录中，但事件调度器不会检查事件是否被调用；DISABLE ON SLAVE 指事件在从机中是关闭的。
- COMMENT 'comment'：可选项，用于定义注释的内容。
- event_body：事件激活时执行的代码，可以是 SQL 语句、存储过程或者 BEGIN...END 语句块。

其中，schedule 的语法格式为

```
{AT timestamp [+ INTERVAL interval] …
        | EVERY interval
        [STARTS timestamp [+ INTERVAL interval] …]
        [ENDS timestamp [+ INTERVAL interval] …]}
```

说明：AT 子句用于定义事件发生的时刻；timestamp 表示一个具体的时刻，后面还可以加上一个时间间隔 interval，表示在这个时间间隔后激活事件；EVERY 子句用于定义事件在时间区间内每隔多长时间激活一次；STARTS 子句用于指定事件执行的开始时间；ENDS 子句用于指定事件执行的结束时间。

interval 的语法格式为

```
quantity {YEAR | QUARTER | MONTH | DAY | HOUR | MINUTE |
        WEEK | SECOND | YEAR_MONTH | DAY_HOUR | DAY_MINUTE |
        DAY_SECOND | HOUR_MINUTE | HOUR_SECOND | MINUTE_SECOND}
```

参数含义请读者自己查阅文献。

【例 8.20】创建事件 event_score，该事件的任务为调用存储过程 pro_cno，实现每月查看每门课程的选修人数、课程的平均分、课程的最高分和课程的最低分，并把查询结果插入 month_score 表。month_score 表中的字段有 id（序号）、cno（课程号）、number（选修人数）、avggrade（课程的平均分）、maxgrade（课程的最高分）、mingrade（课程的最低分）和 updatetime（插入数据的时间）。参考代码如下。

（1）创建 month_score 表。

```
CREATE TABLE month_score
    (id INT UNSIGNED AUTO_INCREMENT PRIMARY KEY,
     cno  CHAR(3),
```

```
number  INT UNSIGNED,
avggrade  DECIMAL(4,1),
maxgrade  DECIMAL(4,1),
mingrade  DECIMAL(4,1),
updatetime  TIMESTAMP
);
```

（2）创建存储过程 pro_cno。

```
DELIMITER //
CREATE PROCEDURE pro_cno( )
BEGIN
INSERT INTO month_score (id,cno,number,avggrade,maxgrade,mingrade,updatetime)
SELECT NULL,cno, COUNT(*),AVG(grade),MAX(grade),MIN(grade),NOW( )
FROM score GROUP BY cno;
END //
DELIMITER ;
```

（3）创建事件 event_score，调用存储过程 pro_cno。

```
DELIMITER //
CREATE EVENT event_score
ON SCHEDULE EVERY 1 MONTH
DO
  BEGIN
  CALL pro_cno( );
  END //
DELIMITER ;
```

（4）执行语句"SELECT * FROM month_score;"查看结果。

分析：事件每个月启动一次，为验证事件是否创建成功，可以将事件中的启动时刻设置为 at now()。

8.7.3 事件管理

1．查看事件

事件创建后，用户可以通过 SHOW EVENTS 语句查询当前数据库中所有事件的信息，其语法格式为

```
SHOW EVENTS;
```

此外，用户也可以使用 SHOW CREATE EVENT 语句查询特定事件的信息，其语法格式为

```
SHOW CREATE EVENT event_name;
```

例如，执行"SHOW CREATE EVENT event_score;"语句，可查看事件 event_score 的相关信息。

2．修改事件

用户可以使用 ALTER EVENT 语句修改事件的定义和相关属性，包括事件的名称、状态、注释等，其语法格式为

```
ALTER EVENT [IF NOT EXISTS] event_name
[ON SCHEDULE schedule]
[ON COMPLETION [NOT] PRESERVE]
[RENAME TO new_ event_ name]
```

```
[ENABLE | DISABLE | DISABLE ON SLAVE]
[COMMENT 'comment']
DO event_body;
```

注意： 使用 ON COMPLETION NOT PRESERVE 属性定义的事件，在最后一次执行后已不存在，因此无须修改。

【例 8.21】修改事件 event_score，将每隔一个月向 month_score 表插入统计记录修改成每隔一个星期插入统计记录，将事件的名称改为 week_score，并为事件添加注释"每个星期进行统计"。

```
ALTER EVENT event_score ON SCHEDULE EVERY 1 WEEK
RENAME TO week_score
COMMENT '每个星期进行统计';
```

3．删除事件

如果事件不再使用，应使用删除事件语句将其删除。其语法格式为

```
DROP EVENT [IF EXISTS] [schema_name.] event_name;
```

【例 8.22】删除事件 week_score。

```
DROP EVENT IF EXISTS week_score;
```

本 章 小 结

我们在数据库应用系统的开发中常常要使用编程方法对数据库进行操作，本章讲解了这些编程中涉及的概念和方法，主要包括：存储程序的基本要素（如常量、变量、函数等）及流程控制结构（如分支结构、循环结构）；游标、存储过程、存储函数、触发器及事件的概念、定义及使用方法。其中存储过程和触发器是本章的重点，也是难点。

习 题 8

8.1 选择题。

（1）程序代码中，可用于在行首或行末进行多行注释的是_____。

A. -   B. #

C. /*   D. */ */

（2）创建存储函数应使用的语句是_____语句。

A. CREATE PROCEDURE   B. DROP PROCEDURE

C. CREATE FUNCTION   D. DROP FUNCTION

（3）MySQL 编程中，用于帮助 LOOP 跳出循环的语句是_____语句。

A. BREAK   B. CONTINUE

C. LEAVE   D. EXIT

（4）MySQL 中局部变量名的前面应加的字符是_____。

A. @   B. @@

C. #   D. 不需要加任何字符

（5）下面给用户会话变量 dd 赋值的语句中，错误的是_____。

A. SET @dd=100;   B. SET @dd:=100;

C. SELECT @dd=100; D. SELECT @dd:=100;

（6）下面声明局部变量的语句中，正确的是_____。

A. DECLARE x INT DEFAULT 0; B. DECLARE x, y FLOAT;

C. DECLARE @X INT; D. DECLARE x=0 INT;

（7）下面使用游标的语句中，正确的是_____。

A. OPEN CURSOR cursor_name; B. CLOSE CURSOR cursor_name;

C. DECLARE cursor_name CURSOR; D. OPEN cursor_name;

（8）下面关于 MySQL 触发器的叙述，错误的是_____。

A. 触发器是一种特殊的存储过程

B. 触发器创建之后不能修改

C. 触发器中可设置多个触发事件

D. 一个表上可以定义多个触发器

（9）MySQL 数据库所支持的触发器不包括_____。

A. INSERT 触发器 B. UPDATE 触发器

C. DELETE 触发器 D. ALTER 触发器

（10）下面不能正确定义事件 event_name 的时间调度语句是_____。

A. CREATE EVENT event_name ON SCHEDULE AT NOW( );

B. CREATE EVENT event_name ON SCHEDULE EVERY 5 SECOND;

C. CREATE EVENT event_name ON SCHEDULE EVERY 1 WEEK;

D. CREATE EVENT event_name ON SCHEDULE AT CURRENT_TIMESTAMP 10 SECOND;

8.2 简答题。

（1）什么是游标?游标的特点是什么?

（2）简述存储过程和存储函数的区别。

（3）什么是触发器?触发器的作用是什么?

（4）简述触发器和事件的区别。

8.3 综合应用题。

（1）针对教学数据库编写一个存储过程，功能是根据学生的学号显示选修的课程名和成绩，要求返回取得的学分总数和未取得的学分总数（使用游标），参数包括学生学号、取得的学分总数和未取得的学分总数。

（2）针对教学数据库创建一个存储函数，功能是根据课程号计算课程的平均成绩，并将平均成绩作为函数值返回。

（3）针对教学数据库创建一个触发器，当修改成绩表中的成绩时，要求将被修改成绩的学生的学号、课程号、修改前的值和修改后的值保存到日志表中，该日志表由用户创建。

（4）针对教学数据库创建一个数据表，字段包括 id（序号）、dept（系别）、total（总人数）、s_time（插入时间）。创建一个周期性事件，该事件用于实现每周将每个系别的总人数插入创建的表。

实验五　存储程序

【实验目的】

掌握存储函数、存储过程与触发器等存储程序的相关操作方法，理解存储函数、存储过程与触发器的作用。

【实验内容】

5-1　创建存储过程 pro_findname，对学生姓名进行模糊查找，输入任一汉字，输出姓名中含有该汉字的全部学生记录。

5-2　设计函数 count_credit，根据学号计算学生的总学分，只有当成绩大于或等于 60 分时才能获得课程的学分。

5-3　创建存储过程 p_count_credit，利用 count_credit 函数更新 student 表的总学分。

5-4　创建触发器 sum_credit，实现对 student 表中总学分的计算，当向 score 表中添加记录时，student 表中的总学分做相应改变。当课程成绩大于或等于 60 分时，将课程的学分加到该学生的总学分中。

5-5　创建级联删除触发器 del_student_score，当删除 student 表中的学生时，也删除 score 表中的对应学号的学生的成绩记录。

第9章 数据库设计

本章学习目标：掌握数据库设计的技术、方法和工具；清楚数据库设计每个阶段的核心任务；能够熟练使用数据库工具进行较复杂的数据库模型设计。

9.1 数据库设计概述

对于数据库应用开发人员来说，要使现实世界的信息计算机化，并对计算机化的信息进行各种操作，就要利用 DBMS、系统软件和相关的硬件系统，将用户的要求转化成有效的数据库结构，并使数据库结构易于适应用户新要求，这个过程称为数据库设计。

9.1.1 数据库设计的任务

数据库设计是指根据用户要求搭建数据库结构的过程，具体地说，是指对于一个给定的应用环境，构造最优的数据库模式，建立数据库及其应用系统，使之能有效地存储数据，满足用户的信息要求和处理要求；也就是说把现实世界中的数据，根据各种应用处理的要求加以合理组织，以符合硬件和操作系统的特性，利用已有的 DBMS 来建立能够实现系统目标的数据库。

9.1.2 数据库设计的内容

数据库设计包括数据库的结构设计和数据库的行为设计两方面。

1．数据库的结构设计

数据库的结构设计是指根据给定的应用环境，进行数据库的模式或子模式的设计。它包括数据库的概念设计、逻辑设计和物理设计。

2．数据库的行为设计

数据库的行为设计是指确定数据库用户的行为和动作。而在数据库系统中，用户的行为和动作指用户对数据库的操作，这些要通过应用程序来实现，所以数据库的行为设计就是应用程序的设计。

9.1.3 数据库设计方法

1978 年 10 月，来自 30 多个国家和地区的数据库专家在美国新奥尔良市专门讨论了数据库设计问题，他们运用软件工程的思想和方法，提出了数据库设计的规范，也就是著名的新奥尔良法，它是目前公认的比较完整和权威的一种数据库规范设计方法。新奥尔良法将数据库设计分成需求分析（分析用户需求）、概念结构设计（信息分析和定义）、逻辑结构设计（设计实现）和数据库物理设计（物理数据库设计）等几个阶段。目前常用的规范设计方法大多起源于新奥尔良法，并在设计的每一阶段采用一些辅助方法来具体实现。

下面简单介绍几种常用的规范设计方法。

1．基于 E-R 模型的数据库设计方法

基于 E-R（Entity-Relationship，实体-联系）模型的数据库设计方法是由美籍华裔计算机科学家陈品山于 1976 年提出的，其基本思想是在需求分析的基础上，用 E-R 图构造一个反映现实世界实体之间联系的企业模式。

2．基于 3NF 的数据库设计方法

基于第三范式（third Normal Form，3NF）的数据库设计方法是结构化设计方法，其基本思想是在需求分析的基础上，确定数据库模式中的全部属性和属性间的依赖关系，将它们组织在一个单一的关系模式中，然后分析模式中不符合 3NF 的约束条件，将其进行投影分解，规范成若干个 3NF 关系模式的集合。

3．基于视图的数据库设计方法

此方法从分析各个应用的数据着手，其基本思想是为每个应用建立自己的视图，然后把这些视图汇总起来，合并成整个数据库的概念模式。合并过程中要解决以下问题。

（1）消除命名冲突。

（2）消除冗余的实体和联系。

（3）进行模式重构。在消除了命名冲突和冗余后，需要对整个汇总模式进行调整，使其满足全部完整性约束条件。

除了以上 3 种方法，规范设计方法还有实体分析法、属性分析法和基于抽象语义的设计方法等，这里不再详细介绍。

目前许多计算机辅助软件工程工具（如 MySQL Workbench、PowerDesigner）可以自动或辅助设计人员完成数据库设计过程中的很多任务。

9.1.4 数据库设计的步骤

按照规范设计方法可将数据库设计分为需求分析、概念结构设计、逻辑结构设计、数据库物理设计、数据库的实施、数据库的运行与维护 6 个阶段。数据库设计中，前两个阶段面向用户的应用要求，面向具体的问题；中间两个阶段面向 DBMS；最后两个阶段面向具体的实现方法。前 4 个阶段可统称为"分析和设计阶段"，后两个阶段称为"实现和运行阶段"。6 个阶段的主要工作各有不同。

1．需求分析阶段

需求分析是整个数据库设计过程的基础，要收集数据库所有用户的信息内容和处理要求，并对其加以规范化和进行分析。这是最费时、最复杂的阶段，但也是最重要的阶段，相当于待构建的"数据库大厦"的地基，它决定了以后各阶段的速度与质量。需求分析做得不好，可能导致整个数据库设计返工重做。在分析用户需求时，要确保用户目标的一致性。

2．概念结构设计阶段

概念结构设计是指把用户的信息要求统一到一个整体概念结构中，此结构能够表达用户的要求，是一个独立于任何 DBMS 软件和硬件的概念模型。

3．逻辑结构设计阶段

逻辑结构设计是指将上一阶段所得到的概念模型转换为某个 DBMS 所支持的数据模型，并对其进行优化。

4．数据库物理设计阶段

数据库物理设计是指为数据模型建立一个完整的、能实现的数据库结构，包括存储结构和存取方法。

上述分析和设计阶段是很重要的，如果做出不恰当的分析或设计，则会导致不恰当的或反应迟钝的应用系统。

5．数据库的实施阶段

这一阶段设计人员根据数据库物理设计的结果把原始数据装入数据库，建立具体的数据库并编写和调试相应的应用程序。应用程序的开发目标是开发可依赖的、有效的数据库存取程序，以满足用户的处理要求。

6．数据库的运行与维护阶段

这一阶段的目的主要是收集和记录数据库运行的实际数据，用以提高用户要求的有效性，评价数据库系统的性能，并进一步调整和修改数据库。在运行中，数据库必须保持完整，并能有效地处理数据库故障和进行数据库恢复。在运行和维护阶段，可能要对数据库结构进行修改或扩充。

可以看出，以上 6 个阶段组成了数据库设计和开发的全过程。因此，它们既是数据库的设计过程，也是应用系统的设计过程。在设计过程中，应努力使数据库设计和系统其他部分的设计紧密结合，把数据处理的需求收集、分析、抽象、设计和实现在各个阶段同时进行，做到相互参照、相互补充，以完善两方面的设计。

9.2 需求分析

需求分析是数据库设计的起点，作用是为以后的具体设计做准备。需求分析的结果是否能够准确地反映用户的实际需求，将直接影响到后面各个阶段，并影响到设计结果是否合理和实用。经验证明，设计需求的不正确或误解，常会导致直到系统测试才发现许多错误，纠正起来要付出很大代价。因此，必须高度重视系统的需求分析。

9.2.1 需求分析的任务

从数据库设计的角度来看，需求分析的任务是对现实世界要处理的对象（组织、部门、企业等）进行详细的调查，通过对原系统的了解，收集支持新系统的基础数据并对其进行处理，在此基础上确定新系统的功能，形成需求分析说明书。

具体地说，需求分析阶段的任务包括以下 3 项。

1．调查分析用户的活动

这一任务通过对新系统运行目标进行研究，对原系统所存在的主要问题以及制约因素进行分析，明确用户总的需求目标，确定该目标的功能域和数据域。

具体做法如下。

（1）调查组织机构情况，包括组织机构的部门组成情况、各部门的职责和任务等。

（2）调查各部门的业务活动情况，包括各部门输入和输出的数据与格式、所需的表格与卡片、加工处理数据的步骤、输入和输出的部门等。

2．收集和分析需求数据，确定系统边界

在熟悉业务活动的基础上，协助用户明确对新系统的各种需求，包括用户的信息需求、处理需求、安全性和完整性的需求等。

（1）信息需求指目标范围内的所有实体、实体的属性以及实体间的联系等数据对象，也就是用户需要从数据库中获得信息的内容与性质。由信息需求可以导出数据需求，即在数据库中需要存储哪些数据。

（2）处理需求指用户为了得到需求的信息而对数据进行加工处理的需求，包括某种处理功能的响应时间、处理的方式（批处理或联机处理）等。

（3）安全性和完整性的需求。在定义信息需求和处理需求的同时必须相应确定安全性和完整性约束。

在收集各种需求数据后，应对前面调查的结果进行初步分析，确定新系统的边界，确定哪些功能由计算机完成或将来准备让计算机完成，哪些功能由人工完成。由计算机完成的功能就是新系统应该实现的功能。

3．编写需求分析说明书

需求分析阶段的最后是编写系统分析报告，通常称为需求分析说明书。需求分析说明书是对需求分析阶段的总结。编写需求分析说明书是一个不断反复、逐步深入和完善的过程，需求分析说明书应包括如下内容。

（1）系统概况，如系统的目标、范围、背景、历史和现状。

（2）系统的原理和技术，以及对原系统的改善。

（3）系统总体结构与子系统结构说明。

（4）系统功能说明。

（5）数据处理概要、工程体制和设计阶段划分。

（6）系统方案及技术、经济、功能和操作上的可行性。

完成需求分析说明书后，要在项目单位的领导下组织有关技术专家评审需求分析说明书，这是对需求分析结果的再审查。审查通过后由项目方和开发方领导签字认可。

需求分析说明书还需提供下列附件。

（1）系统的硬件、软件（所选择的数据库管理系统、操作系统、汉字平台、计算机型号及其网络环境等）支持环境的选择及规格要求。

（2）组织机构图、组织之间联系图和各机构功能业务一览图。

（3）数据流图、功能模块图和数据字典等图表。

如果用户认可需求分析说明书和方案设计，在与用户进行详尽商讨的基础上，最后签订技术协议书。需求分析说明书是设计者和用户一致确认的权威文件，是今后各阶段工作的依据。

9.2.2　需求分析的方法

用户参加数据库设计是数据库应用系统设计的特点，是数据库设计不可分割的一部分。在需求分析阶段，任何调查研究没有用户的积极参加都是寸步难行的，设计者应和用户取得共识，帮助不熟悉计算机的用户建立数据库环境下的共同概念，所以这个阶段中不同背景的人员之间互相了解与沟通是至关重要的，同时方法也很重要。

用于需求分析的方法有多种，主要方法有自顶向下和自底向上两种。其中自顶向下的结构化分析（Structured Analysis，SA）方法简单实用。SA 方法从最上层的系统组织机构入手，采用逐层分解的方式分析系统，用数据流图（Data Flow Diagram，DFD）和数据字典（Data Dictionary，DD）描述系统。

下面对数据流图和数据字典进行简单介绍。

1. 数据流图

使用 SA 方法，任何一个系统都可抽象为图 9.1 所示的数据流图。

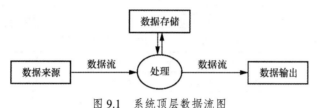

图 9.1　系统顶层数据流图

在数据流图中，箭头表示数据流，圆圈表示处理，两条带箭头平行线表示数据存取，用矩形表示原点或终点。

图 9.2 是学生选课系统顶层数据流图，图 9.3 是学生选课系统 0 层数据流图。一个简单的系统可用一张数据流图来表示。当系统比较复杂时，为了便于理解系统，控制其复杂性，可以采用分层描述的方法描述系统。一般用第一层描述系统的全貌，用第二层分别描述各子系统的结构。如果系统结构还比较复杂，那么可以继续细化，直到表达清楚为止。在处理功能被逐级分解的同时，它们所用的数据也被逐级分解，形成若干层次的数据流图。数据流图表达了数据和处理过程的关系。

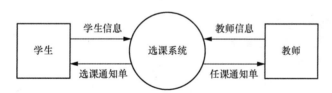

图 9.2　学生选课系统顶层数据流图

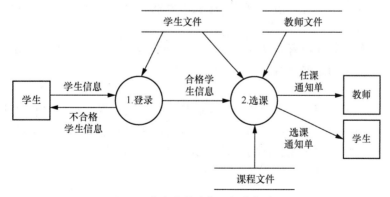

图 9.3　学生选课系统 0 层数据流图

2．数据字典

数据流图仅描述了系统功能的"分解"，并没有对数据流、加工、数据存储等进行详细说明，因此分析人员仅靠数据流图来理解系统的逻辑功能是不够的。数据字典是系统中各类数据描述的集合，是各类数据属性的清单。对数据库设计来讲，数据字典是进行详细的数据收集和数据分析所获得的主要结果，在数据库设计中占有很重要的地位，它与数据流图共同构成了系统的逻辑模型，是需求分析说明书的主要组成部分。

数据元素组成数据的方式通常有顺序、选择、重复和可选等，在编写数据字典的过程中，通常使用表 9.1 给出的符号来定义数据。

表 9.1　在数据字典的定义式中出现的符号

符号	含义	示例及说明
=	被定义为	x=a 表示 x 被定义为 a
+	与	x=a+b 表示 x 由 a 和 b 组成
[...|...]	或	x=[a|b]表示 x 由 a 或 b 组成
{...}	重复	x={a}表示 x 由 0 个或多个 a 组成
m{...}n	重复	x=2{a}5 表示 x 由 2 个或 5 个 a 组成
(...)	可选	x=(a)表示 a 可在 x 中出现，也可不出现
"..."	基本数据元素	x="a"表示 x 是取值为 a 的数据元素
..	连接符	x=1..9 表示 x 可取 1 到 9 的任意一个值

一般来说，数据字典应包括对以下几部分数据的描述。

（1）数据项

数据项是数据的最小单位，对数据项的描述应包括数据项名、含义、别名、类型、长度、取值范围，以及与其他数据项的逻辑关系。其主要内容及举例如下。

数据项名：学号。

别名：sno、student_no。

含义：某学校所有学生的编号。

类型：字符串类型。

长度：9。

例如，学号为 201404001，取值及含义：由 9 位数字组成，前两位 20 表示 2020 年入学，第 3～4 位 14 表示学院，第 5～6 位 04 表示系别，第 7～9 位 001 表示序号。

（2）数据结构

数据结构是若干数据项有意义的集合。对数据结构的描述应包括数据结构名、含义说明和组成该数据结构的数据项名。

（3）数据流

数据流可以是数据项，但多数情况下是数据结构，表示某一处理过程的输入或输出数据。对数据流的描述应包括数据流名、说明、从什么处理过程来、到什么处理过程去，以及组成该数据流的数据结构或数据项。其主要内容及举例如下。

数据流名：学生信息。

别名：无。

简述：学生登录时输入的内容。

来源：学生。

去向："登录"。

组成：学号+密码。

（4）数据存储

数据存储定义的目的是确定最终数据库需要存储哪些数据。

① 考察数据流图中每个存储数据，确定其是否应该而且可能由数据库存储，若是就列入数据库需要存储的数据范围。

② 定义每个数据存储。对数据存储的描述应包括数据存储名、存储的数据项说明、建立该数据存储的应用（即数据处理）、数据存储的处理过程、数据量、存储频率（指每天或每小时或每分钟存储几次）、操作类型（是检索还是更新）和存储方式（是批处理还是联机处理、是顺序存储还是随机存储）等。

（5）数据库操作的定义

一个处理过程通常包括一个或多个数据库操作。数据库操作定义用来确切描述在数据处理中每一个操作的输入数据项和输出数据项、操作的数据对象、操作的类型、操作的具体功能、操作的选择条件、操作的连接条件、操作的数据量、操作的使用频率、要求的响应时间等。

通常使用图表的形式表示数据库操作的定义。这种图表称为 DBIPO 图，如图 9.4 所示，它类似于软件工程中的 IPO 图。

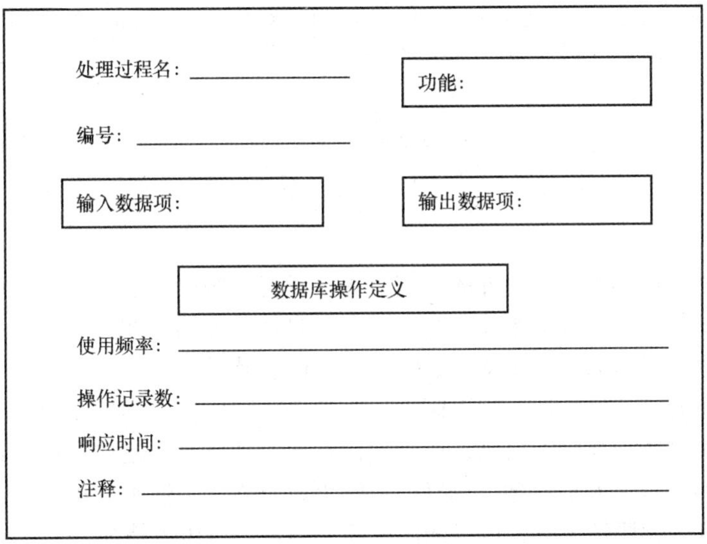

图 9.4 DBIPO 图

9.2.3 需求分析注意点

确定用户需求是一件很困难的事情，主要因为以下几点。

（1）应用部门的业务人员常常缺乏计算机专业知识，而数据库设计人员又常常缺乏应用领域的业务知识，因此沟通往往比较困难。

（2）不少业务人员往往对开发计算机系统有不同程度的抵触情绪，认为需求调查影响了他们的工作，给他们造成了负担。特别是新系统的建设常常伴随企业管理的改革，会遇到不同部门不同程度的抵触。

（3）应用需求不断改变，使系统设计也常常要进行调整甚至要进行重大改变。

面对这些困难，设计人员应该特别注意以下几点。

（1）用户参与的重要性。

（2）用原型法来帮助用户确定他们的需求。

（3）预测系统的未来改变。

9.3 概念结构设计

概念结构设计

在设计数据库时，对现实世界进行分析、抽象，并从中找出内在联系，进而确定数据库的结构，这一过程称为概念结构设计，又可称为数据建模。

9.3.1 3个世界及其相互关系

数据用于表示信息，信息用于反映事物的客观状态，事物、信息、数据三者互相联系。从事物的状态到表示状态的数据，经历了3个世界（现实世界、信息世界和计算机世界），3个世界的联系如图9.5所示。

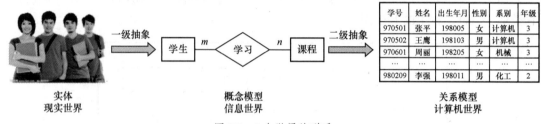

学号	姓名	出生年月	性别	系别	年级
970501	张平	198005	女	计算机	3
970502	王鹰	198103	男	计算机	3
970601	周丽	198205	女	机械	3
…	…	…	…	…	…
980209	李强	198011	男	化工	2

图 9.5　3个世界的联系

1．现实世界

现实世界是指存在于人脑之外的客观世界，泛指客观存在的事物及其相互联系。实际存在并且可以识别的事物称为个体。个体可以是具体的事物，如一名学生、一台计算机、一辆汽车等，也可以是抽象的概念，如年龄、性格、爱好等。

每个个体都有自己的特征，用以区别于其他个体，例如，学生有姓名、性别、年龄、身高、体重等许多特征来标志自己，但是我们在研究个体时，往往只选择其中对研究有意义的特征。例如，对于人事管理，选择的特征可以是姓名、性别、年龄、工资、职务等，而在描述一个人的健康情况时，可以选用身高、体重、血压等特征。

我们把具有相同特征要求的个体称为同类个体，所有同类个体的集合称为总体。例如，所有的学生、所有的课程、所有的汽车等都是总体。所有这些客观事物是信息的源泉，是设计数据库的出发点。

2．信息世界

现实世界中的事物反映到人们的头脑里，经过认识、选择、命名、分类等综合分析而形成印象和概念，产生认识，这就是信息，即进入了信息世界。在信息世界中，每一个被认识了的个体称为实体，这是具体事物（个体）在人们头脑中产生的概念，是信息世界的基本单位。另外，个体的特征在头脑中形成的知识称为属性。所以属性是事物某一方面的特征，即属性是反映实体的某一特征的。换句话说，一个实体是由它所有的属性表示的。例如，一本书是一个实体，可以由书号、书名、作者、出版社、单价 5 个属性来表示。在信息世界里，我们主要研究的不是个别的实体，而是它们的共性，具有相同属性的实体称为同类实体，同类实体的集合为实体集。

3．计算机世界

有些信息及客观事物可以直接用数字表示，如学生成绩、年龄、书号等；有些是用符号、文字或其他形式来表示的。在计算机中，所有信息及客观事物只能用二进制数表示，一切信息及客观事物进入计算机时，必须是数据化的。可以说，数据是信息及客观事物的具体表现形式。

由此可见，现实世界、信息世界、计算机世界是由客观到认识、由认识到使用管理的 3 个不同层次，而且后一世界是前一世界的抽象描述。

9.3.2　概念模型

所谓模型，就是指从特定角度对客观事物及其联系、运动规律的一种简化抽象和描述。在前面提到的信息世界、计算机世界中，对客观实体及其联系的描述被称为概念模型。建立概念模型的工具很多，其中比较常用的是 E-R 模型。

概念模型

E-R 模型用在数据库设计的第一阶段。E-R 模型是建立在语义基础上的，是语义制造模型，与时间、历史等有关。E-R 模型的基本观点：世界是由一组称作实体的基本对象和这些对象之间的联系构成的。

1．基本概念

概念模型主要作为数据库设计人员和用户之间交流的一种工具，同时也是进行数据库设计的一种常用的工具，因此它应具有精确的表达能力以及简单、易于理解、易于操作的特点。

概念模型涉及的概念有以下几个。

（1）实体

客观存在并可相互区别的事物称为实体（Entity）。实体可以是具体的人、事、物，也可以是抽象的概念或联系，如一名教师、一个学校、一辆汽车、一次活动、一次借书、一段婚姻关系等。

（2）实体集

具有相同特征的实体的集合，称为实体集（Entity Set），如计算机系的本科生、男生、教师等。实体集在 E-R 图中通常用矩形表示，内注实体名。

（3）属性

实体所具有的某一特性称为属性（Attribute）。一个实体可以有很多特征，因此也就可以有很多属性。例如，教师实体可以具有工号、姓名、性别、出生年份、系别、职称等属性。属性在 E-R 图中通常用椭圆表示，内注属性名。

（4）关键字或键

能唯一标识实体的属性或属性集称为关键字。例如，工号是教师这个实体的关键字，学号是学生这个实体的关键字。关键字在 E-R 图中通常用带下画线的属性表示。

（5）联系

实体与实体之间、实体与实体集之间或实体集与实体集之间的关联通称为联系。联系在 E-R 图中通常用菱形表示，内注联系名，联系名通常为动词。学生学习课程的 E-R 图如图 9.6 所示，其中"学习"为联系。

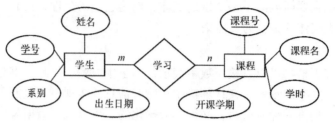

图 9.6　学生学习课程的 E-R 图

2．实体集间联系的类型

实体集间联系的类型如下。

（1）一元联系：同一实体集内的实体间的联系。例如，班长管理其他学生，如图 9.7（a）所示；领导管理员工；一个零件由多个零件组成。

（2）二元联系：两个不同实体集的实体集间联系。例如，学生选修课程，如图 9.7（b）所示；学生借阅图书。

（3）多元联系：两个以上不同实体集的实体集间联系。例如，某工程项目需要多个供应商提供多种零件，如图 9.7（c）所示。

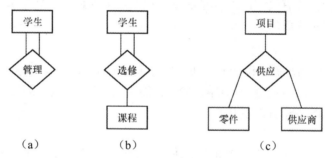

图 9.7　实体集间的联系类型

3．实体集间联系的基数

实体集间联系的基数如下。

（1）一对一联系

如果实体集 A 中的每一个实体至多和实体集 B 中一个（也可以没有）实体相联系，反之亦然，则实体集 A 与实体集 B 之间的联系称为一对一联系，记为 1∶1。

例如，一个学校只有一个正校长，则学校与正校长之间的联系是一对一联系。学校与正校长之间的联系如图 9.8（a）所示，也可以画成图 9.8（b）所示的图形。在很多情况下，图形比较复杂，实体的属性可以在图中省略，改用文字描述，在以后的例子中，大家会经常见到这种情况。

（2）一对多联系

如果实体集 A 中至少有一个实体可以和实体集 B 中多个（一个以上）实体相联系，而实体集 B 中的每一个实体至多和实体集 A 中一个（也可以没有）实体相联系，则实体集 A 与实体集 B 之间的联系称为一对多联系，记为 1∶n。

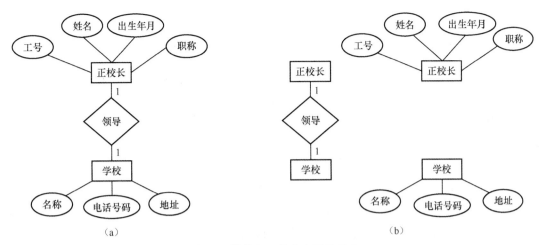

图 9.8　学校与正校长之间的联系

例如，一个学校有若干个职工，而一个职工只在一个学校任职（不考虑兼职情况），则学校与职工之间的联系是一对多联系，如图 9.9（a）所示。

（3）多对多联系

如果实体集 A 中至少有一个实体可以和实体集 B 中多个（一个以上）实体相联系，反之亦然，则实体集 A 与实体集 B 之间的联系称为多对多联系，记为 $m:n$。

例如，一门课程同时有若干个学生选修，而一个学生可以同时选修多门课程，则课程与学生之间的联系是多对多联系，如图 9.9（b）所示。

另外，还有多元多对多联系（联系涉及两个以上实体）。例如，一个供应商可以供应若干项目多种零件，一个项目可以使用不同供应商供应的多种零件，一种零件可由不同供应商供应给多个项目，如图 9.10 所示。

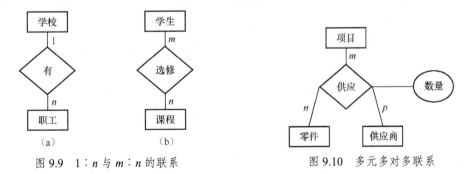

图 9.9　$1:n$ 与 $m:n$ 的联系　　　　　图 9.10　多元多对多联系

4．完全参与联系与部分参与联系

完全参与联系，又叫强联系，即该端实体至少有一个参与联系，最小基数为 1，表示为 1..1（即最少为 1，最多为 1）、1..m（最少为 1，最多为 m）；部分参与联系，又叫弱联系，即该端实体可以不参与联系，最小基数为 0，表示为 0..1（即最少为 0，最多为 1）、0..m（最少为 0，最多为 m）。

例如，部门与职工之间的联系，一个部门有多个职工，一个职工属于 0 个或一个部门，如图 9.11（a）所示。如何理解 0 个呢？职工在刚入职时要进行轮岗，此时他们不属于任何部门，如图 9.11（b）所示。

职工号	部门编号	姓名	…		部门编号	部门名称	…
202201	001	张三			001	人事部	
202202	001	李四			002	财务部	
202203		王五			003	市场部	
202204	002	赵六			004	销售部	

（a）　　　　　　　　　　　　　　　　　　　　　（b）

图 9.11　部分参与联系

5．联系的属性

实体间发生联系时往往会产生中间属性，中间属性属于联系，不属于任何实体，即联系动作发生时该属性存在，联系动作不发生时该属性不存在。

例如，学生学习课程的 E-R 图如图 9.12 所示，成绩是在学生学习课程这个动作发生的情况下产生的，如果学生没有学习课程，则没有课程的成绩。

【例 9.1】以下是某零件销售系统需求分析所得出的语义，请根据语义画出 E-R 图。

一个仓库可以存放多种零件，一种零件可以存放在多个仓库中；仓库有仓库号、仓库类型和面积等属性，零件有零件号、名称、规格、单价、描述等属性。一个职工只能在一个仓库工作，一个仓库有多个职工当保管员；职工有职工号、姓名、性别、职务、出生年月等属性。职工之间有领导与被

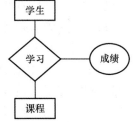

图 9.12　学生学习课程的 E-R 图

领导的关系，仓库主任领导若干保管员。一个供应商可以供应若干项目多种零件，一个项目可以使用不同供应商供应的多种零件，一种零件可由不同供应商供给多个工程项目。供应商有供应商号、姓名、地址、电话、账号等属性，项目有项目号、预算、开工日期等属性。

第一步：确定实体、属性及主键，实体图如图 9.13 所示。

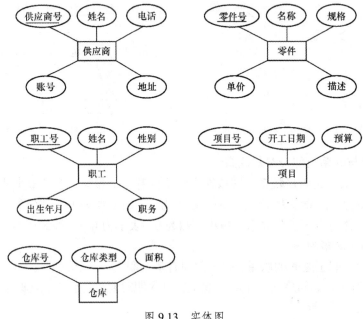

图 9.13　实体图

第二步：确定实体间的联系，如图9.14所示。

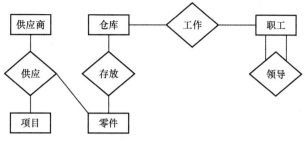

图 9.14 实体间的联系

第三步：确定联系的基数和属性，得到最终的 E-R 图，如图9.15所示。

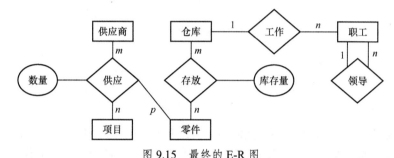

图 9.15 最终的 E-R 图

9.3.3 概念结构设计的方法与步骤

1．概念结构设计的方法

设计概念结构 E-R 模型可采用 4 种方法。

（1）自顶向下。先定义全局概念结构 E-R 模型的框架，再逐步细化。

（2）自底向上。先定义各局部应用的概念结构 E-R 模型，然后将它们集成，得到全局概念结构 E-R 模型。

（3）逐步扩张。先定义最重要的核心概念结构 E-R 模型，然后向外扩充，以滚雪球的方式逐步生成其他概念结构 E-R 模型。

（4）混合策略。该方法将自顶向下和自底向上相结合，先自顶向下定义全局框架，再以它为骨架集成自底向上方法中设计的各个局部概念结构，即自顶向下地进行需求分析，再自底向上地设计概念结构。

2．概念结构设计的步骤

自底向上的设计方法可分为两步。

（1）进行数据抽象，设计局部 E-R 模型，即设计用户视图。

（2）集成各局部 E-R 模型，形成全局 E-R 模型，即视图的集成。

3．局部 E-R 模型设计

数据抽象后得到实体和属性，实际上实体和属性是相对而言的，往往要根据实际情况进行必要的调整。在调整中要遵循两条原则。

（1）实体具有描述信息，而属性没有。属性必须是不可分的数据项，不能再由另一些属性组成。

（2）属性不能与其他实体有联系，联系只能发生在实体之间。

例如，学生是一个实体，学号、姓名、性别、系别等是学生实体的属性，系别只表示学生属于哪个系，不涉及系的具体情况。换句话说，它没有需要进一步描述的特征，即是不可分的数据项，则根据原则（1）可以将它作为学生实体的属性。但如果考虑系主任、学生人数、教师人数等，则系别应看作一个实体，如图 9.16 所示。

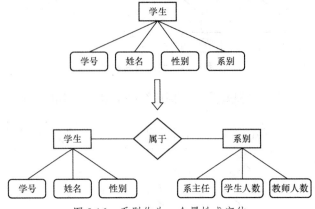

图 9.16　系别作为一个属性或实体

此外，我们可能会遇到这样的情况：同一数据项，由于环境和要求的不同，有时作为属性，有时则作为实体，此时必须根据实际情况而定。一般情况下，凡能作为属性对待的，应尽量作为属性，以简化 E-R 图的处理。

下面举例说明局部 E-R 模型设计。

【例 9.2】在简单的教务管理系统中，有如下语义约束。

一个学生可选修多门课程，一门课程可被多个学生选修，因此学生和课程之间有多对多联系；一个教师可讲授多门课程，一门课程可以由多个教师讲授，因此教师和课程之间也有多对多联系；一个系别可有多个教师，一个教师只能属于一个系别，因此系别和教师之间有一对多联系，同样，系别和学生之间也有一对多联系。

根据上述约束，可以粗略得到图 9.17 所示的学生选课局部 E-R 图和图 9.18 所示的教师任课局部 E-R 图。形成局部 E-R 模型后，应该返回去征求用户意见，以求改进和完善，使之如实地反映现实世界。

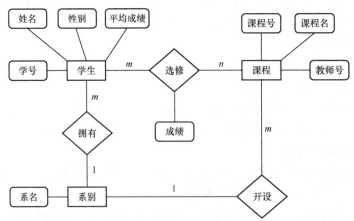

图 9.17　学生选课局部 E-R 图

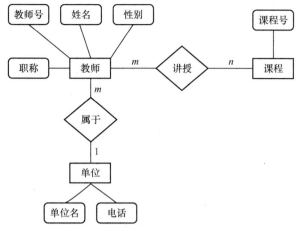

图 9.18 教师任课局部 E-R 图

4．全局 E-R 模型设计

局部 E-R 模型设计完成之后，下一步就是集成各局部 E-R 模型，形成全局 E-R 模型，即视图的集成。视图的集成方法有两种。

（1）多元集成法：一次性将多个局部 E-R 图合并为一个全局 E-R 图。

（2）二元集成法：首先集成两个重要的局部视图，然后用累加的方法逐步将一个个新的视图集成进来。

在实际应用中，可以根据系统复杂性选择这两种方法。如果局部视图比较简单，可以采用多元集成法。一般情况下，采用二元集成法，即每次只集成两个视图，这样可降低难度。无论使用哪一种方法，视图集成均分成两个步骤。

（1）合并：消除各局部 E-R 图之间的冲突，生成初步 E-R 图。

（2）优化：消除不必要的冗余，生成基本 E-R 图。

5．合并局部 E-R 图，生成初步 E-R 图

这个步骤将所有的局部 E-R 图综合成全局概念结构。

全局概念结构不仅要支持所有的局部 E-R 模型，而且必须合理地表示完整、一致的数据库概念结构。由于各个局部应用不同，通常由不同的设计人员进行局部 E-R 图设计，因此，各局部 E-R 图不可避免地会有许多不一致的地方，我们称之为冲突。

合并局部 E-R 图时并不能简单地将各个局部 E-R 图画到一起，而必须消除各个局部 E-R 图中的不一致，使合并后的全局概念结构不仅支持所有的局部 E-R 模型，而且必须是一个能为全系统中所有用户共同理解和接受的完整的概念模型。合并局部 E-R 图的关键就是合理消除各局部 E-R 图之间的冲突。

各局部 E-R 图之间的冲突主要有 3 类：属性冲突、命名冲突和结构冲突。

（1）属性冲突

属性冲突又分为属性值域冲突和属性的取值单位冲突。

① 属性值域冲突，即属性值的类型、取值范围或取值集合不同。例如，学号，有些设计部门将其定义为数值，而有些设计部门将其定义为字符串。

② 属性的取值单位冲突。例如，零件的重量，有的以千克为单位，有的则以克为单位。属性冲突有时来自用户业务上的约定，必须与用户协商后解决。

（2）命名冲突

命名不一致可能发生在实体名、属性名或联系名之间，其中属性的命名冲突更为常见。命名冲突一般表现为同名异义或异名同义。

① 同名异义，即有同一名称的对象在不同的局部视图中具有不同的意义。例如，"单位"在某些局部视图中表示人员所在的部门，而在某些局部视图中可能表示物品的重量、长度等属性。

② 异名同义，即同一意义的对象在不同的局部视图中具有不同的名称。例如，某些局部视图中的"系别"和某些局部视图中的"专业"表示的是同一个实体集。

命名冲突的解决方法同属性冲突，需要协商、讨论后加以解决。

（3）结构冲突

结构冲突类型如下。

① 同一对象在不同应用中有不同的抽象，可能为实体，也可能为属性。例如，教师的职称在某一局部应用中被当作实体，而在另一局部应用中被当作属性。

这类冲突在解决时，应使同一对象在不同应用中具有相同的抽象，或把实体转换为属性，或把属性转换为实体。

② 同一实体在不同应用中属性组成不同，可能是属性个数或属性次序不同。解决方法是，使合并后实体的属性组成为各局部 E-R 图中的同名实体属性的并集，然后适当调整属性的次序。

③ 同一联系在不同应用中呈现不同的类型。例如，E1 与 E2 在某一应用中可能是一对一联系，而在另一应用中可能是一对多或多对多联系，也可能是 E1、E2、E3 三者之间有联系。

上述这种情况应该根据应用的语义对实体联系的类型进行综合或调整。

下面以教务管理系统中的两个局部 E-R 图（见图 9.17、图 9.18）为例，来说明如何消除各局部 E-R 图之间的冲突，进行局部 E-R 模型的合并，从而生成初步 E-R 图。

首先，这两个局部 E-R 图中存在着命名冲突，学生选课局部 E-R 图中的实体"系别"与教师任课局部 E-R 图中的实体"单位"，都是指"系别"，即所谓的异名同义，合并后统一改为"系别"，这样属性"系名"和"单位名"即可统一为"系名"。

其次，这两个局部 E-R 图中还存在着结构冲突，实体"系别"和实体"课程"在两个不同应用中的属性组成不同，合并后这两个实体的属性组成为原来局部 E-R 图中的同名实体属性的并集。

解决上述冲突后，合并两个局部 E-R 图，生成图 9.19 所示的初步 E-R 图。

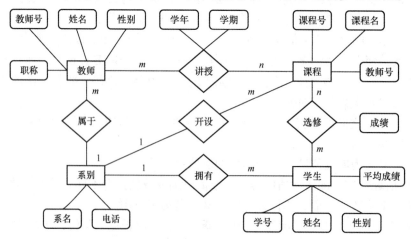

图 9.19　教务管理系统的初步 E-R 图

6. 消除不必要的冗余，设计基本 E-R 图

所谓冗余，在这里指冗余的数据或实体之间冗余的联系。冗余的数据是指可由基本的数据导出的数据，冗余的联系是指可由其他的联系导出的联系。在上面消除冲突、合并后得到的初步 E-R 图中，可能存在冗余的数据或冗余的联系。冗余的存在容易破坏数据库的完整性，给数据库的维护增加困难，应该消除。我们把消除了冗余的初步 E-R 图称为基本 E-R 图。

消除冗余通常采用分析的方法。数据字典是分析冗余数据的依据，还可以通过数据流图分析出冗余的联系。

你如，在图 9.19 所示的初步 E-R 图中，"课程"实体中的属性"教师号"可由"讲授"这个教师与课程之间的联系导出，而学生的"平均成绩"可由"选修"联系中的属性"成绩"计算出来，所以"课程"实体中的"教师号"与"学生"实体中的"平均成绩"均属于冗余数据，应做相应修改。

另外，"系别"和"课程"之间的联系"开设"，可以由"系别"和"教师"之间的"属于"联系与"教师"和"课程"之间的"讲授"联系推导出来，所以"开设"属于冗余联系。

这样，初步 E-R 图在消除冗余数据和冗余联系后，便可得到基本 E-R 图，如图 9.20 所示。

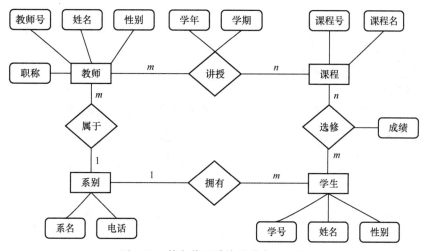

图 9.20　教务管理系统的基本 E-R 图

最终得到的基本 E-R 模型是概念模型，它代表了用户的数据要求，是沟通"要求"和"设计"的"桥梁"。它决定了数据库的总体逻辑结构，是成功建立数据库的关键。概念模型如果设计不好，就不能充分发挥数据库的作用，甚至无法满足用户的处理要求。因此，用户和数据库人员必须对这一模型进行反复讨论，在用户确认这一模型已正确无误地满足了他们的要求后，才能进入下一阶段的设计工作。

9.4　逻辑结构设计

概念结构设计阶段得到的 E-R 模型是用户的模型，它独立于任何一种

逻辑结构设计

145　　　　数据库设计 / 第9章

数据模型，独立于任何一个具体的 DBMS。为了建立用户所要求的数据库，需要把上述概念模型转换为某个具体的 DBMS 所支持的数据模型。数据库逻辑结构设计的任务是将概念模型转换成特定 DBMS 所支持的数据模型。自此便进入了具体设计阶段，需要考虑到具体的 DBMS 的性能、具体的数据模型特点。

E-R 图所表示的概念模型可以转换成任何一种 DBMS 所支持的具体的数据模型，这里只讨论关系数据库的逻辑结构设计问题，所以只介绍 E-R 图如何向关系模型进行转换。

概念结构设计中得到的 E-R 图是由实体、属性和联系组成的，而关系数据库逻辑结构设计的结果是一组关系模式的集合。所以将 E-R 图转换为关系模型实际上就是将实体、属性和联系转换成关系模式。在转换中要遵循以下原则。

（1）实体转换为关系模式，实体的属性就是关系的属性，实体的键就是关系的键。但关系的名称不一定用实体的名称，关系属性也可以改名，但必须与实体属性一一对应，如图 9.21 所示。

（2）实体间的联系则有以下不同的情况。

① 1：1 联系。

在 1：1 联系中，由于两个实体是平等的，因此可以将两端对应的关系模式合并，方法为在一个关系模式中加入另一个关系模式的键和联系本身的属性。

关系模式：student(sno,sname,age,sdept)

图 9.21　实体转换为关系模式

如图 9.22 所示，这里根据实际业务需求，将员工号放到部门关系中建立联系，并将员工号重命名为"部门经理"，所得关系模式如下。

部门(部门号,...,部门经理)

② 1：n 联系。

在 1：n 联系中，一般将 1 端实体的键和联系本身的属性与 n 端的关系模式合并。

图 9.22　1：1 联系　　　　　　　图 9.23　1：n 联系

如图 9.23 所示，将部门号加入职工关系中建立一对多联系，所得关系模式如下。

部门(部门号,...)

经理(员工号,...,部门号)

还有一种特殊的 1：n 联系，即只有一个实体的 1：n 联系，该联系在转换过程中需要在实体关系模式的属性中加入另一个属性。

如图 9.24 所示，在这里，一对多联系发生在职工实体内部，发生联系的属性为职工号。因此，将另一个职工号（外键）重命名为"领导"，以便区分，所得的关系模式如下。

图 9.24　单实体 1：n 联系

职工(职工号,姓名,性别,领导)

③ m：n 联系。

m：n 联系只能转换为一个独立的关系模式，与该联系相连的各实体的键以及联系本身的属性均转换为关系的属性，各实体键组成关系键或关系键的一部分。

如图 9.25 所示，在这里，联系本身转换为一个独立的关系模式，用两个实体的键组合作为联系模式的键，所得关系模式如下。

项目(项目号,...)

职工(职工号,...)

参加(项目号,职工号,...)

若某职工在不同的时间点多次参加项目，则需要增加"参加时间"作为主键，所得关系模式如下。

参加(项目号,职工号,参加时间,...)

由于组合主键会影响索引效果，因此通常的做法是用一个自增型的 ID 字段来替代组合主键，所得的关系模式如下。

参加(ID,项目号,职工号,参加时间,...)

④ 3 个以上实体间的多元联系。

3 个以上实体间的多元联系可以转换为独立的关系模式，与该多元联系相连的各实体的键以及联系本身的属性均转换为关系的属性，各实体键组成关系键或关系键的一部分。如图 9.26 所示，在这里，多对多联系本身转换为一个独立的关系模式，用 3 个实体的键组合作为联系模式的键，所得关系模式如下。

供应商(供应商号,...)

项目(项目号,...)

零件(零件号,...)

订单(供应商号,项目号,零件号,数量)

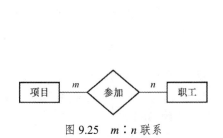

图 9.25　$m:n$ 联系　　　　图 9.26　3 个以上实体 $m:n$ 联系

在实际生产中，供应商供货存在多个批次，订单表中应该能存在多批次供货记录，若用组合主键则只能记录一次，除非在主键中再加上供货时间。考虑到索引效果，通常用一个自增型的 ID 字段来替代组合主键，所得的关系模式如下。

订单(ID,供应商号,项目号,零件号,数量)

【例 9.3】将【例 9.1】零件销售系统设计得到的 E-R 图转换为相应的关系模式。

第一步：将实体转换为关系模式，并标出主键。

供应商（供应商号,姓名,账号,地址,电话）

项目（项目号,预算,开工日期）

零件（零件号,名称,规格,单价,描述）

职工（职工号,姓名,性别,职务,出生年月）

仓库（仓库号,仓库类型,仓库面积）

第二步：建立联系的关系模式，并标出主键。

供应（供应商号,项目号,零件号,数量）

存放（零件号,仓库号,库存量）

职工（职工号,姓名,性别,职务,出生年月,仓库号,领导）

第三步：优化关系模式，标出关系模式的外键。

供应商（供应商号,姓名,账号,地址,电话）

项目（项目号,预算,开工日期）

零件（零件号,名称,规格,单价,描述）

职工（职工号,姓名,性别,职务,出生年月,仓库号,领导）（外键：仓库号、领导）

仓库（仓库号,仓库类型,仓库面积）

供应（ID,供应商号,项目号,零件号,数量）（外键：供应商号、项目号、零件号）

存放（ID,零件号,仓库号,库存量）（外键：零件号、仓库号）

知识拓展：关于业务主键与逻辑主键的使用

业务主键：在数据表中把具有业务逻辑含义的字段作为主键，又称为"自然主键"（Natural Key）。

逻辑主键：在数据表中采用一个与当前表中逻辑信息无关的字段作为主键，又称为"代理主键"。

复合主键：在数据表中采用多个字段组合作为主键。

使用逻辑主键的主要原因是，业务主键一旦改变，则系统中关联该主键的部分的修改将会是不可避免的，并且引用越多改变越大。业务逻辑的改变是不可避免的，因为没有任何一个公司是一成不变的，没有任何一个业务是永远不变的。典型的例子就是身份证号升位和驾驶证换用身份证号的业务变更。而且现实中也确实出现了身份证号重复的情况，这样如果用身份证号作为主键将带来难以处理的情况。

使用逻辑主键的另外一个原因是，业务主键过大，不利于传输、处理和存储。一般来说，如果业务主键超过 8 字节，就应该考虑使用逻辑主键，因为 INT 是 4 字节的，BIGINT 是 8 字节的，而业务主键一般是字符串，同样是 8 字节的 BIGINT 和 8 字节的字符串，在传输和处理上自然是 BIGINT 效率更高一些。如果其他表需要引用该主键，也需要存储该主键，那么存储空间的开销也是不一样的。而且这些表的引用字段通常就是外键，或者会创建索引以方便查找，这样也会造成存储空间的开销的不同。

使用逻辑主键的再一个原因是，存在用户或维护人员误录入数据到业务主键中的问题，相关的引用都引用了错误的数据，一旦需要修改则非常麻烦，如果使用逻辑主键则问题很好解决。

使用业务主键的主要原因是，增加逻辑主键就是增加了与业务无关的字段，而用户通常只对与业务相关的字段进行查找（如员工的工号、学生的学号），这样设计人员除了要为逻辑主键加索引，还必须为这些业务字段加索引，数据库的性能就会下降，而且也增加了存储空间的开销。所以对于业务上确实不常改变的基础数据而言，使用业务主键不失为一个比较好的选择。

使用业务主键的另外一个原因是，对于某些系统而言安全性比性能更加重要，这时候就可以考虑使用业务主键。它既可以作为主键也可以作为冗余数据，可避免使用逻辑主键带来的关联丢失问题。所以通常银行系统都要求使用业务主键，这个要求并不是出于性能的考虑，而是出于安全性的考虑。

使用逻辑主键替代复合主键的主要原因是，通常业务主键只使用一个字段不能解决问题，那就只能使用多个字段，这种使用复合主键的方式效率非常低，主要原因和上面提到的过大的业务主键的情况类似。另外，如果其他表要与该表关联，则需要引用复合主键的所有字段，这就不单纯是性能问题了，还有存储空间的问题。

9.5 数据库物理设计

数据库物理设计就是根据所选择的关系数据库的特点对逻辑模型进行存储结构设计。它涉及以下 3 个方面：

（1）选择 DBMS 产品；

（2）确定数据库的物理结构；

（3）选择数据库工具对数据库建模。

9.5.1 选择 DBMS 产品

当今市面上的 DBMS 产品众多，国内排名靠前的有 TiDB、OceanBase 和达梦等，国外排名靠前的有 Oracle、MySQL 和 Microsoft SQL Server 等。每种数据库都有自己的优点和缺点。或出于数据库的性能和易用性考虑，或出于商用和开源考虑，选择合适的数据库产品是非常重要的一环。

选择 DBMS 产品可以从以下几个方面来考虑。

（1）系统最多的节点数、节点读写查询速率等。

（2）数据库的参数，如数据库文件大小限制、表的记录量限制、支持的数据类型、支持的 SQL 语句等。

（3）数据预期的增长率、是否采用集群方式部署、如何扩展集群等。

（4）开发和维护的费用。

9.5.2 确定数据库的物理结构

确定数据库的物理结构主要是指对数据库对象进行设计，包括对数据库、表、索引、视图、存储过程和触发器等对象进行设计。设计过程中要遵守以下规范。

（1）数据库服务器的部署环境一般为 Linux 系统，在 Linux 系统下默认区分大小写。因此，数据库名、表名、字段名，都不允许出现任何大写字母。表名、字段名必须使用小写字母或数字，禁止出现数字开头。

（2）表名仅仅表示表里面的实体内容，不应该表示实体数量，例如，学生表名为 student，而不是 students。

（3）主键索引名为 "pk_字段名"，唯一索引名为 "uk_字段名"，普通索引名则为 "idx_字段名"。

（4）如果存储的字符串长度几乎相等，使用 CHAR 类型。

（5）VARCHAR 类型数据的长度不要超过 5000，如果长度大于此值，定义字段类型为

TEXT，独立出来一张表，用主键来对应，避免影响其他字段的索引效率。

（6）小数类型根据不同的数据库产品可定义为 DECIMAL 或 NUMERIC，禁止使用 FLOAT 和 DOUBLE PRECISION。

（7）表必备的附加字段为 create_time、update_time，用于记录创建和修改时间。

（8）业务上具有唯一特性的字段，即使是组合字段，也必须建成唯一索引。

（9）超过 3 个表则禁止 JOIN 操作，多表关联查询时，被关联的字段需要有索引。

（10）在 VARCHAR 字段上建立索引时，必须指定索引长度，没必要对全字段建立索引，根据实际文本区分度决定索引长度。

9.5.3 选择数据库工具对数据库建模

PowerDesigner
数据库设计

确定好数据库的物理结构后，当数据库中的表比较多且关系比较复杂时，最好选择数据库工具来对数据库进行建模。常用的数据库建模工具有 PowerDesigner 和 MySQL Workbench 下的 EER Diagram。

PowerDesigner 是一款开发人员常用的数据库建模工具，可以针对任何关系数据库进行建模。使用它可以分别从概念模型和物理模型两个层次对数据库进行设计。概念模型描述的是独立于数据库管理系统（DBMS）的实体定义和实体联系定义；物理模型是在概念模型的基础上针对目标数据库管理系统的具体化。

MySQL Workbench 下的 EER Diagram 主要针对 MySQL 数据库进行建模，在 MySQL Workbench 客户端的 Home 页面中单击"Models"选项可以创建 E-R 图，方便进行数据库设计。

【例 9.4】利用 MySQL Workbench 建模工具对 student_manager 系统进行建模，系统包括 student、course 和 score 这 3 张表和一个视图，表结构参见第 4 章，视图的内容如下。

```
CREATE VIEW student_grade_info AS
select s1.sno, s1.sname, c.cno, c.cname, grade
from student s1 join score s2 on s1.sno=s2.sno join course c on s2.cno=c.cno;
```

创建的物理模型如图 9.27 所示。

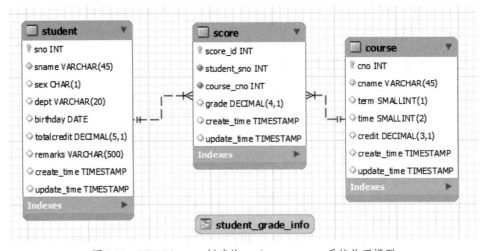

图 9.27 EER Diagram 创建的 student_manager 系统物理模型

【例 9.5】利用 PowerDesigner 建模工具对【例 9.1】的零件销售系统进行建模，所得物理模型如图 9.28 所示。

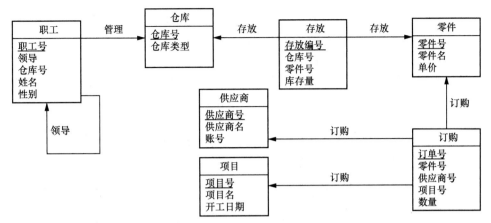

图 9.28　PowerDesigner 创建的零件销售系统物理模型

9.6　数据库的实施

数据库实施是指根据逻辑结构设计和物理设计的结果，在计算机上建立起实际的数据库结构、装入数据、进行测试和试运行的过程。

数据库的实施主要包括以下工作：

- 建立实际数据库结构；
- 装入数据；
- 应用程序编码与调试；
- 数据库试运行；
- 整理文档。

9.6.1　建立实际数据库结构

DBMS 提供的数据定义语言（DDL）可以用于定义数据库结构。可使用 SQL 定义语句中的 CREATE 语句定义所需的数据库对象。

使用数据库建模工具创建了数据库的物理模型后，可以利用"Database"菜单中的"Forword Engineer"选项，即数据库的正向工程导出创建数据库对象的 SQL 语句，在任何查询窗口中运行 SQL 语句即可创建数据库的物理结构。这种方式便于对数据库结构进行修改，一次性生成，方便快捷。

9.6.2　装入数据

装入数据又称为数据库加载（Loading），是数据库的实施阶段的主要工作。在数据库结构建立好之后，就可以向数据库中加载数据了。

由于数据库的数据量一般都很大，它们分散于企业（或组织）中各个部门的数据文件、报表或多种形式的单据中，存在着大量的重复，并且其格式和结构一般都不符合数据库的要求，因此必须把这些数据收集起来加以整理，去掉冗余并转换成数据库所规定的格式和结构，这样处理之后才能装入数据库。这需要耗费大量的人力、物力，是一项非常单调乏味而又意义重大的工作。

由于应用环境和数据来源多种多样，因此不可能存在通用的转换规则，现有的 DBMS 并不提供通用的数据转换软件来完成这一工作。

对于一般的小型系统，装入数据量较小，可以采用人工方法来完成。首先将需要装入的数据从各个部门的数据文件中筛选出来，转换成符合数据库要求的数据格式；然后将其输入计算机；最后进行数据校验，检查输入的数据是否有误。

但是，人工方法不仅效率低，而且容易产生差错。对于数据量较大的系统，应该由计算机来完成这一工作。通常需设计数据输入子系统，其主要功能是将大量的原始数据文件筛选、分类、综合和转换成数据库所需的数据，再把它们加工成数据库所要求的结构形式，最后把它们装入数据库，同时还要采用多种检验技术检查输入数据的正确性。

为了保证装入数据库中的数据正确无误，必须高度重视数据的检验工作。在输入子系统的设计中应该考虑多种数据检验技术，在数据转换过程中应使用不同的方法进行多次检验，确认正确后方可装入数据库（简称入库）。

如果在数据库设计时，原来的数据库系统仍在使用，则数据的转换工作是将原来系统中的数据转换成新系统中的数据。同时还要转换原来的应用程序，使之能在新系统下有效地运行。

数据的转换、分类和综合常常需要多次操作才能完成，因而输入子系统的设计和实施是很复杂的，需要编写许多应用程序。由于这一工作需要耗费较多的时间，因此为了保证数据能够及时入库，应该在数据库物理设计的同时将数据输入子系统，不能等物理设计完成后才开始。

9.6.3　应用程序编码与调试

数据库应用程序的设计属于一般的程序设计范畴，但数据库应用程序有自己的一些特点，如大量使用屏幕显示控制语句、形式多样的输出报表、重视数据的有效性和完整性检查、有灵活的交互功能等。

为了加快应用程序的开发速度，开发人员一般选择第四代语言开发环境，利用自动生成技术和软件复用技术，在程序开发中往往采用 CASE 工具软件来帮助编写程序和文档。

数据库结构建立好之后，就可以开始编制与调试数据库的应用程序，这时由于数据入库尚未完成，调试程序时可以先使用模拟数据。

9.6.4　数据库试运行

应用程序编写完成，并有了一小部分数据装入后，应该分别试验系统支持的各种应用程序在数据库上的操作情况，这就是数据库的试运行，或者称为联合调试。在数据库试运行阶段要完成两方面的工作。

（1）功能测试：实际运行应用程序，测试它们能否完成各种预定的功能。

（2）性能测试：测量系统的性能指标，分析系统是否符合设计目标。

数据库试运行对于数据库系统设计的性能检验和评价是很重要的，因为有些参数的最佳值只有在试运行后才能找到。如果测试的结果不符合设计目标，则应返回设计阶段，修改设计和重新编写程序，有时甚至需要返回逻辑结构设计阶段，调整逻辑结构。

重新设计物理结构甚至逻辑结构，会导致数据重新入库。由于数据装入的工作量很大，所以可分期分批地组织数据装入。先输入小批量数据进行调试，待试运行基本合格后，再大批量输入数据，逐步增加数据量，完成运行评价。

数据库的实施和调试不是几天就能完成的，需要一定的时间。在此期间由于系统还不稳定，随时可能发生硬件或软件故障，加之数据库刚刚建立，操作人员对系统还不熟悉，对其规律缺乏了解，容易发生操作错误，这些故障和错误很可能破坏数据库中的数据。这种破坏很可能在数据库中引起连锁反应，破坏整个数据库，因此必须做好数据库的转储和恢复工作，要求设计人员熟悉 DBMS 的转储和恢复功能，并根据调试方式和特点首先加以实施，尽量减少对数据库的破坏，并简化故障恢复。

9.6.5　整理文档

在程序的编码调试和试运行中，应该将发现的问题和解决方法记录下来，将它们整理存档作为资料，供以后正式运行和改进时参考。

全部调试工作完成之后，应该编写数据库应用系统的技术说明书和使用说明书，在正式运行时随系统一起交给用户。

完整的文档资料是应用系统的重要组成部分，但这一点常被忽视。必须强调这一工作的重要性，以引起用户与设计人员的充分注意。

9.7　数据库的运行与维护

数据库试运行结果符合设计目标后，数据库就能投入正式运行，进入运行和维护阶段。数据库投入正式运行，标志着数据库应用开发工作的基本结束，但并不意味着设计过程已经结束。

由于应用环境不断发生变化，用户的需求和处理方法不断发展，数据库在运行过程中存储结构也会不断变化，有时必须修改和扩充相应的应用程序。

数据库运行与维护阶段的主要任务包括以下 3 项内容：

（1）维护数据库的安全性与完整性；

（2）监测并改善数据库性能；

（3）重新组织和构造数据库。

9.7.1　维护数据库的安全性与完整性

按照设计阶段提供的安全规范和故障恢复规范，数据库管理员（DBA）要经常检查系统的安全是否受到侵犯，根据用户的实际需要授予用户不同的操作权限。

数据库在运行过程中，由于应用环境发生变化，对安全性的要求可能发生变化，DBA要根据实际情况及时调整相应的授权和密码，以保证数据库的安全性。

同样，数据库的完整性约束条件也可能会随应用环境的改变而改变，这时 DBA 也要对其进行调整，以满足用户的要求。

另外，为了确保系统在发生故障时能够及时地进行恢复，DBA 要针对不同的应用要求制订不同的转储计划，定期对数据库和日志文件进行备份，以使数据库在发生故障后恢复到某种一致性状态，保证数据库的完整性。

9.7.2　监测并改善数据库性能

目前许多 DBMS 产品都提供了监测系统性能参数的工具，DBA 可以利用这些工具，经常对数据库的存储空间状况及响应时间进行分析、评价，结合用户反映的情况确定改进措施，及时改正运行中发现的错误，按用户的要求对数据库的现有功能进行适当的扩充。

9.7.3 重新组织和构造数据库

数据库建立后，除数据是动态变化的以外，随着应用环境的变化，数据库本身也必须变化以适应应用要求。

数据库运行一段时间后，由于记录的不断增加、删除和修改，数据库的物理结构会发生改变，使数据库的物理特性受到破坏，从而降低数据库存储空间的利用率和数据的存取效率，导致数据库的性能下降。因此，需要对数据库进行重新组织，即重新安排数据的存储位置，回收"垃圾"，减少指针链，缩短数据库的响应时间，提高空间利用率，提高系统性能。这与操作系统对"磁盘碎片"的处理的概念类似。

数据库的重组只会使数据库的物理结构发生变化，而数据库的逻辑结构不变，所以根据数据库的三级模式，可以知道数据库重组对系统功能没有影响，只是为了提高系统的性能。

数据库应用环境的变化可能导致数据库的逻辑结构发生变化，例如，要增加新的实体、增加某些实体的属性，实体之间的联系就会发生变化，使原有的数据库设计不能满足新的要求。此时必须对原来的数据库进行重新构造，适当调整数据库的外模式和内模式，如增加新的数据项、增加或删除索引、修改完整性约束条件等。

多数 DBMS 提供了重新组织和构造数据库的应用程序，以帮助 DBA 完成数据库的重组和重构工作。

只要数据库系统在运行，就需要不断地进行修改、调整和维护。一旦应用变化太大，数据库重组也无济于事，这就表明数据库应用系统的生命周期结束，应该建立新系统，重新设计数据库。从头开始数据库设计工作，标志着一个新的数据库应用系统生命周期的开始。

本 章 小 结

本章介绍了数据库设计的 6 个阶段，包括需求分析、概念结构设计、逻辑结构设计、数据库物理设计、数据库的实施、数据库的运行与维护。对于每一阶段，本章都分别详细讨论了其相应的任务、方法和步骤。要学好本章的内容，读者必须学会挖掘系统需求，反复实践，多多练习，勤于思考。

习 题 9

9.1 选择题。

（1）从 E-R 模型向关系模型转换时，把 $m:n$ 联系转换为关系模式，该关系模式的候选键是_____。

 A. m 端实体的关键字

 B. n 端实体的关键字

 C. m 端实体关键字与 n 端实体关键字组合

 D. 重新选取其他属性

（2）概念结构设计阶段得到的结果是_____。

A. 数据字典描述的数据需求

B. E-R 图表示的概念模型

C. 某个 DBMS 所支持的数据逻辑结构

D. 包括存储结构和存取方法的物理结构

（3）在关系数据库的设计中，设计关系模式是_____的任务。

A. 需求分析阶段   B. 概念结构设计阶段

C. 逻辑结构设计阶段   D. 数据库物理设计阶段

（4）逻辑结构设计阶段得到的结果是_____。

A. 数据字典描述的数据需求   B. E-R 图表示的概念模型

C. 某个 DBMS 所支持的数据逻辑结构   D. 包括存储结构和存取方法的物理结构

（5）数据库物理设计阶段得到的结果是_____。

A. 数据字典描述的数据需求   B. E-R 图表示的概念模型

C. 某个 DBMS 所支持的数据逻辑结构   D. 包括存储结构和存取方法的物理结构

（6）在关系数据库的设计中，设计视图是_____的任务。

A. 需求分析阶段   B. 概念结构设计阶段

C. 逻辑结构设计阶段   D. 数据库物理设计阶段

9.2　请设计一个图书馆数据库，此数据库对每个读者存有读者号、姓名、性别、年龄、单位，对每本书存有书号、书名、作者、出版社，对每本被借出的书存有读者号、书号、借出日期和应还日期。要求画出 E-R 图，再将其转换为关系模型。

9.3　假设某公司在多个地区设有销售部经销本公司的各种产品，每个销售部聘用多名职工，且每名职工只属于一个销售部。销售部有部门名称、地区和电话等属性，产品有产品编码、品名和单价等属性，职工有职工号、姓名和性别等属性，每个销售部的销售产品有数量属性。

（1）根据上述语义画出 E-R 图，要求在图中画出属性并注明联系的类型。

（2）试将 E-R 图转换成关系模型，并指出每个关系模式的主键和外键。

9.4　某商场可以为顾客办理会员卡，每个顾客只能办理一张会员卡，顾客信息包括姓名、地址、电话号码、身份证号，会员卡信息包括号码、等级、积分。

（1）顾客具有多个地址和多个电话号码，地址包括省、市、区、街道，电话号码包括区号、号码。

（2）顾客具有多个地址，每个地址具有多个电话号码，地址包括省、市、区、街道，电话号码包括区号、号码。

根据上述语义分别画出 E-R 图，并将 E-R 图转换成关系模型，指出每个关系模型的主键和外键。

9.5　某数据库中记录有乐队、成员和歌迷的信息，乐队信息包括名称、多个成员、一个队长，队长也是乐队的成员，成员信息包括姓名、性别，歌迷信息包括姓名、性别、喜欢的乐队、喜欢的成员。

（1）画出基本的 E-R 图。

（2）修改 E-R 图，使之能够表示成员在乐队的工作记录，包括进入乐队时间以及离开乐队时间。

9.6 考虑某个公司的数据库信息：

（1）部门具有部门编号、部门名称、办公地点等属性；

（2）部门员工具有员工编号、姓名、级别等属性，员工只在一个部门工作；

（3）每个部门有唯一部门员工作为部门经理；

（4）实习生具有实习编号、姓名、年龄等属性，实习生只在一个部门实习；

（5）项目具有项目编号、项目名称、开始日期、结束日期等属性；

（6）每个项目由一名员工负责，有多名员工、实习生参与；

（7）一名员工只负责一个项目，可以参与多个项目，参与每个项目具有工作时间比；

（8）每个实习生只参与一个项目。

画出 E-R 图，并将 E-R 图转换为关系模型（包括关系名、属性名、键）。

9.7 设计一个采购、销售和客户管理应用数据库。其中，一个供应商可以供应多种零件，一种零件也可以有多个供应商。客户按订单采购商品，一个客户有多个订单，一个订单包含多个商品明细列表，一条明细记录的是某供应商供应某零件的信息。客户和供应商都分别属于不同的国家，而国家按世界五大洲分组。

系统中有 Part（零件）、Supplier（供应商）、Customer（客户）、Order（订单）、Orderitem（订单明细）、Nation（国家）、Region（地区）等 7 个实体。每个实体的属性、键如下。

Part：partID（零件编号）、name（零件名称）、mfgr（零件制造商）、type（类型）、size（大小）、retailprice（零售价格）、comment（备注）。

Supplier：supperID（供应商编号）、name（供应商名称）、address（地址）、nation（国籍）、phone（电话）、comment（备注）等。

Customer：custID（客户编号）、name（客户名称）、address（地址）、phone（电话）、nation（国籍）、comment（备注）。

Order：orderID（订单编号）、orderdate（订单日期）、orderpriority（订单优先级）、clerk（记账员）、comment（备注）。

OrderItem：ItemID（订单明细编号）、partID（零件号）、supperID（零件供应商号）、quantity（零件数量）、extendedprice（零件总价）、retwinflag（退货标记）等。

Nation：nationID（国家编号）、name（国家名称）、regionID（所属地区）。

Region：regionID（地区编号）、name（地区名称）。

具体要求：

（1）根据上述语义，分析实体之间的联系，画出 E-R 图；

（2）根据 E-R 图使用 PowerDesigner 工具进行概念结构设计；

（3）将概念结构转化为逻辑结构；

（4）将逻辑结构转化为物理结构；

（5）生成 SQL 语句。

<table>
<tr><td>第 10 章</td><td># 范式及反范式设计</td></tr>
</table>

本章学习目标：了解如何利用函数依赖理论对关系模式进行规范化设计，以及如何进行反范式设计来提升数据库系统的执行效率。

10.1 规范化设计概述

规范化设计
概述

关系数据库设计的目标是生成能真实反映现实世界中的数据及数据之间联系的一组关系模式，关系模式的生成有多种不同的途径和方法。按照数据库设计的流程，应该先设计 E-R 模型，再根据 E-R 模型转换得到关系模式，这是规范的设计方法。此外还存在不经过 E-R 模型设计阶段，而根据需求直接设计关系模式的非规范的设计方法。从结果来看，关系数据库设计的结果应该是一个"好"的关系模式，它应该尽量避免存储不必要的重复数据，又可以方便地获取数据，但实际的设计过程可能存在种种问题，经常会得不到这样的结果。

10.1.1 关系数据库模式设计中的问题

数据库设计的正确与否影响到数据是否能够正确存储，以及是否能够高效获取数据等，从而直接影响到系统的成败。正常情况下，如果遵照数据库设计的步骤，在进行 E-R 模型设计时，设计足够详细，准确地表达了需求分析中的数据存储方面的需求，并正确地将 E-R 模型转换成关系模型，这样转换得到的关系模式就可以被认为是"好"的关系模式。但现实中总存在一些问题，比如 E-R 模型的设计不够详细和准确，原因可能是设计人员对建模的业务规则的理解有偏差，或者在设计中犯下一些错误，这样转换得到的关系模式会存在一些问题。另外，某些情况下，关系模型可能不经过 E-R 模型建模阶段得到，而直接进行设计，这种不按照规则进行的设计经常会导致一些问题。

1. 数据冗余问题

在教学管理系统中，经常用到的一个业务逻辑是查询某学生某门课程的成绩，为此，设计一个关系模式 SCS(sno,sname,cno,cname,term,credit,grade)，包含学生学号"sno"、姓名"sname"、课程号"cno"、课程名"cname"、开课学期"term"、学分"credit"、考试成绩"grade"等，此关系模式的主键是(sno,cno)。关系模式 SCS 允许一个学生选修多门课程，一门课程可以被多个学生选修。学生可以通过 SCS 方便地对自己的考试情况进行查询，从这个角度来看，SCS 似乎是一个"好"的关系模式。

我们将本书示例中的数据根据 SCS 的结构导入 SCS 中后，得到的信息如表 10.1 所示。

表 10.1 SCS 关系实例

sno	sname	cno	cname	term	credit	grade
001101	王林	101	计算机基础	1	5	80
001101	王林	102	程序设计与语言	2	4	78
001101	王林	206	离散数学	4	4	76
001102	程明	102	程序设计与语言	2	4	78
001102	程明	206	离散数学	4	4	78
001103	王燕	101	计算机基础	1	5	62
001103	王燕	102	程序设计与语言	2	4	70
001103	王燕	206	离散数学	4	4	81
001104	韦严平	101	计算机基础	1	5	90
001104	韦严平	102	程序设计与语言	2	4	84
001104	韦严平	206	离散数学	4	4	65
…	…	…	…	…	…	…

从表中可以看到，同一课程的信息在表中多处重复出现，如表中用灰底突出显示的"计算机基础"课程的信息。整个关系实例中，作为非主键属性的 sname、cname 被重复存储了多次，形成了数据冗余。

在设计良好的关系模式中，描述一个实体的信息应该只出现一次。但表 10.1 中，描述课程实体"计算机基础"的信息等，在关系实例中出现了非常多次，这样就形成数据冗余。

2．数据冗余带来的问题

数据冗余会带来一系列的问题，进而影响到数据库的性能和数据完整性。主要问题如下。

（1）冗余存储

描述实体的信息在多处重复出现，在存储上造成了冗余存储，使得数据库物理存储空间比正常情况有所增加，从而导致了数据库查询性能的下降。

（2）插入异常

假设有一门新课程的数据('301','数据库原理',3,3)要录入 SCS，由于是新的课程，尚未有学生选修，因此 sno 属性只能为 NULL。但根据实体完整性约束，SCS 的主键(sno,cno)中的属性不能取空值，因此系统会拒绝新课程数据的录入。

（3）更新异常

由于数据冗余，描述实体的信息在关系实例中多处存在，如果冗余数据的一个副本被修改，所有的副本都必须进行同样的修改，否则会导致数据不一致。

（4）删除异常

在表 10.1 中，假设录入的"计算机基础"课程的信息有误，需要删除该信息，这时候，可以看到所有学生的"计算机基础"课程信息被删除，若某学生只选修了"计算机基础"课程，则该学生的其他信息也会被删除。

10.1.2　规范化设计的作用

在 10.1.1 节的例子中，通过加载数据，我们可以明显地发现存在的问题。但仅凭个人经验或感觉来判断设计的关系模式是否"好"，是不科学和不可靠的，因此我们设计出关系模式后，需要利用一套规范的理论来帮助我们达到设计的目标。

1．检验关系模式

设计不当的关系模式会带来冗余存储、更新异常、删除异常等问题，因此需要在设计过程中规范地检测关系模式是不是"好"的，这个过程依据的理论是范式（Normal Form，NF）理论，它基于函数依赖理论和多值依赖理论。范式是一个条件，规定了关系模式应该满足的具体要求，它本质上是对关系模式的约束。范式理论用于对关系模式进行规范化，如果一个关系模式满足某种要求，就说该关系模式满足某种范式，或者说属于某种范式。

根据要求的不同，关系模式的范式分为第一范式（1NF）、第二范式（2NF）、第三范式（3NF）、博伊斯·科德范式（Boyce-Codd Normal Form，BCNF）和第四范式（4NF）。这几种范式要求逐渐严格，更高一级的范式包含低一级范式的要求。

从基于函数依赖理论的范式来讲，设计的关系模式如果能满足 3NF，就认为是可以接受的比较"好"的关系模式，如果仅仅满足 2NF 甚至仅满足 1NF，那就必然存在较大的数据冗余，并会引发各种各样的问题。

可以使用范式理论来检验我们设计的关系模式，正确、科学地判断我们设计的关系模式是否为"好"的关系模式。

2．规范关系模式设计

如果使用范式理论判断设计的关系模式，发现其不是一个"好"的关系模式，例如，10.1.1 节中的关系模式 SCS，通过范式理论可以判断其仅仅满足 1NF，那么接下来就要想办法改进设计的关系模式，依据范式理论，将"不好"的关系模式分解为多个"好"的关系模式。

从关系模式 SCS 可以看出，问题存在的主要原因是将过多的描述不同实体的信息合并到了一起，因此对关系模式进行分解是比较好的解决方式，可让分解后得到的每一个子模式满足更高级别的范式。

10.2　函数依赖

函数依赖

关系数据库理论中的重要概念是数据依赖。关系模式中的各属性间相互依赖、相互制约的联系称为数据依赖。约束关系通过属性之间的依赖关系来体现。

数据依赖一般分为函数依赖、多值依赖和连接依赖，其中函数依赖是关系模式中属性之间的一种逻辑依赖关系，本节只讨论函数依赖。

10.2.1　函数依赖概述

定义 10.1　设关系 $R(U)$ 是属性集 U 上的关系模式，X、Y 是 U 的子集。若对于 $R(U)$ 的任意一个可能的关系 r，r 中不可能存在两个元组在 X 上的属性值相等，而在 Y 上的属性值不等，则称 X 函数决定 Y，或 Y 函数依赖 X，记作 $X \rightarrow Y$。我们称 X 为决定因子，Y 为依赖因子，当 Y 函数不依赖于 X 时，记作 $X \nrightarrow Y$。

【例 10.1】对于关系模式 SCD(sno,cno,sname,sage,dept,dname,grade)，$U = \{$sno,sname, sage,dept,dname,grade$\}$。

事实如下：

（1）一个系别有若干学生，但一个学生只属于一个系别；

（2）一个系别只有一个系主任；

（3）一个学生可以选修多门课程，每门课程有若干学生选修；

（4）每个学生所学的每门课程只有一个成绩。

从上述事实可以得到属性集 U 上的一组函数依赖：

$$F = \{sno \rightarrow sname, sno \rightarrow sage, sno \rightarrow dept, dept \rightarrow dname, (sno,cno) \rightarrow grade\}$$

一个 "sno" 有多个 "grade" 与其对应，因此 "grade" 不能唯一地确定。"grade" 不能函数依赖于 "sno"，表示为 sno $\nrightarrow$ grade，但 "grade" 可以被（sno,cno）唯一地确定，表示为(sno,cno)$\rightarrow$grade。

关于函数依赖有以下几点说明。

（1）函数依赖不是指关系 R 的某个或某些关系实例满足的约束条件，而是指 R 的所有关系实例均要满足的约束条件。

（2）函数依赖是语义范畴的概念。我们只能根据语义来确定函数依赖，例如，sname$\rightarrow$sage 这个函数依赖只在学生不存在重名的情况下成立，如果有相同名字的学生，"sage" 就不再函数依赖于 "sname" 了。

（3）函数依赖与属性之间的对应取值有关。在关系模式中，如果属性 X 与 Y 的值有 $1:1$ 联系，则存在函数依赖 $X \rightarrow Y$ 和 $Y \rightarrow X$，即 $X \Leftrightarrow Y$。例如，当学生不重名时，sno $\Leftrightarrow$ sname。

如果属性 X 与 Y 的值有 $m:1$ 联系，则只存在函数依赖 $X \rightarrow Y$。例如，"sno" 与 "sage" 之间为 $m:1$ 联系，所以有 sno$\rightarrow$sage。

如果属性 X 与 Y 的值有 $m:n$ 联系，则 X 与 Y 之间不存在任何函数依赖关系。例如，一个学生可以选修多门课程，每门课程可以有多个学生选修，所以 "sno" 与 "cno" 之间不存在任何函数依赖关系。

10.2.2 完全函数依赖和部分函数依赖

定义 10.2 在关系模式 $R(U)$ 中，如果 $X \rightarrow Y$，并且对于 X 的任何一个真子集 X'，都有 $X' \nrightarrow Y$，则称 Y 完全函数依赖于 X，记作 $X \xrightarrow{\quad f \quad} Y$。否则称 Y 部分函数依赖于 X，记作 $X \xrightarrow{\quad p \quad} Y$。

由定义可知，当 X 是单个属性时，由于 X 不存在真子集，因此如果 $X \rightarrow Y$，则 Y 完全函数依赖于 X。因此只有当决定因子是组合属性时，讨论部分函数依赖才有意义。

【例 10.2】在 student(sno,sname, sex,dept)关系中，因为(sno,sname)$\rightarrow$sex，sno$\rightarrow$sex，所以(sno,sname) $\xrightarrow{\quad p \quad}$ sex。

在 score(sno,cno,grade)关系中，因为(sno,cno)$\rightarrow$grade，但 sno$\nrightarrow$grade，cno$\nrightarrow$grade，所以(sno,cno) $\xrightarrow{\quad f \quad}$ grade。

10.2.3 传递函数依赖

定义 10.3 在关系模式 $R(U)$中，如果 $X \rightarrow Y$，$Y \rightarrow Z$，且 $Y \not\subset X$，$Y \nrightarrow X$，则称 Z 传递函数依赖于 X，记作 $X \xrightarrow{\quad 传递 \quad} Z$。

从定义可知，条件 $Y \nrightarrow X$ 十分必要，如果 X、Y 互相依赖，它们实际上处于等价地位，此时 $X \rightarrow Z$ 则为直接函数依赖，而非传递函数依赖。

【例 10.3】在 STD(sno,dept,dname)中，有 sno→dept，dept→dname，且 dept↛sno，则 sno $\xrightarrow{\ t\ }$ dname。

10.3 关系模式的设计

关系数据库系统设计的关键是关系模式的设计。一个好的关系数据库应该包括多少关系模式，每一个关系模式又应该包括哪些属性，又如何根据这些相互关联的关系模式组建一个合适的关系模型，这些问题决定了整个系统运行的效率，所以关系模式的设计必须在关系数据库的规范化理论的指导下逐步完成。

10.3.1 范式

规范化的基本思想是消除关系模式中的数据冗余，消除数据依赖中的不合适的部分，解决数据插入、删除时出现的异常。这就要求设计出来的关系模式满足一定的条件。

1．第一范式

定义 10.4 如果一个关系模式 $R(U,F)$ 中的所有属性都是不可分的基本数据项，则 $R \in$ 1NF。

例如，【例 10.1】中的关系模式 SCD(sno,cno,sname,sage,dept,dname,grade)，其所有属性都是不可再分的简单属性，即 SCD∈1NF。满足 1NF 的关系模式称为规范化关系模式，不满足 1NF 的关系模式称为非规范化关系模式。

【例 10.4】在表 10.2 所示的职工表中，电话号码列中的数据有不明确的数据项，有的职工既有办公电话又有家庭电话，即该属性可再分。所以，这个关系模式不属于 1NF。

表 10.2 职工表

职工号	姓名	电话号码
1001	李四	12345（办） 22222（家）
1002	张三	22321（家）
1003	王五	11111（办） 33333（家）

非规范化关系模式可以通过去掉组项和重复数据项的方式满足 1NF，变为规范化关系模式。例如，将表 10.2 中的"电话号码"拆分为"家庭电话"和"办公电话"，职工表将满足 1NF，如表 10.3 所示。

表 10.3 满足 1NF 的职工表

职工号	姓名	家庭电话	办公电话
1001	李四	22222	12345
1002	张三	22321	
1003	王五	33333	11111

满足了 1NF 的关系模式仍然存在着很多问题。

2．第二范式

定义 10.5 若关系模式 $R \in 1NF$，且每一个非主属性完全函数依赖于 R 的键，则 $R \in 2NF$。

关系模式 SCD 出现问题的原因是 sname、sage、dept 等属性对键的部分函数依赖，显然关系模式 SCD 不属于 2NF。为了消除部分函数依赖，可以采用投影分解法将 SCD 分解为两个关系模式：S(sno,sname,sage,dept,dname) 和 SC(<u>sno,cno</u>,grade)。

在分解后的两个关系模式中，非主属性都完全函数依赖于键，S、SC 都属于 2NF。可见，从 1NF 关系模式中消除非主属性对键的部分函数依赖，则可得到 2NF 关系模式。

采用投影分解法将一个 1NF 的关系模式分解为多个 2NF 的关系模式，可以在一定程度上解决原 1NF 关系模式中存在的插入异常、删除异常、数据冗余度大和修改复杂等问题，但是属于 2NF 的关系模式仍然可能存在这些问题。

例如，2NF 关系模式 S(sno,sname,sage,dept,dname) 中有函数依赖 sno→dept，dept→dname，又有 dept↛sno，所以 dname 传递函数依赖于 sno，S 中存在非主属性对键的传递函数依赖。S 中仍然存在以下问题。

（1）插入异常。如果某个系别刚刚成立，目前还没有在校学生，就无法把这个系别的信息存入数据库。

（2）删除异常。如果某个系别的学生全部毕业了，在删除该系别学生信息的同时，这个系别的信息也被删掉了。

（3）数据冗余度大。每一个系别的学生都有同一个系主任，系主任重复出现，重复次数与该系别学生人数相同。

（4）修改复杂。当学校调整系主任时，必须修改这个系别的所有学生的系主任值。

所以 S 仍是一个"不好"的关系模式。

3．第三范式

定义 10.6 如果关系模式 $R(U, F)$ 中不存在键 X、属性集 Y 及非主属性 $Z(Z \not\subseteq Y)$ 使得 $X \rightarrow Y(Y \not\rightarrow X)$ 和 $Y \rightarrow Z$ 成立，则 $R \in 3NF$。

由定义可以证明，若 $R \in 3NF$，则每一个非主属性既不部分函数依赖于键，也不传递函数依赖于键。3NF 实质上消除了非主属性对键的部分函数依赖和传递函数依赖。

关系模式 S(sno,sname,sage,dept,dname) 中存在传递函数依赖，所以 S 不属于 3NF。对关系模式 S 按 3NF 的要求进行分解，将 S 分解为两个关系模式：ST(sno,sname,sage,dept) 和 SD(dept,dname)。

分解后的两个关系模式中既没有非主属性对键的部分函数依赖，也没有非主属性对键的传递函数依赖，两个关系模式都属于 3NF。

分解后的关系模式进一步解决了前面的问题。

（1）关系模式 SD 中可以插入没有在校学生的系别的信息。

（2）某个系别的学生全部毕业了，只是删除关系模式 ST 中学生的相应元组，关系模式 SD 中关于该系别的信息仍存在。

（3）各系别系主任的信息只在关系模式 SD 中存储一次。

（4）当学校调整某个系别的系主任时，只需修改关系模式 SD 中一个相应元组的系主任值。

在数据库设计中，关系模式满足 3NF 即可。因此，本书只讨论前 3 个范式。

10.3.2 关系模式的规范化

对于一个关系模式，只要其分量都是不可分的数据项，它就是规范化关系模式，但这只是最基本的规范化。规范化有不同的级别，即不同的范式。而提高规范化级别的过程就是逐步消除关系模式中不合适的数据依赖的过程。

一个低一级范式的关系模式，通过模式分解可以转换为若干个高一级范式的关系模式，这个过程就叫关系模式的规范化。

规范化的目的就是使关系模式结构合理，消除存储异常，使数据冗余度尽量小，便于插入、删除和更新数据。

规范化的基本原则就是遵循"一事一地"的原则，即一个关系只描述一个实体或者实体间的联系，若多于一个实体，就把它分离出来。由此，所谓规范化，实质上是概念的单一化，即一个关系表示一个实体。

规范化就是消除非主属性对键的任何函数依赖，具体可分为以下 3 步。

（1）分析关系模式中非主属性与键之间是否存在函数依赖关系，将没有函数依赖关系的属性去除，将可以再分的属性分解，使关系模式满足 1NF。

（2）对 1NF 关系模式进行投影，消除原关系模式中非主属性对键的部分函数依赖，将 1NF 关系模式转换为若干个 2NF 关系模式。

（3）对 2NF 关系模式进行投影，消除原关系模式中非主属性对键的传递函数依赖，将 2NF 关系模式转换为若干个 3NF 关系模式。

10.4 范式设计

范式设计

数据库的范式设计可以理解为按照数据库设计的步骤，结合数据库规范化理论和步骤，将数据库的关系模式设计到符合 3NF 的过程。

【例 10.5】某教学管理系统中有学生（student）、课程（course）两个实体，学生有学号（sno）、姓名（sname）、性别（sex）、系别（dept）、出生日期（birthday）、备注（remarks）、总学分（totalcredit）等属性，课程有课程号（cno）、课程名（cname）、开课学期（term）、学时（ctime）、学分（credit）等属性。一个学生可以选修多门课程，一门课程可以供多个学生选修，学生通过考试可以获得课程的成绩（grade）。若成绩合格可以获得相应的学分，成绩不合格可以重修该课程，成绩合格也可以重修该课程以获得更高的成绩，每一次考试的成绩必须保存到成绩表中。可以通过学生选修的课程统计出该学生的总学分（totalcredit）。

（1）根据上述信息，结合实际情况，用 E-R 图描述该系统的概念模型。

（2）将 E-R 图转换为关系模式，注明主键。

（3）按照数据库规范化设计步骤，分析关系模式是否满足范式设计要求。

解：按照数据库的设计步骤进行数据库设计。

（1）按照教学管理系统的业务需求，得出系统的概念模型如图 10.1 所示。

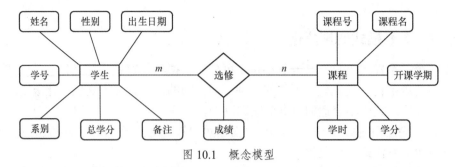

图 10.1　概念模型

（2）将概念模型转换为关系模式如下。

```
student(sno,sname,sex,dept,birthday,totalcredit,remarks)
course(cno,cname,term,ctime,credit)
score(sno,cno,grade)
```

（3）分析关系模式是否满足范式设计要求。

在关系模式 student(sno,sname,sex,dept,birthday,totalcredit,remarks)中，键 sno 与非键属性 totalcredit 之间不存在函数依赖关系，若把 totalcredit 属性放在 student 关系模式中，则在录入学生信息时，totalcredit 的值总为 NULL。另外，totalcredit 是根据学生选修课程计算出来的，totalcredit 直接依赖 grade 和 credit 两个属性，与 sno 无直接依赖关系，应该把 totalcredit 从 student 关系模式中去掉，最后得到的关系模式如下。

```
student(sno,sname,sex,dept,birthday,remarks)
course(cno,cname,term,ctime,credit)
score(sno,cno,grade)
```

看上去这 3 个关系模式都符合 3NF，但在关系模式 score(sno,cno,grade)中，sno 和 cno 作为组合主键，它与 grade 之间是 1 对 1 函数依赖关系，而业务需求中应该是 1 对多函数依赖关系，即一个学生选修的某门课程可以存在多个成绩。因此，满足 3NF 的关系模式 score 并不能满足业务需求，必须做出改变。

要解决上述问题，就不能使用 sno、cno 作为组合主键，可以使用逻辑主键（score_id）来替代业务主键（sno、cno）。逻辑主键（score_id）通常被定义为无符号的自增整型，它的作用是区分每一条记录。修改后的关系模式变为 score(score_id ,sno,cno,grade)，此时，一个学生多次选修某门课程的成绩都会被记录到 score 表中。

至于 totalcredit 的值，在需要统计的时候，可以设计一个存储过程进行计算，无须把它看成某个实体的属性。

10.5　反范式设计

关系数据库规范化理论借助于函数依赖，给出了判断关系模式是否"好"的标准。关系模式可利用规范化理论进行分解。规范化理论是在严密的数学理论的基础之上构建的，能够根据语义准确地推断出关系模式是否符合实际需求且不产生异常。其主要思想是"单一化"，即尽可能在一个关系模式中表达一个事务，让确定因素单一化。然而，在实际的生产环境中，严格地遵循规范化理论也会带来一定的问题。

规范化理论"一事一地"的设计思路使得每张表只表达围绕主键的单一的事务，数据库的核心内容、数据之间的关联性则需要通过外键进行表间连接来实现，在实际使用中往

反范式设计

往需要进行多次连接，这会降低数据的查询效率。

【例10.6】在教学管理系统中，常见业务需求是查询某学生某门课程的成绩，返回的信息包含学号、姓名、课程号、课程名、成绩等。

为了说明反范式设计的思想，利用如下关系模式。

```
student(sno,sname,sex,dept,birthday,remarks)
course(cno,cname,term,ctime,credit)
score(sno,cno,grade)
```

以上3个关系模式都满足3NF，为了满足业务需要，每次进行成绩查询时必然需要将student、course和score这3个表连接起来。随着表中数据量的增加，查询效率将会大大降低。

所以可以这样理解，规范化的思想是从空间最小化的角度来进行数据库设计，通过规范化使得数据库的空间占用率最低。然而在具体使用中，我们可能需要更高的时间效率，所以"以空间换时间"也会经常被使用，因此会出现反范式设计的思想。

为了满足【例10.6】的业务需求，给出反范式设计的关系模式如下。

```
student(sno,sname,sex,dept,birthday,remarks)
course(cno,cname,term,ctime,credit)
score(sno, cno,sname,cname,grade)
```

在score(sno,cno,grade)关系模式中增加sname和cname两个字段后，查询【例10.6】信息时就不用进行3表连接，只在score表中查询即可，查询效率会大大提高。

对比score(sno,cno,grade)和score(sno, cno,sname,cname,grade)两个关系模式，我们不难发现，前面的关系模式满足3NF，而后面的关系模式只满足1NF，我们称这种降低范式级别的设计方法为反范式设计。

反范式设计也会带来一些问题，比如更新异常问题。因为学生的姓名（sname）和课程名（cname）在score表中被重复保存，若cname在执行过程中发生了变化，即course表的cname值改变了，则在score表中已经保存的cname值也要发生变化，否则就会有更新异常发生。可以考虑在course表中设计一个更新触发器来解决这个问题，具体的SQL语句如下。

```
DELIMITER $$
CREATE
    TRIGGER ' tr_course_cname' AFTER UPDATE
  ON ' course'
  FOR EACH ROW BEGIN
    UPDATE score SET cname=new.cname WHERE cno=new.cno;
  END$$
DELIMITER ;
```

范式与反范式的设计思想各有优劣，在实际应用中需要根据业务需要和现实情况合理地结合使用。

本 章 小 结

本章主要学习关系模式的规范化理论。关系模式的规范化理论可用于发现设计阶段所产生的问题，它通过数据间的函数依赖关系进行判断，通过规范化进行解决。范式较高的关系模式不一定是较好的关系模式，在数据库设计时，为了避免多个表进行连接查询操作，有时会降低范式级别来提高系统的性能。在实际的数据库系统设计中，需要充分利用范式与反范式的设计思想来满足系统的业务需求。

习　题　10

10.1　指出下列关系模式满足第几范式，并说明理由。

（1）$R(A, B, C)$，$F=\{A \to C, C \to A, A \to BC\}$。

（2）$R(A,B,C,D)$，$F=\{B \to D, AB \to C\}$。

（3）$R(A, B, C)$，$F=\{B \to C, AC \to B\}$。

10.2　已知关系模式 $R(sno,cno,grade,name,addr)$，其属性分别表示学号、课程号、成绩、教师名、教师地址等。其语义为，每个学生每学一门课程只有一个成绩，每门课程只有一个教师任教，每个教师只有一个地址（不允许教师重名）。

（1）求关系模式 R 的基本函数依赖。

（2）求关系模式 R 的键。

（3）关系模式 R 满足第几范式，为什么？

（4）将 R 分解为 3NF 关系模式，并具体说明。

10.3　建立一个关于专业、学生、班级、协会等信息的关系数据库。

学生属性：学号、姓名、出生年月。

班级属性：班号、班名、教室地点。

专业属性：专业号、专业名、专业办公室地点。

协会属性：协会代号、协会名、成立年份、地点。

有关语义如下：一个专业有若干班级，每个班级有若干学生，每个学生可参加若干协会，每个协会有若干学生，学生参加某协会有一个入会时间。

（1）请根据业务需求设计出满足 3NF 的关系模式，标明主键和外键。

（2）为了避免查询学生完整信息时的多表连接，请使用反范式设计思想重新设计学生的关系模式，要求至少包含班名和专业名，并说明修改后的学生关系模式满足第几范式。

（3）班名和专业名存在变动的可能，请设计触发器解决更新异常问题。

本章学习目标：理解事务的概念；掌握事务在服务器和客户端的处理方式；理解事务的原子性、一致性、隔离性和持久性 4 个特性；掌握事务并发操作可能导致的 4 种数据不一致表现；了解事务不同隔离级别的作用；了解锁的类型；理解锁机制及其用途。

11.1 事务

数据一致性
问题

11.1.1 事务的概念

事务（Transaction）：用户定义的数据库操作序列。事务可以是一条 SQL 语句、一组 SQL 语句或整个程序。数据库操作序列是一个整体，要么全执行，要么全不执行，是不可分割的逻辑单位。事务是数据库恢复和并发控制的基本单位，也是实现数据库中数据一致性的重要技术。银行交易、网上购物等，都需要利用事务的并发控制来保证数据的一致性。

银行转账过程中，A 账户转账给 B 账户，至少要执行转出、转入两个 SQL 操作，这两个操作都正确执行且全部执行完毕，才能完成一次正确的银行转账。若只执行其中一个操作，数据库中存储的数据会发生错误，造成数据不一致的问题。

【例 11.1】某银行数据库（bank）中的账户表（account）如图 11.1 所示，其中账户余额（balance）字段值不能为负数。要求设计一个存储过程 p_transfer 用于不同客户间的转账交易，以保证账户数据的一致性。

```
CREATE TABLE account (
account_id INT UNSIGNED PRIMARY KEY AUTO_INCREMENT COMMENT '账户ID',
account_name VARCHAR(20)  NOT NULL COMMENT '账户名',
balance DECIMAL(10,2) DEFAULT '0.00'  CHECK (balance >= 0) COMMENT '余额'
) AUTO_INCREMENT=202201 ;
```

account_id	account_name	balance
202201	A	1000.00
202202	B	1000.00

图 11.1 账户表

设计存储过程 p_transfer(from_account INT, to_account INT, amount DECIMAL(10,2))，其中，from_account 表示转出账户号，to_account 表示转入账户号，amount 表示转账金额。程序如下：

```
DELIMITER $$
DROP PROCEDURE IF EXISTS p_transfer $$
CREATE  PROCEDURE p_transfer (from_account INT, to_account INT, amount DECIMAL(10,2))
BEGIN
  UPDATE account SET balance=balance+amount WHERE account_id=to_account;
  UPDATE account SET balance=balance-amount WHERE account_id=from_account;
END $$
DELIMITER ;
```

说明：为观察执行效果，把入账操作放在出账操作之前。若先进行出账操作，再进行入账操作，当账户余额（balance）小于 0 时，出账操作因违反 CHECK 约束而退出存储过程，入账操作不会执行，因此看不到数据的不一致性表现。

（1）第 1 次调用存储过程 p_transfer 进行转账，从 202201 账户转 600 到 202202 账户。查询账户表，结果如图 11.2 所示。

```
CALL p_transfer(202201,202202,600);
```

（2）第 2 次调用存储过程 p_transfer 进行转账，从 202201 账户再转 600 给 202202 账户。执行时，返回错误代码，转出操作违反了 CHECK 约束。查询账户表，结果如图 11.3 所示。

```
CALL p_transfer(202201,202202,600);
```

account_id	account_name	balance
202201	A	400.00
202202	B	1600.00

图 11.2　第 1 次转账后的账户表

account_id	account_name	balance
202201	A	400.00
202202	B	2200.00

图 11.3　第 2 次转账后的账户表

分析：由于 CHECK 约束（balance>=0），第 2 次转账过程中的转出操作执行不成功，而转入操作成功执行，造成了数据不一致。

11.1.2　事务处理

默认情况下，用户执行 DML 操作都会开启事务，而事务什么时候结束取决于系统的设定情况。数据库系统中有一个 autocommit 变量，当 autocommit 默认值为 1 或 TRUE 时，系统每执行一个 DML 操作，就立即提交事务执行的结果，并结束事务；当 autocommit 默认值为 0 或 FALSE 时，直到执行事务结束命令 COMMIT、ROLLBACK 或 DDL 时，事务才会结束。

1．事务的开启与结束

进行事务处理时，通常要把事务自动提交功能关闭。关闭方式如下：

```
SET autocommit=0/FALSE;
```

使用 BEGIN 或 START TRANSACTION 命令开启事务，使用 COMMIT 或 ROLLBACK 命令结束事务。其中，COMMIT 将事务中所有对数据库的更新写到磁盘上的物理数据库中，称为正常提交；ROLLBACK 将事务中所有对数据库的更新全部撤销，回滚到事务开始时的状态，称为异常提交。如果事务开启后，自动提交功能没有关闭，则当执行 DDL 以及 CONNECT、EXIT、GRANT、REVOKE 等命令时，系统会正常提交事务，因为这些命令隐含 COMMIT 方式。

【例 11.2】采用 MySQL 中的事务解决【例 11.1】中的转账问题，即在存储过程 p_transfer 中加入事务控制。将修改后的存储过程重新命名为 p_transfer1。

```
DELIMITER $$
DROP PROCEDURE IF EXISTS p_transfer1 $$
CREATE  PROCEDURE p_transfer1 (from_account INT, to_account INT, amount  DECIMAL(10,2))
BEGIN
DECLARE EXIT HANDLER FOR SQLEXCEPTION ROLLBACK;
START TRANSACTION;
UPDATE account SET balance=balance+amount WHERE account_id=to_account;
UPDATE account SET balance=balance-amount WHERE account_id=from_account;
COMMIT;
END $$
DELIMITER ;
```

说明： 调用存储过程 p_transfer1 进行 2 次转账操作，没有出现数据不一致的情况。由于添加了事务控制，当 balance<0 时，虽违反了 CHECK 约束，但事务进行了回滚操作，保证了账户表中数据的一致性。

2．事务保存点

除了可以使用 ROLLBACK 回滚整个未提交的事务，还可以利用事务保存点机制回滚一部分事务。

在事务的执行过程中，可以通过建立保存点，将一个较大的事务分割为几个较小的部分。利用保存点，用户可以在一个大事务中的任意时刻保存当前的操作，之后用户可以选择回滚保存点之后的操作。例如，一个事务包含多条 SQL 语句，若在 10000 条 SQL 语句之后建立了一个保存点，而第 10001 条 SQL 语句插入了错误的数据，用户可以通过建立的保存点，回滚到第 10000 条 SQL 语句之后的状态，而不必撤销整个事务。

建立保存点语句的语法格式如下：

```
SAVEPOINT  <保存点名称>;
```

建立了保存点后，可以利用 ROLLBACK 语句将一个事务回滚到该保存点。其语法格式如下：

```
ROLLBACK TO SAVEPOINT <保存点名称>;
```

【例 11.3】 对账户表（account）插入 3 条记录并建立两个保存点，测试保存点的作用。

（1）执行如下插入语句，并观察插入后的结果。

```
SET autocommit=FALSE;
INSERT INTO account VALUES(202203,'C',1000);
SAVEPOINT p1;
INSERT INTO account VALUES(202204,'D',1000);
SAVEPOINT p2;
INSERT INTO account VALUES(202205,'E',1000);
```

（2）执行如下回滚语句，并观察回滚后的结果。

```
ROLLBACK TO SAVEPOINT p2;
SELECT * FROM account;
ROLLBACK TO SAVEPOINT p1;
SELECT * FROM account;
ROLLBACK;
SELECT * FROM account;
```

分析： 观察结果发现，当事务回滚到某保存点时，保存点之后的操作全部被撤销，被撤销的操作所占有的系统资源与拥有的锁都被自动释放，但当前的事务并没有结束。

11.2 JDBC 事务

上面讨论的事务处理在服务器上编程实现，但在实际的工程应用中，事务处理主要在客户端实现。以 Java 应用系统为例，如果需要对数据库操作进行事务处理，可以通过 JDBC（Java Database Connectivity，Java 数据库互连）来实现，此时的事务称为 JDBC 事务。

JDBC 事务处理采用 Connection 对象实现。JDBC Connection 对象（java.sql.Connection）提供的事务处理的方法如下。

- public void setAutocommit(boolean)：设置事务提交方法。
- public boolean getAutocommit()：获取事务提交方法。
- public void commit()：提交事务的方法。
- public void rollback()：撤销事务的方法。

【例 11.4】采用 JDBC 事务实现银行转账操作，从 A 账户转 600 到 B 账户。根据事务的原子性，A 账户和 B 账户的两个更新操作是一个整体，要么都执行，要么都不执行。Java 代码如下：

```java
import java.sql.Connection;
import java.sql.DriverManager;
import java.sql.SQLException;
import java.sql.Statement;
public class TestTransaction{
    public static void main(String[] args) {
        try {
            Class.forName("com.mysql.cj.jdbc.Driver");//注册驱动
        } catch (ClassNotFoundException e) {
            e.printStackTrace();
        }
        Connection con=null;
        Statement stat=null;
        try {
        con=DriverManager.getConnection("jdbc:mysql://localhost:3306/bank",
"root", "123");
            //创建连接对象 con
            con.setAutocommit(false);//关闭自动提交
            stat=con.createStatement();
            String str1="update account set balance=balance-600 where account_
id=202201";
            stat.executeUpdate(str1);
            String str2="update account set balance=balance+600 where account_id=
202202";
            stat.executeUpdate(str2);
            con.commit(); //提交数据
        } catch (SQLException e) {
            e.printStackTrace();
            try {
                con.rollback();//若出现 SQL 执行异常，则撤销所进行的操作
            } catch (SQLException e1) {
                // 自动生成的 catch 块
                e1.printStackTrace();
            }
        }finally{
        if(con!=null){
            try {
```

```
                con.close();
            } catch (SQLException e) {
                // 自动生成的catch块
                e.printStackTrace();
            }
        }
      }
    }
  }
```

分析：先执行 setAutocommit(false) 关闭事务自动提交，执行 2 次更新操作，调用 commit() 方法进行提交。执行更新操作时若违反了 CHECK 约束，发生了 SQL 执行异常，则跳转到异常处理程序执行 rollback() 方法进行事务回滚。

11.3 事务的特性

事务的特性

事务具有原子性（Atomicity）、一致性（Consistency）、隔离性（Isolation）和持久性（Durability）4 个特性，简称 ACID 特性。

1．原子性

原子性：指一个事务被视为一个不可分割的最小工作单元，只有事务中所有的数据库操作都执行成功，事务才算执行成功。事务中的所有操作是一个整体。事务中如果有一个操作执行失败，已经成功执行的操作也必须撤销，数据库的状态回滚到事务执行前的状态。

2．一致性

一致性：指事务执行时，无论执行成功与否，都要保证数据库系统处于一致的状态，事务执行的结果必须使数据库从一个一致性状态变为另一个一致性状态。当数据库系统只包含事务成功提交的结果时，称数据库处于一致性状态。

3．隔离性

隔离性：指事务的执行不受其他事务的干扰，即事务内部的操作及使用的数据对其他并发事务是独立的，并发执行的各个事务不能互相干扰。这可以通过数据库系统的隔离级别机制实现。

4．持久性

持久性：指事务一旦成功提交，它对数据库中数据的改变就是永久性的。redo log 称为重做日志，当 MySQL 服务器意外崩溃或者死机时，它能够保证已经成功提交的事务持久化到磁盘中。若出现硬件故障，只要日志文件没有损坏，数据仍可以恢复到原来的状态。

数据库系统如何保证事务的这 4 个特性呢？系统为每个数据库实例在内存中设置了一个数据缓冲池（Buffer Pool），数据库系统的内存逻辑结构如图 11.4 所示。当事务对数据表中的数据进行增、删、改操作时，首先要将数据所在的页从外部数据文件读入内存数据缓冲池，存放在命中块中。若对数据进行修改操作，修改后的数据称为脏数据，存放在脏块中。在此过程中，将修改数据的 SQL 语句写入 binlog，将逆修改的 SQL 语句（如 INSERT、UPDATE 和 DELETE）写入 undo log，将脏数据写入 redo log。

undo log 可以保证事务的原子性和一致性。当执行 ROLLBACK 回滚事务时，系统调用 undo log 中的语句执行逆操作。若修改数据时执行 INSERT 语句，则回滚时执行 DELETE 语句；若修改数据时执行 UPDATE 语句（用新值替换旧值），则回滚时执行 UPDATE 语句（用旧值替换新值）。

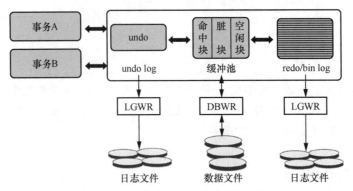

图 11.4　数据库系统的内存逻辑结构

　　redo log 可以保证事务的持久性。当执行 COMMIT 提交事务时，系统会将脏块中的数据写入外存。若成功写入，被修改的数据在再次修改前保持不变；若数据在写入的过程中因发生死机等情况没有成功写入，即事务没有正常结束，当再次启动系统时，系统根据没有被执行完的事务从 redo log 中读入记录，继续完成该事务的执行。

　　针对缓冲池中不同的数据块，可以实现对不同用户的数据隔离级别。读未提交级别：指执行修改事务的用户和其他用户通过查询命令看到的数据是脏块中的数据。读已提交级别：指执行修改事务的用户通过查询命令看到的数据是脏块中的数据，而其他用户通过查询命令看到的数据是命中块中的数据，并没有看到修改事务的用户对数据库所做的改动。但执行 COMMIT 命令后，系统用脏块中的数据覆盖命中块中的数据，同时更新外存中的数据文件。可重复读级别：指用户查询到的是当前数据之前的历史数据。历史数据可能有多个版本，第一个版本叫第一个快照数据。通过 undo log 可以查找到当前数据的所有快照数据，一般称这种技术为多版本技术，相应的并发控制机制称为多版本并发控制（Multi Version Concurrency Control，MVCC）。

11.4　事务的并发控制

　　数据库资源共享是数据库的特点之一。为了高效利用数据库资源，应该允许多个用户程序并发地存取数据，由此会产生多个用户并发地存取同一数据的情况。如果多个用户同时操作一个数据库（或一个基本表），甚至同时操作一条记录或同时操作一个字段，这些用户操作是否会产生冲突，进而破坏数据库中数据的一致性呢？

　　当多个用户并发地存取数据时，会产生多个事务同时存取同一数据的情况。若对并发操作不进行控制，可能会产生数据丢失更新问题，即多个用户同时对某数据对象进行更新操作，但最终数据库只保留了一个用户的更新结果，此时数据库中存储了不正确的数据，破坏了数据库中数据的一致性。因此，必须对多个事务对数据库的并发操作实施隔离，即使如此，也可能会产生读脏数据、不可重复读、幻读等数据不一致情况。

11.4.1　丢失更新

丢失更新（Lost Update）：指事务 A 和事务 B 对同一数据进行读取并修改，但事务 B 提交的结果覆盖了事务 A 提交的结果，导致事务 A 的更新结果丢失。

假设事务 A 和事务 B 同时处理某账户的余额。首先事务 A、事务 B 依次从数据库中读取账户余额，然后分别执行更新操作。如果事务 A 先提交修改，事务 B 后提交的修改会覆盖事务 A 提交的修改，导致事务 A 对数据的更新丢失，如图 11.5 所示。数据库技术中，把多个事务对同一个对象进行更新操作，最后只保留部分事务更新结果的现象称为丢失更新。丢失更新会产生错误的数据，在数据库中是绝对不允许发生的。

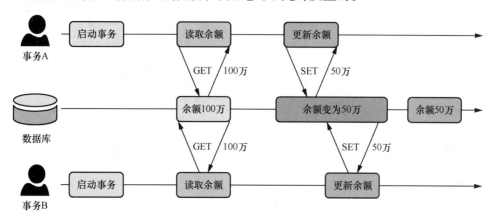

图 11.5　丢失更新

11.4.2　读脏数据

读脏数据（Dirty Read）：指一个事务读到了另一个未提交事务的数据，也称为"脏读"。

假设事务 A 和事务 B 同时处理某账户的余额。事务 A 首先从数据库中读取账户余额，然后执行更新操作，事务 A 还没有提交，而此时事务 B 正好也从数据库中读取账户余额，那么事务 B 读取到的余额是事务 A 更新后的数据。之后，事务 A 发生故障，执行回滚操作，那么事务 B 读到的数据为脏数据，如图 11.6 所示。数据库技术中，把未提交随后又被撤销的更新数据称为"脏数据"。

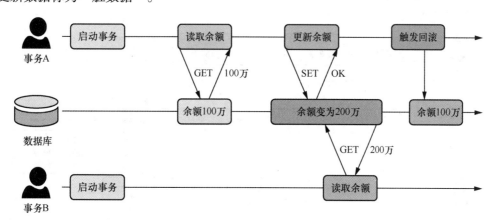

图 11.6　读脏数据

11.4.3　不可重复读

不可重复读（Unrepeatable Read）：指一个事务多次读取同一个数据，但前后读到的数据不一致。

假设事务 A 和事务 B 同时处理某账户的余额。事务 A 先从数据库中读取余额，然后继续进行代码逻辑处理。若在此期间事务 B 更新了余额，并进行了提交，那么当事务 A 再次读取余额时，前后两次读到的数据不一致，这种现象称为不可重复读，如图 11.7 所示。

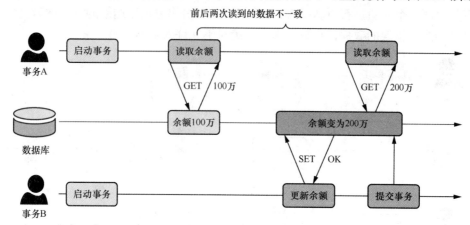

图 11.7　不可重复读

11.4.4　幻读

幻读（Phantom Read）：指当事务使用相同条件执行查询时，查询结果中记录个数忽多忽少，给人以"幻象"的感觉。这是因为在两次查询的时间间隔中，有并发事务对同一个表进行了插入或删除操作。

假设事务 A 和事务 B 同时处理某账户的余额。事务 A 首先从数据库查询账户余额大于100 万的记录数量，返回结果为 5 条，然后事务 B 按相同的查询条件查询，返回结果也为 5 条。接下来，事务 A 插入了一条余额超过 100 万的记录，并进行了提交，此时数据库中超过100 万余额的账户记录数量变为 6 条，当事务 B 再次查询账户余额大于 100 万的记录数量时，返回结果为 6 条，和上一次查询到的记录数量不一致，就像产生了幻觉一样，此现象称为幻读，如图 11.8 所示。

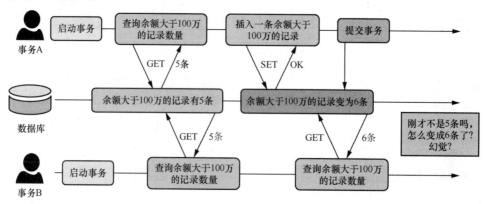

图 11.8　幻读

11.5 事务隔离级别

事务隔离级别（Transaction Isolation Level）：指一个事务对并行的另一个事务的隔离程度。为避免并发事务执行中出现丢失更新、脏读、不可重复读和幻读等现象，数据库系统提供了不同级别的事务隔离，防止事务相互影响。

SQL 标准定义了 4 种事务隔离级别，由低到高依次为读未提交（READ UNCOMMITTED）、读已提交（READ COMMITTED）、可重复读（REPEATABLE READ）、串行化（SERIALIZABLE）。

MySQL 数据库支持所有隔离级别，而 Oracle 只支持读已提交和串行化。

MySQL 中，查询当前事务的隔离级别的语法格式如下：

```
SELECT @@TRANSACTION _ISOLATION;
```

MySQL 中，设置当前事务的隔离级别的语法格式如下：

```
SET [GLOBAL|SESSION] TRANSACTION ISOLATION LEVEL 隔离级别名;
```

参数说明如下。

- GLOBAL：设置的隔离级别作用于所有用户。
- SESSION：设置的隔离级别作用于当前的会话和连接。

MySQL 中，查询当前事务的隔离级别的另一种语法格式如下：

```
SHOW VARIABLES LIKE 'transaction_isolation';
```

11.5.1 读未提交

读未提交：最低的隔离级别。该级别的事务可以读取另一个事务未提交的数据。

【例 11.5】账户表（account）中，A 账户的余额为 100。事务 T2 的隔离级别设置为读未提交，事务 T1 更新 A 账户的余额为 200，事务 T2 读取 A 账户的余额，事务 T1 随后又撤销更新，事务 T2 再读取 A 账户的余额。开启两个客户端窗口，按表 11.1 中的时间顺序执行语句，观察事务 T2 两次读取的余额。

表 11.1　读未提交隔离级别案例

时间	T1	T2
1		SET SESSION TRANSACTION ISOLATION LEVEL READ UNCOMMITTED;
2	START TRANSACTION;	START TRANSACTION;
3	UPDATE　account SET balance=balance+100 WHERE account_name='A';	
4		SELECT balance FROM account WHERE account_name='A';
5	ROLLBACK;	
6		SELECT balance FROM account WHERE account_name='A';
7		COMMIT;

分析：事务 T2 第 1 次读取 A 账户的余额为 200，是事务 T1 未提交的脏数据，第 2 次读取 A 账户的余额为 100，是事务 T1 执行撤销操作之后的余额。

11.5.2 读已提交

读已提交：次低的隔离级别。该级别的事务只能读取另一个事务已提交的数据。

【例 11.6】账户表中，A 账户的余额为 100。事务 T2 设置的隔离级别为读已提交，事务 T1 更新 A 账户的余额为 200，事务 T2 读取 A 账户的余额，事务 T1 提交更新，事务 T2 再读取 A 账户的余额。开启两个客户端窗口，按表 11.2 中的时间顺序执行语句，观察事务 T2 两次读取的余额。

表 11.2 读已提交隔离级别案例

时间	T1	T2
1		SET SESSION TRANSACTION ISOLATION LEVEL READ COMMITTED;
2	START TRANSACTION;	START TRANSACTION;
3	UPDATE account SET balance=balance+100 WHERE account_name='A';	
4		SELECT balance FROM account WHERE account_name='A';
5	COMMIT;	
6		SELECT balance FROM account WHERE account_name='A';
7		COMMIT;

分析：事务 T2 第 1 次读取 A 账户的余额为 100，第 2 次读取 A 账户的余额为 200，是事务 T1 提交之后的余额。该隔离级别解决了脏读问题。

11.5.3 可重复读

可重复读：较高的隔离级别。该级别可以保证在同一事务内执行相同的查询语句，返回的查询结果相同。

【例 11.7】账户表中，A 账户的余额为 100。事务 T2 的隔离级别设置为可重复读，事务 T1 更新 A 账户的余额为 200，事务 T2 读取 A 账户的余额，事务 T1 提交更新，事务 T2 再读取 A 账户的余额。开启两个客户端窗口，按表 11.3 中的时间顺序执行语句，观察事务 T2 两次读取的余额。

表 11.3 可重复读隔离级别案例（一）

时间	T1	T2
1		SET SESSION TRANSACTION ISOLATION LEVEL REPEATABLE READ;
2	START TRANSACTION;	START TRANSACTION;
3	UPDATE account SET balance=balance+100 WHERE account_name='A';	
4		SELECT balance FROM account WHERE account_name='A';
5	COMMIT;	
6		SELECT balance FROM account WHERE account_name='A';
7		COMMIT;

分析：事务 T2 第 1 次读取 A 账户的余额为 100，第 2 次读取 A 账户的余额也为 100，两次读取的结果相同，是可重复读的。该隔离级别解决了不可重复读问题。

【例 11.8】账户表中有 2 条记录。事务 T2 的隔离级别设置为可重复读，事务 T2 读取账户表中的数据，事务 T1 向账户表中又插入了一条记录并成功提交，事务 T2 再读取账户表中的数据。开启两个客户端窗口，按表 11.4 中的时间顺序执行语句，观察事务 T2 两次读取的记录数。

表 11.4　可重复读隔离级别案例（二）

时间	T1	T2
1		SET SESSION TRANSACTION ISOLATION LEVEL REPEATABLE READ;
2	START TRANSACTION;	START TRANSACTION; SELECT * FROM account ;
3	INSERT INTO account VALUES(202203,'C',800);	
4	COMMIT;	
5		SELECT * FROM account ;
6		COMMIT;

分析：事务 T2 第 1 次读取的记录数为 2，第 2 次读取的记录数也为 2，前后两次读取的记录数相同，但账户表中的记录数为 3。该隔离级别解决了幻读问题。

11.5.4　串行化

串行化：最高的隔离级别。该级别可以确保事务一个接着一个按顺序执行，不会出现脏读、不可重复读和幻读现象，但执行效率是所有事务隔离级别中最低的。

【例 11.9】账户表中，A 账户的余额为 100。事务 T2 的隔离级别设置为串行化，事务 T1 更新 A 账户的余额为 200，事务 T2 读取账户表中的数据，事务 T1 成功提交更新。开启两个客户端窗口，按表 11.5 中的时间顺序执行语句，观察其结果。

表 11.5　串行化隔离级别案例

时间	T1	T2
1		SET SESSION TRANSACTION ISOLATION LEVEL SERIALIZABLE;
2	START TRANSACTION;	START TRANSACTION;
3	UPDATE account SET balance=balance+100 WHERE account_name='A';	
4		SELECT * FROM account;
5	COMMIT;	
6		COMMIT;

分析：事务 T1、T2 同时开始，事务 T1 执行更新操作后，事务 T2 读取账户表中的数据，读取操作受阻，事务 T1 结束后，事务 T2 的读取操作才被执行，可见事务是串行执行的。串行执行的事务不会产生任何数据不一致现象。

11.5.5　事务隔离级别及其所解决的问题

事务隔离级别与可能产生的并发异常现象如表 11.6 所示，但不同的数据库产品有所差别。

表 11.6　事务隔离级别与可能产生的并发异常现象

隔离级别	丢失更新	脏读	不可重复读	幻读	备注
读未提交		可能	可能	可能	
读已提交			可能	可能	Oracle 默认 SQL Server 默认
可重复读				可能	MySQL 默认
串行化					

事务的隔离级别越高，越能保证数据的完整性和一致性，但对系统并发性能的影响也越大。对于大多数应用程序，可以优先考虑把数据库系统的隔离级别设为读已提交，此级别是 Oracle 和 SQL Server 的默认隔离级别，这样既可以有效避免数据的脏读，又可以使数据库系统具有较好的并发性能。尽管这种级别会导致不可重复读、幻读这些并发现象，但在个别应用场合可采用悲观锁或乐观锁进行控制。因此，合理选用不同的隔离级别可以在不同程度上避免前面所提及的各种异常现象。选取数据库的隔离级别时，可以参考以下几个原则。

（1）要排除数据脏读的影响，在多个事务之间就要避免进行"非授权的读"操作。因为事务的回滚操作或执行失败会影响其他并发事务，这可能导致数据库中的数据处于不一致的状态。

（2）绝大部分应用都无须使用串行化隔离级别。实际应用中，数据的幻读可以通过使用悲观锁机制强行使所有事务都序列化执行来避免。

（3）大部分数据库系统都默认将读已提交作为隔离级别，但 MySQL 例外。

提示：Oracle 和 SQL Server 都选择读已提交作为默认的隔离级别，而 MySQL 选择可重复读作为默认的隔离级别。

MySQL 提供了 Row、Mixed、Statement 这 3 种 binlog 格式。当 binlog 为 Statement 格式时，使用读已提交隔离级别进行主从复制时会出现数据不一致问题，因此 MySQL 将可重复读作为默认的隔离级别。另外，在该隔离级别下，MySQL 的 InnoDB 存储引擎中可以加入 MVCC 等机制来解决数据的幻读问题。

11.6　锁机制

锁机制

简单地说，数据库的锁机制的主要目的是使用户对数据的访问变得有序，保证数据的一致性。锁机制是实现宏观上高并发最简单的方式，但从微观的角度来看，锁机制其实是读写串行化。

锁是数据库系统区别于文件系统的一个关键特性。锁机制用于管理对共享资源的并发访问，实现数据的完整性和一致性。需要注意的是，虽然现在数据库产品做得越来越相似，但有多少种数据库产品，就可能有多少种锁的实现方法。在 SQL 语法层面上，因为 SQL 标准的存在，熟悉多个关系数据库系统并不是一件难事。而对于锁，用户可能对某个特定的关系数据库系统的锁机制有一定的了解，但并不意味着用户也了解其他数据库系统的锁机制。

11.6.1　MySQL 锁机制简介

MySQL 数据库支持多种数据存储引擎。由于每种存储引擎所针对的应用场景不一样，内部的锁机制针对它们各自所面对的特定场景优化设计，因此各存储引擎的锁机制在本质上也存在较大的区别。MySQL 常见的 InnoDB 存储引擎支持行级锁，但有时也升级为表级锁，而 MyISAM 存储引擎只支持表级锁。另外，有些存储引擎还支持页级锁（性能介于行级锁和表级锁之间，但不常用）。行级锁和表级锁的特点如下。

（1）表级锁开销小、加锁快，不会出现死锁，但由于其封锁粒度大，发生锁冲突的概率较高，抗并发能力较弱。

（2）行级锁开销大、加锁慢，会出现死锁，但由于其封锁粒度小，发生锁冲突的概率较低，抗并发能力较强。

封锁用于锁定数据库中的对象，如表、页、行，并且一般锁定的对象会在事务提交或回滚后被释放，事务隔离级别不同，释放的时间不同。

11.6.2 InnoDB 锁类型

数据库系统中常见的锁按照封锁粒度划分为页级锁、表级锁和行级锁。行级锁主要有读锁和写锁，表级锁主要为意向锁。

1．读锁

读锁，又称共享锁（Shared Lock，S 锁），封锁粒度是一行或多行，多个不同的事务对同一个资源可加多个 S 锁。如果事务 T1 对记录 R 加上了 S 锁，则会产生以下情况：

（1）其他事务只能对记录 R 加 S 锁，不能再加其他锁；

（2）对于被加上 S 锁的数据，用户只能进行读操作，不能进行写操作；

（3）如果要修改数据，必须等 S 锁释放。

设置 S 锁的语法格式如下：

```
SELECT 字段名列表 FROM 表名 WHERE 条件 LOCK IN SHARE MODE;
```

【例 11.10】事务 T1、T2 同时对记录 R 加 S 锁，再试图修改该记录。开启两个客户端窗口，按表 11.7 中的时间顺序执行语句，观察执行结果。

表 11.7　事务加 S 锁案例

时间	T1	T2
1	START TRANSACTION;	
2		START TRANSACTION;
3	SELECT * FROM account WHERE account_name='A' LOCK IN SHARE MODE;	
4		SELECT * FROM account WHERE account_name='A' LOCK IN SHARE MODE;
5		UPDATE account SET balance=balance+100 WHERE account_name='A';
6	COMMIT;	
7		COMMIT;

分析：事务 T1、T2 对记录 R 加 S 锁成功。但是，事务 T2 更新该记录时，程序会提示锁等待的错误信息。

2．写锁

写锁，又称排他锁（Exclusive Lock，X 锁），封锁粒度是一行或者多行。如果事务 T1 对记录 R 加上了 X 锁，则会产生以下情况：

（1）事务 T1 可以对记录 R 进行读操作和写操作；

（2）其他事务不能对记录 R 施加任何类型的锁，而且无法进行增加、删除、修改操作，直到事务 T1 对记录 R 加的 X 锁被释放。

设置 X 锁的语法格式如下：

```
SELECT 字段名列表 FROM 表名 WHERE 条件 FOR UPDATE;
```

【例 11.11】事务 T1 对记录 R 加 X 锁，事务 T2 对记录 R 加 S 锁，然后事务 T1 修改该记录。开启两个客户端窗口，按表 11.8 中的时间顺序执行语句，观察执行结果。

表 11.8　事务加 X 锁案例

时间	T1	T2
1	START TRANSACTION;	
2		START TRANSACTION;
3	SELECT * FROM account WHERE account_name='A' FOR UPDATE	
4		SELECT * FROM account WHERE account_name='A' LOCK IN SHARE MODE;
5	UPDATE account SET balance=balance+100 WHERE account_name='A';	
6	COMMIT;	
7		COMMIT;

分析：事务 T1 对记录 R 加 X 锁后，可以进行修改操作，但事务 T2 对该记录加 S 锁不成功，处于等待状态，直到事务 T1 结束后，事务 T2 才能获得 S 锁。SELECT 语句默认不会加任何锁，但可以查看加过锁的数据。

3．意向锁

意向锁（Intention Lock）的封锁粒度为表级。意向锁是数据库的自身行为，不需要人工干预，事务结束后自行解除。意向锁分为意向共享锁（IS 锁）和意向排他锁（IX 锁），用于提升存储引擎的性能。InnoDB 引擎中的 S 锁和 X 锁为行级锁，每当事务启动时，存储引擎需要遍历所有记录的锁持有情况，导致系统的性能损耗增加。因此 MySQL 数据库系统引入了意向锁，检查行级锁之前会先检查意向锁是否存在，如果存在则阻塞该线程。

一般情况下，事务要获取表中某记录的 S 锁必须先获取该表的 IS 锁；同样，事务要获取表中某记录的 X 锁必须先获取该表的 IX 锁。下面通过举例对意向锁的使用进行简单说明。

事务 T 对账户表（account）的某记录加 S 锁，此时，如果事务 T 仍需要对账户表的其他记录加 X 锁，则系统会执行以下步骤：

（1）判断账户表是否有表级锁；

（2）判断账户表的每一条记录是否有行级锁。

当数据量较大时（如 100 万～1000 万条记录），步骤（2）中的判断效率极低。引入意向锁后，步骤（2）可以转为对意向锁的判断，系统不需要对全表的所有记录进行判断，只需判断该表是否有表级锁，从而大大提高判断效率。事务 T 对表中某记录加 S 锁时，会先对该表加 IS 锁。此后，事务 T 再申请对其他记录加 X 锁时，发现此表已经有 IS 锁，意味着表中的所有记录已经有 S 锁，因此，事务 T 申请 X 锁的请求会被阻塞。

4．间隙锁

间隙锁（Gap Lock）是 InnoDB 引擎在可重复读的隔离级别下，为解决幻读和数据误删问题而引入的锁。当使用范围条件检索数据并请求 S 锁或 X 锁时，InnoDB 引擎对符合条件的记录加锁。键值在范围内但不存在的记录叫作"间隙"，InnoDB 引擎会对这个"间隙"加锁。

例如，账户表中 account_id 为主键，事务 T1 执行如下查询：

```
SELECT * FROM account  WHERE account_id>=202201 AND  account_id <=202204 FOR UPDATE;
```

若表中不存在 account_id 为 202203 的记录，该记录则为"间隙"，InnoDB 引擎会对"间隙"加锁。此时，如果事务 T2 插入一条 account_id 为 202203 的记录，则需要等到事务 T1 结束才可以插入成功。这就是 MySQL 数据库在可重复读的隔离级别下不会产生幻读的原因。

5．锁监控与优化

使用 InnoDB 引擎时，应该注意以下几点。

（1）合理设置索引，尽可能让所有的数据检索都通过索引来完成，从而避免数据库引擎因为无法通过索引加锁而使锁升级为表级锁。

（2）减少基于范围的数据检索，避免因间隙锁带来的负面影响而锁定不该锁定的记录。

（3）控制事务的大小，减少锁定的资源量和锁定时间。

（4）业务环境许可时，尽量使用较低级别的事务隔离，减小 MySQL 实现事务隔离级别的附加成本。

本 章 小 结

多个用户可以进行数据共享是数据库的重要特征之一。数据共享引起的并发操作会带来数据的不一致问题，因此数据库管理系统必须提供并发控制机制来协调并发用户的并发操作，保证并发事务的隔离性，保证数据库中数据的一致性。数据库系统的应用开发和管理中，要注意根据不同的并发操作情况，选择合适的事务隔离级别，提高数据库的运行效率。

习 题 11

11.1 选择题。

（1）下面对事务回滚的描述中正确的是_____。

A. 恢复事务对数据库的修改

B. 将事务对数据库的更新写入硬盘

C. 跳转到事务程序的开头重新执行

D. 将事务中修改后的新值恢复为事务开始时的旧值

（2）在数据库技术中，"脏数据"是指_____。

A. 未回滚的数据   B. 未提交的数据

C. 提交的数据　　　　　　　　　　D. 未提交随后又被撤销的数据

（3）数据库中的锁机制是＿＿＿＿＿＿的主要方法。

A. 完整性　　　　B. 安全性　　　　C. 并发控制　　　　D. 恢复

（4）若事务 T 对数据对象 A 加上 S 锁，则＿＿＿＿＿＿。

A. 事务 T 可以读 A 和修改 A，其他事务只能对 A 加 S 锁，不能加 X 锁

B. 事务 T 可以读 A 但不能修改 A，其他事务能对 A 加 S 锁和 X 锁

C. 事务 T 可以读 A 但不能修改 A，其他事务只能对 A 加 S 锁，不能加 X 锁

D. 事务 T 可以读 A 和修改 A，其他事务能对 A 加 S 锁和 X 锁

（5）若事务 T 对数据对象 R 已加 X 锁，则其他事务对数据对象 R＿＿＿＿＿＿。

A. 可以加 S 锁，不能加 X 锁　　　　　B. 不能加 S 锁，可以加 X 锁

C. 可以加 S 锁，也可以加 X 锁　　　　D. 不能加任何锁

11.2　并发操作可能会导致哪几种数据不一致情况？采用什么方法能避免各种不一致的情况？

11.3　什么是锁？试述锁的类型及含义。

11.4　SQL 标准定义了几种事务隔离级别？MySQL 数据库支持其中的几种事务隔离级别？MySQL 数据库默认的隔离级别是什么？

实验六　事务处理

【实验目的】

利用存储过程进行事务处理的相关操作，理解事务的 ACID 特性。

【实验内容】

某银行数据库（bank）中的账户表（account）结构如下，表中的账户余额不能为负值。表中的余额初值都为 1000。设计一个存储过程 p_transfer 用于转账，在转账过程中进行事务控制，要求能保证账户数据的一致性。

```
CREATE TABLE account(
account_id CHAR(6) PRIMARY KEY,
account_name VARCHAR(20),
balance DECIMAL(10,2) CHECK(balance>=0)
);
```

（1）创建存储过程 p_transfer。

（2）在账户表中插入两条记录('202201','张一',1000)、('202202','王二',1000)，调用存储过程 p_transfer 进行转账，从张一的账户转 600 给王二的账户，观察表中余额的变化。

第 12 章 数据库安全

本章学习目标：掌握数据库常用的用户标识与鉴别、存取控制、视图和密码存储等技术；了解数据库审计技术及我国的数据安全相关法规。

12.1 数据库安全概述

数据库安全，是为了保护数据库以防止对数据库的不合法使用和因偶然或恶意的原因，使数据库中数据遭到非法更改、破坏或泄露等所采取的各种技术、管理、立法及其他安全性措施的总称。数据库的安全性是评价数据库系统性能的一个重要指标。安全问题不是数据库系统所特有的，几乎所有计算机系统都有这个问题。只是数据库系统中存有大量的数据，而且这些数据为许多用户所共享，从而使得数据库的安全问题更加重要。

数据库的安全不是孤立的，它与许多方面都有联系，它与计算机系统的安全紧密相连，是计算机系统安全的一部分。而计算机系统的安全问题概括起来可分为计算机系统本身的技术问题、管理问题和政策法律问题。这些问题涵盖：计算机安全理论与策略、计算机安全技术、计算机犯罪与侦查、计算机安全法律和安全监察等。

系统安全保护措施的有效性是数据库系统的主要技术指标之一。

12.1.1 数据库的不安全因素

对数据库安全产生威胁的因素主要有以下几个。

1．非授权用户对数据库的恶意存取和破坏

一些黑客（Hacker）和犯罪分子在用户存取数据时猎取用户名和用户口令，然后假冒合法用户偷取、修改甚至破坏用户数据。因此，必须阻止有损数据库安全的非法操作，以保证数据免受未经授权的访问和破坏。数据库管理系统提供的安全措施主要包括用户身份鉴别、存取控制和视图等。

2．数据库中重要或敏感的数据被泄露

黑客和犯罪分子千方百计盗窃数据库中的重要数据，一些机密数据可能被泄露。为防止数据泄露，数据库管理系统提供了强制存取控制、数据加密存储和加密传输等技术。

此外，在为安全性要求较高的部门提供审计功能时，通过分析审计日志，可以对潜在的威胁提前采取措施加以防范，对非授权用户的入侵行为及信息破坏情况进行跟踪，防止对数据库安全责任的否认。

3．安全环境的脆弱性

数据库的安全性与计算机系统的安全性（包括计算机硬件、操作系统、网络系统等的安全性）是紧密联系的。操作系统安全环境的脆弱性、网络协议安全保障的不足等都会造成数据库安全性被破坏。因此，必须加强计算机系统的安全性保障。

12.1.2　数据安全保障

为了规范数据处理活动，保障数据安全，促进数据开发利用，保护个人、组织的合法权益，维护国家主权、安全和发展利益，2021 年 6 月 10 日第十三届全国人民代表大会常务委员会第二十九次会议通过《中华人民共和国数据安全法》，自 2021 年 9 月 1 日起施行。在中华人民共和国境内开展数据处理活动及其安全监管，适用本法。在中华人民共和国境外开展数据处理活动，损害中华人民共和国国家安全、公共利益或者公民和组织合法权益的，将依法追究法律责任。

为了贯彻落实党的教育方针，落实立德树人的根本任务，让读者更好地了解《中华人民共和国数据安全法》，特节选第四章，即数据安全保护义务的全部内容如下。

第四章　数据安全保护义务

第二十七条　开展数据处理活动应当依照法律、法规的规定，建立健全全流程数据安全管理制度，组织开展数据安全教育培训，采取相应的技术措施和其他必要措施，保障数据安全。利用互联网等信息网络开展数据处理活动，应当在网络安全等级保护制度的基础上，履行上述数据安全保护义务。

重要数据的处理者应当明确数据安全负责人和管理机构，落实数据安全保护责任。

第二十八条　开展数据处理活动以及研究开发数据新技术，应当有利于促进经济社会发展，增进人民福祉，符合社会公德和伦理。

第二十九条　开展数据处理活动应当加强风险监测，发现数据安全缺陷、漏洞等风险时，应当立即采取补救措施；发生数据安全事件时，应当立即采取处置措施，按照规定及时告知用户并向有关主管部门报告。

第三十条　重要数据的处理者应当按照规定对其数据处理活动定期开展风险评估，并向有关主管部门报送风险评估报告。

风险评估报告应当包括处理的重要数据的种类、数量，开展数据处理活动的情况，面临的数据安全风险及其应对措施等。

第三十一条　关键信息基础设施的运营者在中华人民共和国境内运营中收集和产生的重要数据的出境安全管理，适用《中华人民共和国网络安全法》的规定；其他数据处理者在中华人民共和国境内运营中收集和产生的重要数据的出境安全管理办法，由国家网信部门会同国务院有关部门制定。

第三十二条　任何组织、个人收集数据，应当采取合法、正当的方式，不得窃取或者以其他非法方式获取数据。

法律、行政法规对收集、使用数据的目的、范围有规定的，应当在法律、行政法规规定的目的和范围内收集、使用数据。

第三十三条　从事数据交易中介服务的机构提供服务，应当要求数据提供方说明数据来源，审核交易双方的身份，并留存审核、交易记录。

第三十四条　法律、行政法规规定提供数据处理相关服务应当取得行政许可的，服务提供者应当依法取得许可。

第三十五条　公安机关、国家安全机关因依法维护国家安全或者侦查犯罪的需要调取数据，应当按照国家有关规定，经过严格的批准手续，依法进行，有关组织、个人应当予以配合。

第三十六条　中华人民共和国主管机关根据有关法律和中华人民共和国缔结或者参加的国际条约、协定，或者按照平等互惠原则，处理外国司法或者执法机构关于提供数据的请求。非经中华人民共和国主管机关批准，境内的组织、个人不得向外国司法或者执法机构提供存储于中华人民共和国境内的数据。

12.2　数据库安全控制技术

在数据库系统中，安全措施不是孤立的，它是建立在系统环境中的。计算机系统本身也有自己的安全模型，如图 12.1 所示。

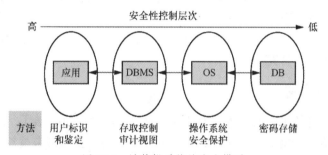

图 12.1　计算机系统的安全模型

数据库安全控制的核心是保证提供对数据库中数据的安全存取服务，即在向合法用户的合法要求提供可靠的数据服务的同时，又拒绝非法用户对数据的各种访问要求或合法用户的非法要求。具体实现安全控制的技术主要有下面几种。

12.2.1　用户标识与鉴别

用户标识与鉴别是计算机系统也是数据库系统的安全机制提供的最重要、最外层的安全保护措施之一。每当用户要求进入系统时，由系统核对身份，通过鉴别后才提供系统的使用权。

标识用户最简单、最常用、最基本的方法就是用户名，而鉴别则是系统确定用户身份的方法和过程。目前鉴别用户身份的方法主要有下面几种。

1．静态口令鉴别

静态口令鉴别是当前常用的鉴别方法。静态口令一般由用户自己设定，用户只需要按要求输入正确的口令，系统即允许用户使用数据库管理系统。这些口令是不变的，在实际应用中，用户常常用自己的生日、电话、简单易记的数字等作为口令，很容易被破解，而口令一旦被破解，非法用户就可以冒充合法用户使用数据库。因此，这种方法虽然简单，但是安全性较低。

2．动态口令鉴别

动态口令鉴别是目前较为安全的鉴别方法，这种方法的口令是变化的，用户每次均须使用动态产生的新口令（即一次一密）登录数据库管理系统。常用的方式有短信验证和动态令牌，每次鉴别时要求用户通过短信或令牌等途径获取新口令，登录数据库管理系统。与静态口令鉴别相比，这种鉴别方法增加了窃取或破解口令的难度，安全性相对高一些。

3．生物特征鉴别

生物特征鉴别是一种通过生物特征进行鉴别的方法。其中生物特征是指生物体唯一具有的可测量、识别和验证的稳定特征，如指纹、虹膜和掌纹等。这种方法通过采用图像处理和模式识别等技术，实现了基于生物特征的鉴别，与传统的口令鉴别相比，无疑实现了质的飞跃，安全性较高。

4．智能卡鉴别

智能卡是一种不可复制的硬件，内置集成电路的芯片，具有硬件加密功能。智能卡由用户随身携带，登录数据库管理系统时，用户将智能卡插入专用的读卡器进行身份鉴别。由于每次从智能卡中读取的数据是静态的，通过内存扫描或网络监听等技术还是可以截取用户的身份验证信息，因此存在安全隐患。实际应用中一般采用个人身份识别码（Personal Identification Number，PIN）和智能卡相结合的方法，这样即使 PIN 或智能卡中有一种被窃取，用户身份仍不会被冒充。

12.2.2　存取控制

数据库安全控制技术中另一重要的技术就是 DBMS 的存取控制技术。要保证数据库安全，必须确保只给有资格的用户访问数据库的权限，同时令所有未被授权的人员无法进入数据库系统。

目前实现存取控制主要采取两种方式，即自主存取控制和强制存取控制。

1．自主存取控制

数据库自主存取控制机制定义用户对对象的访问权限。对访问权限的定义称为授权。数据库安全就是确保只有有权限的用户才能访问相应的对象。几乎所有的数据库系统都采用这种方式。

在自主存取控制中，用户对于不同的数据库对象有不同的存取权限，不同的用户对同一数据库对象也有不同的存取权限，而且，用户还可以将自己的存取权限转授给其他用户。自主存取控制能够通过授权机制有效地控制用户对数据库的访问，但是由于用户对数据库访问权限的设定有一定的自主性，用户有可能由于疏忽而将某些权限转授给他人，从而造成数据的无意泄露。因此，在安全性要求较高的数据库系统当中，有必要采取更严格的措施来保证对数据访问的限制。

2．强制存取控制

所谓强制存取控制，是指系统为保证较高程度的安全性，按照相应标准中安全策略的要求，所采取的强制存取检查手段。它不是用户能直接感知或进行控制的。强制存取控制适合那些对数据有严格要求的部门，如军事部门或政府部门。

在强制存取控制中，DBMS 所管理的全部实体被分为主体和客体。

主体是系统中的主动实体，包括 DBMS 所管理的所有用户，也包括代表用户的实际进程。客体是被动实体，是被主体操纵和访问的，包括文件、关系表、索引、视图、数据等。对于二者，DBMS 分别指派了敏感度标记。

敏感度标记被分成若干级，如绝密、机密、可信、公开等。主体的敏感度标记称为许可证级别，客体的敏感度标记称为密级。强制存取控制通过比较二者的敏感度标记，最终确定主体能否读取客体。

具体规则如下。

（1）仅当主体的许可证级别大于或等于客体的密级时，主体才能读取相应的客体。

（2）仅当主体的许可证级别等于客体的密级时，主体才能写入相应的客体。

规则（1）很容易理解，规则（2）则不是显而易见的，需要解释一下。主体只能存入或修改同级别的客体，不能修改不同级别的客体。这就完全杜绝了通过计算机上级修改下级所上报的所有原始数据的可能性，保证了原始数据的客观性。

最后，需要提醒的是，具有较高安全性的系统一般都包含具有较低安全性的系统的保护措施，对于强制存取控制也不例外，实现强制存取控制的系统都包含自主存取控制。系统首先进行自主存取控制，然后进行强制存取控制，只有二者都通过，操作方能进行。

12.2.3　视图机制

前面的章节已经提到视图的概念及相关 SQL 命令，在本节，我们可以从安全角度来研究视图机制。进行存取权限控制时，可以为不同的用户定义不同的视图，把用户可以访问的数据限制在一定范围之内。换句话说，就是通过视图机制把用户不需要访问的数据隐藏起来，从而间接地实现提高数据库安全性的目的。

视图机制还可以只对部分列或某些记录进行保护。而前面介绍的命令只能对表级进行保护，不能精确到行级或列级的保护。举例如下。

【例 12.1】建立计算机系学生的视图，把该视图的 SELECT 权限授予王平。

```
-- 建立计算机系学生的视图
CREATE VIEW cs_student
AS
SELECT * FROM student  WHERE  dept='计算机';
-- 将 SELECT 权限授予王平
GRANT SELECT ON cs_student  TO 王平;
```

显然，王平只能查询计算机系学生的信息。

12.2.4　数据加密

数据加密

用户标识与鉴别、存取控制等安全措施，目的都是防止非法从数据库系统中窃取或破坏数据，但数据常常通过通信线路进行传输，有人可能通过不正常渠道窃听信道，以窃取数据。对于这种情况，上述几种安全措施就无能为力了。为了防止这类窃取活动，最常用的方法就是数据加密。传输中的数据是经过加密的，非法人员即使窃取到这种经过加密的数据，也很难解密。

数据库中存储着各种各样的数据，但当涉及与密码相关的数据存储时，往往都需要对其进行加密。MySQL 数据库有自带的加密函数，下面我们通过单向加密和双向加密来了解一下 MySQL 的加密函数。

在认识加密函数之前，首先要了解一下存储加密数据的数据类型 BLOB。BLOB 是二进制类型，用于存储大小不同的数据，根据存储数据的大小通常将其分为 4 种：TinyBLOB（最大为 255Byte）、BLOB（最大为 65KB）、MediumBLOB（最大为 16MB）、LongBLOB（最大为 4GB）。

单向加密实质上是对用户密码做 HASH（即采用哈希算法），本质上不算加密，只是利用了 HASH 的单向性，使从明文到密文可行，但根据密文无法查看到明文。单向加密函数通常有 MD5()、SHA1() 和 PASSWORD() 等。

双向加密是指明文可以变成密文存储在数据库中，同时密文也能通过相应的解密方法变为明文。双向加密函数有 ENCODE() 和 DECODE()、DES_ENCRYPT() 和 DES_DECRYPT()、AES_ENCRYPT() 和 AES_DECRYPT() 这 3 种，双向加密函数的语法格式如下。

加密函数：AES_ENCRYPT('需加密的数据', '加密字符串')

解密函数：AES_DECRYPT('已加密的数据', '解密字符串')

其中，'加密字符串' 与 '解密字符串' 要一致。

【例 12.2】创建 CREATE TABLE users(username VARCHAR(128), pwd BLOB)测试表，分别用 MD5() 和 AES_ENCRYPT() 对 pwd 字段的内容进行加密，并观察加密的内容。

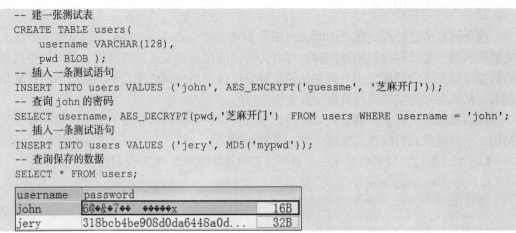

```
-- 建一张测试表
CREATE TABLE users(
    username VARCHAR(128),
    pwd BLOB );
-- 插入一条测试语句
INSERT INTO users VALUES ('john', AES_ENCRYPT('guessme', '芝麻开门'));
-- 查询 john 的密码
SELECT username, AES_DECRYPT(pwd,'芝麻开门')  FROM users WHERE username = 'john';
-- 插入一条测试语句
INSERT INTO users VALUES ('jery', MD5('mypwd'));
-- 查询保存的数据
SELECT * FROM users;
```

username	password	
john	6@◆&◆7◆◆ ◆◆◆◆◆x	16B
jery	318bcb4be908d0da6448a0d...	32B

从【例 12.2】可以看出，单向加密的数据没有办法解密，这种方法可以避免所有人看到加密的内容。双向加密的数据只要知道 '加密字符串' 就能解密，加密者可以查看到原数据。

12.2.5 审计日志

任何安全技术都不可能是完美无缺的，前面介绍的几项技术也不例外，蓄意破坏、非法窃取数据的人总是会想尽办法来攻破这些安全技术，而且事实证明，这些办法时有成功。前面介绍的技术属于犯罪预防一类，本节介绍的技术属于另一类，即犯罪的侦破与惩罚。审计就是犯罪侦破中的一个重要技术，它跟踪、记录用户对数据库的所有操作，并把这些信息保存在审计日志中。技术人员可以利用这些信息，分析导致数据泄露或损坏的一系列事件，从而找出非法访问数据的人、时间、地点、内容等有关信息，以便后续对犯罪人员进行惩罚。

数据库审计功能的作用主要是将用户对数据库的各类操作行为记录下来并将其存入审

计日志，以便日后进行跟踪、查询、分析，实现对用户操作的监控和审计。审计通常是很耗费时间和空间的，所以这项功能一般作为 DBMS 的可选项，主要用于安全性要求较高的部门或单位。MySQL 社区版没有审计功能，在此不做演示。

12.3　MySQL 权限系统

在 MySQL 服务器运行时，客户端请求连接必须提供有效的身份认证信息，如用户名和密码。MySQL 用户可以分为根（root）用户和普通用户。根用户是超级管理员，用户名为 root，拥有所有权限，包括创建用户、删除用户和修改用户的密码等管理权限；普通用户只拥有被授予的各种权限。当某用户执行任何数据库操作时，服务器会验证该用户是否具有相应的权限，例如，查询对象需要 SELECT 权限、删除对象需要 DROP 权限。MySQL 8.0 提供了角色功能。角色（Role）作为一组权限的集合，使对用户的权限管理变得更加方便。

12.3.1　用户管理

1．创建用户

由于 MySQL 中所有用户的信息都保存在 mysql.user 表中，因此，创建用户可以直接通过利用 root 用户登录 MySQL 服务器，然后向 mysql.user 表中插入记录来实现。但是在开发中为保证数据的安全，并不推荐使用此方式创建用户，而是建议采用 MySQL 提供的 CREATE USER 和 GRANT 语句创建用户。其中，GRANT 语句在创建用户的同时还可以完成权限的设置。

用户管理

使用 CREATE USER 语句每创建一个新用户，都会在 mysql.user 表中添加一条记录，同时服务器会自动修改相应的授权表。但需要注意的是，该语句创建的新用户默认没有任何权限，需要使用 GRANT 语句进行授权。CREATE USER 语句的基本语法格式如下。

```
CREATE USER [IF NOT EXISTS]
账户名[用户身份验证选项][,...]
[WITH 资源控制选项][密码管理选项|账户锁定选项]
```

CREATE USER 语句可以一次创建多个用户，多个用户之间使用逗号分隔。其中，账户名是由"用户名@主机名"组成的，其余选项在创建用户时若未设置则使用默认值，如表 12.1 所示。

表 12.1　CREATE USER 语句的选项

选项	默认值
用户身份验证选项	由 default_authentication_plugin 插件进行身份验证
加密连接协议选项	NONE
资源控制选项	N（表示无限制）
密码管理选项	PASSWORD EXPIRE DEFAULT
账户锁定选项	ACCOUNT UNLOCK

在表 12.1 中，用户身份验证选项的设置仅适用于其前面的账户名，可将其理解为某个用户的私有属性；其余选项对声明中的所有用户都有效，可以将其理解为全局属性。

提示：创建用户时，用户名不能超过 32 个字符，且区分大小写，但是主机地址不区分大小写。

为了让读者更好地理解与使用创建用户的方法，下面一一演示用户的创建。

（1）创建最简单的用户。在创建用户时，若不指定主机地址、密码及相关的用户选项，则表示此用户在访问 MySQL 服务器时不限定客户端，不需要密码，并且没有任何限制。

【例 12.3】创建新的用户 user1，并设置密码为 user1，具体的 SQL 语句如下。

```
-- 本地登录账户
CREATE USER user1@localhost IDENTIFIED BY 'user1';
-- 任何主机登录账户
CREATE USER user1 IDENTIFIED BY 'user1';
```

MySQL 中的账户名由用户名和主机名共同决定。不指定主机名或者使用%表示主机名，表示该用户可以从任何主机登录。IDENTIFIED BY 用于指定用户的密码。

本例中的 user1@localhost 和 user1 在系统中是两个不同的账户。

（2）创建有密码期限的用户。在创建用户时，不仅可以为用户设置密码，还可以为密码设置有效时间。密码管理选项如表 12.2 所示。

表 12.2　密码管理选项

选项	说明
PASSWORD EXPIRE	将密码标记为过期
PASSWORD EXPIRE DEFAULT	系统指定设置密码的有效性
PASSWORD EXPIRE NEVER	密码永不过期
PASSWORD EXPIRE INTERVAL *n* DAY	将账户密码有效期设置为 *n* 天

使用表 12.2 中的 PASSWORD EXPIRE 选项创建的用户在登录后，执行任何 SQL 语句进行操作前都需要重置密码，否则会出现错误提示信息。

注意：在重置用户密码时，操作的用户必须要有全局的 CREATE USER 权限或 MySQL 数据库的 UPDATE 权限。

【例 12.4】创建名为 user2 的用户，并设置其密码每 180 天变更一次，具体 SQL 语句如下。

```
CREATE USER user2 IDENTIFIED BY 'user2' PASSWORD expire INTERVAL 180 DAY;
```

注意：为了确保 MySQL 客户端本身的安全，通常情况下推荐每 3～6 个月变更一次用户密码。

2．修改用户信息

用户创建完成后，管理员可以通过 SQL 语句修改用户信息，包括账户名、密码、验证方式、资源限制和账户状态等。

（1）修改账户名，具体 SQL 语句如下。

```
RENAME USER <旧账户名> TO <新账户名>;
```

【例 12.5】将账户名 user1@localhost 修改为 user1@'202.208.5.8'。

```
RENAME USER user1@localhost TO user1@'202.208.5.8';
```

（2）修改密码、验证方式、资源限制和账户状态等信息，具体 SQL 语句如下。

```
ALTER USER
账户名[用户身份验证选项][,…]
[WITH 资源控制选项][密码管理选项|账户锁定选项];
```

【例 12.6】将密码 user1 修改为 user_1，将验证方式修改为 sha256_password，密码长期有效，用户为解锁状态，具体 SQL 语句如下。

```
ALTER USER user1 IDENTIFIED  WITH 'sha256_password' BY 'user_1'
PASSWORD expire never ACCOUNT UNLOCK;
```

MySQL 中的 ALTER USER 语句可以用于修改用户的属性，修改用户属性的语法格式参照创建用户的语法格式。

（3）修改 root 用户的密码有两种方式。

方式一：root 用户连接服务器后修改自己的密码，语法格式如下。

```
-- 语法格式
ALTER USER USER() IDENTIFIED BY 'password';
-- 实例
ALTER USER USER() IDENTIFIED BY 'root';
```

方式二：用 mysqladmin 命令修改 root 用户的密码，语法格式如下。

```
-- 语法格式
mysqladmin -u username -h hostname -p password 'newpassword'
-- 实例
mysqladmin -u root -p password '123'
```

3．删除用户

DROP USER 语句用于删除用户。

用户创建完成后，管理员可以通过 DROP USER 语句删除用户，一次可以删除多个用户，语法格式如下。

```
DROP USER [IF EXISTS] <账户名>,…;
```

【例 12.7】删除 user4@localhost 和 user5@202.208.5.8 两个用户。

```
DROP USER user4@localhost,user5@202.208.5.8;
```

提示：如果被删除的用户已经连接到 MySQL 服务器，用户可以继续执行操作，但是无法建立新的连接，被删除用户创建的对象仍有效。

12.3.2　权限管理

权限管理

在实际项目开发中，为了保证数据的安全，数据库管理员需要为不同层级的操作人员分配不同的权限，限制登录 MySQL 服务器的用户只能在其权限范围内操作。同时数据库管理员还可以根据不同的情况为用户增加权限或回收用户权限，从而控制用户的权限。

1．授予权限

MySQL 中的权限信息根据其作用范围，分别存储在 MySQL 数据库中的不同数据表中。MySQL 启动时会自动加载这些权限信息，并将这些权限信息读取到内存中。与权限相关的数据表如表 12.3 所示。

表 12.3　与权限相关的数据表

数据表	描述
user	保存用户被授予的全局权限
db	保存用户被授予的数据库权限
tables_priv	保存用户被授予的表权限
columns priv	保存用户被授予的列权限

数据表	描述
procs priv	保存用户被授予的存储过程权限
proxies priv	保存用户被授予的代理权限

MySQL 提供的 GRANT 语句用于实现用户权限的授予，其基本语法格式如下。

```
GRANT
权限类型[字段列表][,权限类型[字段列表]] …
ON[目标类型]权限级别
TO 账户名[用户身份验证选项][,账户名[用户身份验证选项]] …
[REQUIRE 连接方式]
[WITH{GRANT OPTION|资源控制选项}]
```

在上述语法中，权限类型指的是数据权限（对表中数据进行增、删、改、查的权限）、结构权限（对数据库对象进行增、删、改、查的权限）和管理权限（数据库系统管理权限）的某一种；字段列表用于设置列权限；ON 后的目标类型默认为 TABLE，表示将全局、数据库、表或列中的某些权限授予指定的用户，另外，其值还可以是 FUNCTION（函数）或 PROCEDURE（存储过程）。权限级别用于定义全局权限、数据库权限和表权限，添加 GRANT OPTION 表示当前账户可以为其他账户授权。其余各选项均与 CREATE USER 语句中的用户选项相同，这里不赘述。

为用户授予权限分为 6 个不同的级别，具体的实现取决于 ON 子句以及权限列表，如表 12.4 所示。

表 12.4　用户授权级别

权限级别	实现语法
全局权限	GRANT 权限列表 ON *.* TO 账户名[WITH GRANT OPTION];
数据库权限	GRANT 权限列表 ON 数据库名.* TO 账户名[WITH GRANT OPTION];
表权限	GRANT 权限列表 ON 数据库名.表名 TO 账户名[WITH GRANT OPTION];
列权限	GRANT 权限类型(字段列表)[,…] ON 数据库名.表名 TO 账户名[WITH GRANT OPTION];
存储过程权限	GRANT EXECUTE|ALTER ROUTINE| CREATE ROUTINE ON{[*.*|数据库名.*]|PROCEDURE 数据库名.存储过程} TO 账户名[WITH GRANT OPTION];
代理权限	GRANT PROXY ON 账户名 TO 账户名[WITH GRANT OPTION];

需要注意的是，要想使用 GRANT 语句为用户授权，必须拥有 GRANT OPTION 权限，且在启用 read_only 系统变量时，还必须拥有 SUPER 权限。

【例 12.8】创建 user1、user2 两个用户，密码与用户名相同。给 user1 授予所有权限，通过 user1 登录服务器，给 user2 授予 teaching_manage 数据库中的 score 表的 SELECT 权限、INSERT 权限和修改 grade 字段的权限。

```
-- 创建 user1、user2 用户
CREATE USER user1 IDENTIFIED BY 'user1', user2 IDENTIFIED BY 'user2';
-- 给 user1 授予所有权限
```

```
GRANT ALL PRIVILEGES ON *.* TO user1 WITH GRANT OPTION;
-- 用user1登录服务器后给user2授权
GRANT SELECT,INSERT,UPDATE(grade) ON teaching_manage.score TO user2;
-- 查看user2的权限
SELECT * FROM mysql.tables_priv WHERE USER='user2';
```

提示：MySQL 安全四原则如下。

（1）最小权限原则：只授予能满足需要的最小权限。例如，用户只需要查询，那只授予 SELECT 权限就可以了，不要给用户授予 UPDATE、INSERT 或者 DELETE 权限。

（2）限定主机原则：创建用户的时候限制用户的登录主机，一般是指定 IP 地址或者内网 IP 地址段。

（3）密码复杂度原则：每个可访问数据库的用户都要设置满足密码复杂度的密码。

（4）定期清理原则：对于不需要的用户，及时回收权限或者删除用户。

2．查看权限

MySQL 查看用户权限有两种方式，一是查看用户的授权情况，二是查看用户对数据库的访问权限，基本语法格式如下。

（1）查看用户的授权情况。

```
SHOW GRANTS FOR <用户|角色>;
```

（2）查看用户对数据库的访问权限。

```
SELECT * FROM mysql.tables_priv WHERE USER='用户名';
```

【例 12.9】分别用两种方式查看用户 user2 的权限。

```
-- 查看用户的权限情况
SHOW GRANTS FOR user2;
-- 查看用户对数据库的访问权限
SELECT * FROM mysql.tables_priv WHERE USER='user2';
```

3．回收权限

在 MySQL 中，为了保证数据库的安全，需要将用户不必要的权限回收。例如，数据库管理员发现某个用户不应该具有 DELETE 权限，就应该及时将其收回。MySQL 专门提供了 REVOKE 语句用于回收指定用户的权限，其基本语法格式如下。

```
REVOKE
权限类型[字段列表][,权限类型[字段列表]]...
ON[目标类型]权限级别
FROM 账户名 [,账户名] ...
```

在上述语法中，权限类型、目标类型以及权限级别与授予权限的 GRANT 语句中的相同。

【例 12.10】回收用户 userl 对 teaching_manage.score 表的 SELECT 权限、INSERT 权限和 grade 字段的修改权限，具体 SQL 语句如下。

```
-- 精准回收相应的权限
REVOKE SELECT,INSERT,UPDATE(grade) ON teaching_manage.score FROM user1;
-- 通过回收 UPDATE 权限来回收 grade 字段的修改权限
  REVOKE SELECT,INSERT,UPDATE ON teaching_manage.score FROM user1;
-- 回收 teaching_manage 数据库中的 score 表上的一切数据权限
  REVOKE ALL ON teaching_manage.score FROM user1;
```

12.3.3　角色管理

当用户越来越多时，权限的管理也越来越复杂；而实际上，许多用户需要相同或类似的权限。MySQL 8.0 引入了一个新的特性：角色。角色是一组权限的集合。

与账户类似,通过角色也可以授予权限;但是角色不能用于登录数据库。通过角色为用户授权的基本语法格式如下。

角色管理

（1）创建角色，语法格式如下。

```
CREATE ROLE [IF NOT EXISTS] role[,role]…;
```

（2）为角色授予权限。

```
GRANT 权限列表 ON 数据库名.表名 TO 角色名[WITH GRANT OPTION];
```

（3）为用户指定角色。

```
GRANT role[,role] TO user|role[,user|role]…[WITH GRANT OPTION];
```

（4）查看角色权限。

```
SHOW GRANTS FOR <角色|用户>;
```

（5）回收角色权限。

```
REVOKE role FROM user;
```

（6）删除角色。

```
DROP ROLE [IF EXISTS] role[,role]…;
```

【例 12.11】MySQL 数据库管理员为了方便对 teaching_manage 数据库进行管理，对学校人员采用角色管理，分别为学校的管理员、教师和学生创建 3 个角色（r_admin、r_teacher、r_student）。按照上述角色管理步骤对角色进行管理，具体的 SQL 语句如下。

```
-- 创建 3 个角色
CREATE role IF NOT EXISTS r_admin,r_teacher,r_student;
-- 给 r_admin 授予 teaching_manage 的一切管理权限
GRANT ALL ON teaching_manage.* TO r_admin;
-- 给 r_teacher 授予 score 的增、删、改、查权限
GRANT SELECT,INSERT,DELETE,UPDATE ON teaching_manage.score TO r_teacher;
-- 给 r_student 授予 score 的查询权限
GRANT SELECT ON teaching_manage.score TO r_student;
-- 分别创建 3 类用户
CREATE USER student1,student2,teacher1,teacher2,admin;
-- 给 3 类用户授予不同的角色
GRANT r_admin TO admin;
GRANT r_teacher TO teacher1,teacher2;
GRANT r_student TO student1,student2;
-- 分别查看用户和角色的授权情况
SHOW GRANTS FOR r_student;
SHOW GRANTS FOR r_teacher;
SHOW GRANTS FOR r_admin;
SHOW GRANTS FOR admin;
-- 回收授予用户的角色权限
REVOKE r_student FROM student1,student2;
-- 删除角色
DROP role r_student,r_teacher;
```

本 章 小 结

本章主要介绍了数据库安全的概念和保证数据库安全所使用的技术，主要包括用户标识与鉴别、存取控制、视图机制、数据加密、审计日志等。其中自主存取控制和数据加密

是十分常用和十分有效的数据库安全控制技术。在创建数据库系统时，必须把数据安全放到一个很重要的地位来考虑，并提供相应的解决方案。

习　题　12

12.1　选择题。

（1）SQL 的 GRANT 语句和 REVOKE 语句可以用来实现＿＿＿＿＿＿。

A. 自主存取控制　　　　　　　　　B. 强制存取控制

C. 审计日志　　　　　　　　　　　D. 身份鉴别

（2）要防止窃听信道以窃取数据，常用的安全控制技术为＿＿＿＿＿＿。

A. 自主存取控制　　　　　　　　　B. 强制存取控制

C. 审计日志　　　　　　　　　　　D. 数据加密

（3）以下不属于数据库安全控制技术的为＿＿＿＿＿＿。

A. 用户口令　　　B. 存取控制　　　C. 视图　　　　D. 触发器

（4）对数据库中的某个表进行增、删、改、查等操作的监控属于＿＿＿＿＿＿。

A. 自主存取控制　　　　　　　　　B. 强制存取控制

C. 审计日志　　　　　　　　　　　D. 身份鉴别

12.2　什么是数据库的安全性?

12.3　简述实现数据库安全控制常用的方法和技术。

12.4　什么是数据库的审计功能?

12.5　简述数据加密常用的两种方法。

实验七　数据库安全控制

【实验目的】

掌握数据库安全控制的一般方法，包括创建用户、为用户授权及回收权限等操作。

【实验内容】

7-1　创建用户。

（1）创建用户 user1 @localhost，密码为 user1。

（2）创建用户 user2，密码为 user2。

7-2　授权及回收权限。

（1）系统用户 root 授予用户 user1 创建数据库 teachingdb2 及其所有对象的权限。

（2）授予 user1 对 teachingdb 所有对象的 SELECT 权限，并使该用户具有给其他用户授予相同权限的权限。

（3）给 user1 和 user2 授予 stuednt 表的所有权限。

（4）授予 user2 对 score 表的 grade 字段的 UPDATE 权限。

（5）回收用户 user1@localhost 查询 teachingdb 所有对象的 SELECT 权限。

第 **13** 章　数据库管理及优化技术

本章学习目标：掌握数据库管理及优化技术，包括数据库的故障恢复、数据迁移等管理技术，以及数据库分库、分表、分区、设置日志等优化技术；了解数据库主从复制技术和用途。

13.1　数据库故障与恢复技术

13.1.1　数据库故障

尽管数据库系统采取了多种保护措施来防止数据库的安全性和完整性被破坏，保障数据库系统的正常运行，但是故障仍不可避免，甚至会破坏数据库，造成数据丢失。同时还存在其他一些可能导致数据丢失的因素。从数据库恢复的角度来看，数据库系统运行过程中常见的故障可以分为事务故障、系统故障、介质故障、计算机病毒。

1．事务故障

事务故障有的是可以通过事务程序本身发现的，有的是非预期的，不能由事务程序处理，如运算溢出、并发事务发生死锁而被选中撤销、违反了某些完整性限制等。

事务故障意味着事务没有到达预期的终点（COMMIT 或者 ROLLBACK），因此数据库可能处于不正确状态。恢复某事务要在不影响其他事务运行的情况下强行回滚该事务，即撤销该事务已经做出的任何对数据库的修改，使得该事务好像根本没有启动一样。这类恢复操作称为事务撤销（UNDO）。

2．系统故障

系统故障是指造成系统停止运转的任何事件，其使得系统需要重新启动，如特定类型的硬件错误（CPU 故障）、操作系统故障、数据库管理系统代码错误、突然停电等。这类故障会影响正在运行的所有事务，但不会破坏数据库。这时，主存内容尤其是数据缓冲池中的内容都会丢失，所有运行事务都非正常终止。发生系统故障时，一些尚未完成的事务的结果可能已送入物理数据库，有些已完成的事务可能有一部分甚至全部留在缓冲池，尚未写回磁盘上的物理数据库，从而造成数据库可能处于不正确的状态。为保证数据一致性，恢复子系统必须在系统重新启动时让所有非正常终止的事务回滚，强行撤销所有未完成事务，并且重做（REDO）所有已经提交的事务，以将数据恢复到一致状态。

3．介质故障

介质故障也称为硬故障（Hard Crash），是指外存故障，如磁盘损坏、磁头碰撞、瞬时强磁场干扰等。这类故障将破坏整个数据库或部分数据库，并影响正在存取相关数据的所有事务。这类故障比前两类故障发生的可能性小得多，但破坏性更大。

4．计算机病毒

计算机病毒是具有破坏性的、可以自我复制的计算机程序。计算机病毒已成为计算机系统的主要威胁，自然也是数据库系统的主要威胁。数据库一旦被计算机病毒破坏，就需要用恢复技术来恢复数据库。

总结起来，各类故障对数据库的影响有两种：一是数据库本身被破坏；二是数据库没有被破坏，但数据可能不正确，这是因为事务的运行被非正常终止。

13.1.2　数据库恢复技术

数据库恢复是指当数据库或数据遭到破坏时，通过技术手段快速、准确地进行恢复的过程。数据库恢复技术的核心是建立冗余数据，建立冗余数据的方法有数据备份和登记日志文件。

1．数据备份

数据备份是指定期将数据库复制到另一个磁盘或其他存储介质上保存起来的过程。备用的数据称为后备副本。在数据库遭到破坏后，可以将后备副本重新载入。

数据备份可分为静态备份和动态备份。静态备份要求一切事务必须在静态备份前结束，新的事务必须在备份结束后开始，即在备份期间不允许对数据库进行存取或修改等操作。动态备份对数据库中的数据的操作无严格限制，备份和事务可并发进行。

2．登记日志文件

日志文件用于记录事务对数据库的更新操作，以记录或数据块为单位。为了保证数据库的可恢复性，撰写日志文件时应遵循两条原则：

（1）撰写的次序严格按照并发事务执行的时间次序；

（2）应先写日志文件后写数据库。

有了日志文件，即使没有完成写数据库操作，也不会影响数据库的正确性。

13.2　备份与还原

备份是指将数据库中的结构、对象和数据导出，生成副本，而还原是指在数据库遭到破坏或需求改变时，将数据库还原到改变以前的状态。数据备份与还原主要用于保护数据库中的关键数据，是确保数据可靠性、精确性和高效性的重要技术手段，也是数据库管理最常用的操作之一。

备份与还原

13.2.1　备份的概念与分类

为了保证数据安全，防止意外事件的发生，数据库管理员需要制度化地定期对数据进行备份，以保证在数据库系统遭到破坏时，可以使用备份的数据进行还原，将损失降到最低。一般用以下 3 种方法来保证数据库中数据的安全。

（1）备份数据库：通过导出数据或表文件的副本来保护数据。

（2）使用二进制日志文件：保存更新数据的所有命令。

（3）复制数据库：使用 MySQL 的内部复制功能。复制操作建立在两个或两个以上服务器之间，通过设定它们的主从关系实现。

1．备份的分类方法

备份的分类方法如下。

（1）按备份时服务器是否在线分类。

按备份时服务器是否在线可将备份分为热备份、温备份和冷备份。

热备份：指在数据库正常在线运行的情况下进行数据备份。

温备份：指备份时数据库正常在线运行，但数据只能读不能写。

冷备份：指在数据库已经正常关闭的情况下进行备份。

（2）按备份的内容分类。

按备份的内容可将备份分为物理备份和逻辑备份。

物理备份：直接复制数据库文件进行备份。与逻辑备份相比，其速度快，但占用的存储空间比较大。物理备份只适用于 MyISAM 存储引擎且主版本号相同的情况。

逻辑备份：指利用工具从数据库中导出数据并将其写入一个文件。该文件的格式与原数据库文件格式不同，通常备份的是 SQL 命令（即 DDL 和 INSERT 命令）。恢复时，执行备份文件中的 SQL 命令实现数据库的还原。因此，逻辑备份支持跨平台备份。

（3）按备份涉及的数据范围分类。

按备份涉及的数据范围可将备份分为完整备份、增量备份和差异备份。

完整备份：指备份整个数据库。这是任何备份策略都要求完成的一种备份，因为增量备份和差异备份都依赖于完整备份。

增量备份：指备份数据库从上一次完整备份或者最近一次增量备份以来改变的内容。

差异备份：指仅备份最近一次完整备份以后发生改变的数据。因此，需要注意的是差异备份不能单独使用，它的前提是进行至少一次完整备份。

2．备份的时机

由于备份是一种十分耗费时间和资源的操作，通常是不会频繁进行的，因此需要考虑在什么时候备份，也就是备份的时机。一般来说，在什么时候备份主要取决于可接受的数据丢失量和数据库活动的频繁程度。通常情况下，可以考虑在下面几个事件后备份数据库：

（1）创建数据库或为数据库填充数据；

（2）创建索引；

（2）清理事务日志；

（4）执行无日志操作。

13.2.2　MySQL 数据库的备份

1．使用命令备份

MySQL 数据库使用 mysqldump 命令进行备份，属于逻辑备份。该命令将数据库备份为文本文件，文件包含多个 CREATE 和 INSERT 命令。当需要还原数据库时，使用这些命令就可以重新创建表并插入数据。mysqldump 命令的基本语法格式如下：

```
mysqldump -u username -h host -ppassword databasename[tablename…]>filename.sql
```

使用 mysqldump 命令默认导出的.sql 文件不仅包含表数据，还包含导出数据库中所有数据表的结构信息。上述语法中各参数的含义如下。

（1）username 表示用户名。

（2）host 表示登录用户的主机名，如果是本地主机登录，此参数可省略。

（3）password 为登录密码，-p 选项与密码之间不能有空格。

（4）databasename 为需要备份的数据库，可以指定多个需要备份的数据库。

（5）tablename 指需要备份的数据表，可以指定多个需要备份的表；若省略该参数，则表示备份整个数据库。

（6）符号"＞"告诉 mysqldump 将备份数据表的定义和数据写入备份文件。

（7）filename.sql 为备份文件的名称，可以指定路径，如果不带绝对路径，则默认保存在 bin 目录下。

mysqldump 命令中各参数的完整含义可以通过运行帮助命令 mysqldump -help 查看。使用 mysqldump 命令备份数据库时，直接在 DOS 命令提示符窗口中执行该命令即可，无须登录 MySQL 数据库。用户也可以在 MySQL 安装目录下的 bin 子目录中找到 mysqldump.exe，然后运行 mysqldump.exe 即可。

下面以 teaching_manage 数据库为例来说明数据库的备份操作。

（1）备份数据表

使用 mysqldump 命令可以备份表中的部分数据或单个表，也可以备份多个表，甚至可以备份数据库中所有的表。

【例 13.1】使用 mysqldump 命令将数据库 teaching_manage 中的所有表备份到 D 盘。

```
mysqldump -uroot -p teaching_manage>d:\teachingall_backup_20220901.sql
```

执行命令之后，D 盘根目录下会出现 teachingall_backup_20220901.sql 文件。用记事本打开该文件查看备份文件信息，可以看到 mysqldump 的版本号、MySQL 的版本号、备份的数据库的名称及 SQL 语句与注释信息。

【例 13.2】使用 mysqldump 命令将数据库 teaching_manage 中的 student 表备份到 D 盘。

```
mysqldump -uroot -p teaching_manage student >d:\teachingall_backup_20220902.sql
```

【例 13.3】使用 mysqldump 命令将数据库 teaching_manage 中的 student 表的结构备份到 D 盘。

```
mysqldump -uroot -p --opt --no-data teaching_manage
student >d:\teachingall_backup_20220903.sql
```

（2）备份数据库

使用 mysqldump 命令既可以备份单个数据库，也可以备份多个数据库。

【例 13.4】使用 mysqldump 命令将数据库 teaching_manage 备份到 D 盘。

```
mysqldump -uroot -p --databases teaching_manage>d:\teachingall_backup_20220904.sql
```

注意：上述命令执行成功后，在 D 盘会生成 teachingall_backup_20220904.sql 文件，该文件就是数据库的备份文件，包含数据库 teaching_manage 内部数据表的全部 SQL 语句，以及数据库的所有数据。

【例 13.5】使用 mysqldump 命令备份所有数据库。

```
mysqldump -uroot -p --all-databases >d:\teachingall_backup_20220905.sql
```

注意：使用--all-databases 参数备份所有数据库之后，文件包含 CREATE DATABASES 语句和 USE 语句，在进行数据库还原时，不需要创建并指定要操作的数据库。

（3）备份表中部分数据

当某个表中的数据量很大，用户只需要其中的部分数据时，可以使用 mysqldump 命令中的--where 参数来完成单表中部分数据的备份。

【例 13.6】使用 mysqldump 命令备份数据表 student 中总学分大于或等于 40 学分的所有信息。

```
mysqldump -u root -p teaching_manage student
--where="totalcredit>=40">D:\teachingall_backup_20220906.sql
```

2．使用工具备份

在 SQLyog 主界面上找到需要备份的数据库，右击该数据库，在弹出的快捷菜单中选择"备份/导出"→"备份数据库，转储到 SQL"，如图 13.1 所示。

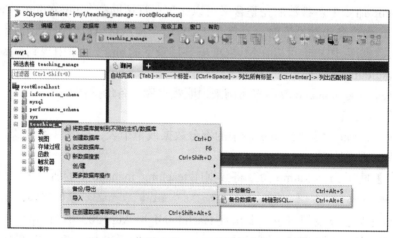

图 13.1　使用 SQLyog 工具进行数据库备份

弹出"SQL 转储"对话框，在该对话框中可以设置导出内容、导出路径等。需要注意的是，路径需要包含文件及其扩展名.sql，其他选项保持默认设置。单击"导出"按钮，导出完成后，进度条变为绿色，"SQL 转储"对话框下方出现"完成"按钮，如图 13.2 所示。单击"完成"按钮，这时文件夹中出现了在导出路径中所设置的.sql 文件，导出成功。

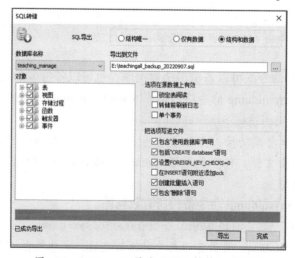

图 13.2　SQLyog 工具的"SQL 转储"对话框

13.2.3 MySQL 数据库的还原

数据库还原是指让数据库根据备份的数据恢复到备份时的状态，也称为数据库恢复。当数据库中数据丢失或意外遭到破坏时，用户可以通过数据库还原功能将数据库还原，尽量减少数据丢失或意外破坏造成的损失。

1．使用命令还原

备份的.sql 文件包含 CREATE、INSERT 语句，使用 mysqldump 命令可以直接执行文件中的这些语句，从而使数据库还原。数据库还原的语法格式如下：

```
mysql -u username -p [databasename] <filename.sql
```

参数说明如下。

- username：执行 backup.sql 中语句的用户的名称。
- -p：表示输入用户密码。
- databasename：要还原的数据库的名称。

如果 filename.sql 是包含创建数据库语句的文件，那么在执行时就不需要指定数据库。

【例 13.7】使用 mysql 命令和备份文件 teachingall_backup_20220901.sql，还原备份的数据库。

```
mysql -uroot -p teachingback<D:\teachingall_backup_20220901.sql
```

2．使用工具还原

用户登录 MySQL 服务器后，可以利用工具直接打开.sql 文件，还原数据库。

【例 13.8】使用 SQLyog 工具还原数据库。

SQLyog 工具支持.sql 文件的导入，导入的文件如果包含创建数据库语句，则需要先将表中存在的数据删除，然后执行导入操作。右击需要导入数据的数据库，在弹出的快捷菜单中选择"导入"执行SQL 脚本，弹出"从一个文件执行查询"对话框，选择需要导入的文件，单击"执行"按钮就可以完成数据的导入操作，如图 13.3 所示。

图 13.3　使用 SQLyog 工具完成数据导入

13.3　数据库迁移

数据库迁移是指把数据从一个系统移动到另一个系统。执行数据库迁移有以下原因：需要安装新的数据库服务器；MySQL 版本更新；数据库管理系统的变更。

数据库迁移

数据库迁移的第一种方式包含数据导出和数据导入两项操作。此方式会导出一个中间文件，将这些文件保存在磁盘上，迁移数据库时可将其导入另外的数据库。这种方式虽然会生成文件，但是可以随时进行数据的恢复。数据库迁移的第二种方式是在原数据库服务与目标数据库服务均开启的情况下，直接进行数据的传输。由于数据文件的格式多种多样，数据库迁移的方式也多种多样。

13.3.1　相同版本的 MySQL 数据库之间的迁移

在主版本号相同的 MySQL 数据库之间进行迁移，其实就是源系统备份和目标系统恢复的过程。对于使用 MyISAM 存储引擎的表，最简单的数据库备份和恢复方式就是复制数据库文件的目录。对于使用 InnoDB 存储引擎的表，则不能用直接复制文件的方式备份数据库，其常用 mysqldump 命令导出数据，然后在目标数据库服务器上使用 MySQL 命令导入。

可以在源主机上执行如下命令：

```
mysqldump -h source_host -u user -p[password] dbname | MySQL -h target_host -u user
-p[password]
```

mysqldump 导出的数据直接通过管道符"|"传给 MySQL 命令导入的目标数据库，dbname 为需要迁移的数据库的名称，如果要迁移全部的数据库，可使用参数--all-databases。

13.3.2　不同版本的 MySQL 数据库之间的迁移

因为数据库升级等原因，有时需要将旧版本 MySQL 数据库中的数据迁移到新版数据库中。MySQL 服务器升级时，需要先停止服务，卸载旧版本 MySQL，然后安装新版本 MySQL。如果想保留旧版本 MySQL 中的用户访问控制信息，则需要备份 MySQL 数据库，在新版本 MySQL 安装完成后，重新读入 MySQL 备份文件中的信息。

旧版本 MySQL 与新版本 MySQL 可能使用不同的默认字符集，例如，MySQL 4.x 大多使用 latin1 作为默认字符集，而 MySQL 5.x、MySQL 8.x 的默认字符集为 UTF-8。如果数据库中有中文数据，迁移过程中需要对默认字符集进行修改，否则可能无法正常显示中文数据。

新版本 MySQL 对旧版本 MySQL 有一定的兼容性。对于使用 MyISAM 存储引擎的表，向新版本 MySQL 迁移时，可以直接复制数据库文件，也可以使用 mysqlhotcopy 命令、mysqldump 命令。对于使用 InnoDB 存储引擎的表，一般使用 mysqldump 将数据导出，然后使用 MySQL 命令将其导入目标数据库。从新版本 MySQL 向旧版本 MySQL 迁移数据时要小心，最好使用 mysqldump 导出数据，然后导入目标数据库。

13.3.3　不同类型数据库之间的迁移

对于不同类型数据库之间的迁移，如 MySQL、Oracle、SQL Server 数据库之间的迁移，在迁移之前，需要了解不同类型数据库的架构，比较它们之间的差异，进行相应的改造。

不同数据库中定义相同数据类型的关键字可能会不同。例如，MySQL 中日期类型分为 DATE 和 TIME 两种，而 Oracle 的日期类型只有 DATE。另外，数据库厂商并没有完全按照 SQL 标准来设计数据库系统，导致不同数据库系统的 SQL 语句有差别。例如，MySQL 几乎完全支持标准 SQL，而 SQL Server 使用的是 T-SQL，T-SQL 中有一些非标准的 SQL 语句，因此迁移时需要对这些语句进行语句映射处理。

数据库迁移可以使用一些工具实现，例如，在 Windows 系统下，可以使用 ODBC 实现 MySQL 和 SQL Server 之间的迁移。MySQL 官方提供的工具 MySQL Migration Toolkit、

Webyog 公司的 SQLyog、Navicat Premium 等图形化数据库管理工具也可以实现不同数据库之间的迁移。

13.4 数据库导入导出

MySQL 数据库中的数据可以导出到外部存储文件中，如.sql 文件、.txt 文件、.xml 文件或者.html 文件。同样，这些导出文件也可以导入 MySQL 数据库。

13.4.1 数据库导入数据

MySQL 提供了一些导入数据的工具，包括 LOAD DATA INFILE 语句和 mysqlimport 命令。

1. 使用 LOAD DATA INFILE 语句导入文本文件

LOAD DATA INFILE 语句将文本文件导入对应的数据库表，可以将它看成 SELECT… INTO OUTFILE 语句的反操作。LOAD DATA INFILE 语句的基本语法格式如下：

```
LOAD DATA INFILE 'filename' INTO TABLE tbname [OPTIONS] [IGNORE num LINES]
-- OPTIONS 选项
-- FIELDS TERMINATED BY 'str'
-- FIELDS [OPTIONALLY] ENCLOSED BY 'str'
-- FIELDS ESCAPED BY 'str'
-- LINES STARTING BY 'str'
-- LINES TERMINATED BY 'str'
```

IGNORE num LINES 表示忽略开头的 num 行数据。

【例 13.9】使用 LOAD DATA INFILE 语句将 F:/mysqlbak/ course1.txt 中的数据导入 teaching_manage 数据库中的 course 表。执行的命令如下：

```
LOAD DATA INFILE 'F:/mysqlbak/course1.txt' into TABLE teaching_manage.course
```

将 course 表中的数据全部删除，再根据 course1.txt 文件恢复数据，语句执行成功后，原来的数据会重新恢复到 course 表中。

【例 13.10】使用 LOAD DATA INFILE 语句将 F:/mysqlbak/ course2.txt 中的数据导入 teaching_manage 数据库中的 course 表。要求字段之间用逗号 "," 分隔，所有字段值用双引号括起来，转义字符为 "\'"，每行记录以字符串 ">" 开始，执行的命令如下：

```
LOAD DATA INFILE 'F:/mysqlbak/course2.txt' into TABLE teaching_manage.course
FIELDS TERMINATED BY ','
ENCLOSED BY '"'
ESCAPED BY '\''
LINES STARTING BY '>'
```

语句执行成功，使用 SELECT 语句查看 course 表中的记录，结果与【例 13.9】相同。

2. 使用 mysqlimport 命令导入文本文件

使用 mysqlimport 命令可以导入文本文件，并且不需要登录 MySQL 客户端。mysqlimport 命令提供了许多与 LOAD DATA INFILE 语句相同的功能，大多数选项直接对应 LOAD DATA INFILE 子句，它实际上是客户端 LOAD DATA INFILE 语句的一个命令行接口。和 LOAD DATA INFILE 不同的是，mysqlimport 命令可以用来导入多张表，并且可以通过 --use-thread 参数并发地导入不同的文件。注意，这里的并发不是并发对同一张表进行导入。

使用 mysqlimport 命令需要指定所需的选项、导入的数据库的名称及导入的数据源文件的路径和名称，其基本语法格式如下：

```
mysqlimport -h host -u user -p dbname filename [OPTIONS]
-- OPTIONS 选项
--FIELDS-TERMINATED-BY=str  # 设置字段之间的分隔字符
--FIELDS[-OPTIONALLY]-ENCLOSED-BY=str  # 设置字段的包围
--FIELDS-ESCAPED-BY=str  # 设置如何写入和读取特殊字符
--LINES-STARTING-BY=str  # 设置每行数据的开头字符
--LINES-TERMINATED-BY=str  # 设置每行数据的结尾字符
--INGNORE-LINES=n  # 忽略前 n 行
--columns=column_list, -c column_list  # 采用逗号分隔的列名作为其值
--compress, -C  # 压缩
--delete, -d  # 导入文本文件前清空表
--force, -f  # 忽视错误
```

注意：str 值指定时不要用任何字符包围。

【例 13.11】使用 mysqlimport 命令将 F:/mysqlbak/ course2.txt 和 F:/mysqlbak/ student.txt 中的数据导入 teaching_manage 数据库中的 course 表和 student 表。执行的命令如下：

```
mysqlimport -u root -p teaching_manage F:/mysqlbak/course.txt F:/mysqlbak/student.txt
```

13.4.2 数据库导出数据

1. 使用 SELECT…INTO OUTFILE 语句导出文本文件

MySQL 数据库导出数据时，允许使用包含导出定义的 SELECT 语句进行数据的导出操作。被导出文件将被创建到服务器主机上，因此必须拥有文件写入权限（FILE 权限）才能使用此语句。SELECT…INTO OUTFILE 语句能够对需要导出的字段做限制，适用于某些不需要导出主键的场景或分库分表的环境下数据的重新导入，且可以与 LOAD DATA INFILE 语句配合进行导入导出。SELECT…INTO OUTFILE 语句的基本语法格式如下：

```
SELECT colunlist FROM table WHERE condition INTO OUTFILE 'filename' [OPTIONS]
```

该语句可以把选择的行写入文件，filename 不能是已经存在的文件。与导入数据类似，语法格式中 OPTIONS 为可选参数，OPTIONS 部分的语法包括 FIELDS 和 LINES 子句，如果两个都被指定了，则 FIELDS 必须位于 LINES 的前面。其可能的取值具体讲解如下。

FIELDS TERMINATED BY 'str'：设置字段之间的分隔字符，可以为单个或多个字符，默认为制表符"\t"。

FIELDS [OPTIONALLY] ENCLOSED BY 'str'：设置字段的包围，只能为单个字符，若使用了 OPTIONALLY 参数，则只有 CHAR 和 VARCHAR 等类型的字符数据字段被包围。

FIELDS ESCAPED BY 'str'：设置如何写入和读取特殊字符，只能为单个字符，默认为"\"。

LINES STARTING BY 'str'：设置每行数据的开头字符，可以为单个或多个字符，默认情况下不使用任何字符。

LINES TERMINATED BY 'str'：设置每行数据的结尾字符，可以为单个或多个字符，默认为"\n"。

【例 13.12】使用 SELECT…INTO OUTFILE 语句将 course 表中的数据导出到文本文件 course1.txt。

```
SELECT * FROM course INTO OUTFILE 'F:/mysqlbak/course1.txt'
```

SELECT 语句将查询出来的 5 个字段的值保存到了 F:/mysqlbak/course1.txt 中，打开文件，其内容如下：

```
101    计算机基础      1     80     5.0
102    程序设计与语言   2     64     4.0
206    离散数学        4     64     4.0
208    数据结构        4     64     4.0
209    操作系统        6     64     4.0
210    计算机原理      7     64     4.0
212    数据库原理      7     56     3.5
301    计算机网络      7     56     3.5
302    软件工程        7     48     3.0
```

可以看到，默认情况下，MySQL 使用制表符"\t"分隔不同的字段，字段没有被其他字符包围。默认情况下，如果遇到 NULL，将会返回"\N"（代表空值），反斜杠"\"为转义字符。需要注意的是，在 Windows 7 及其之前的系统下，回车换行符为"\r\n"，而语句默认的换行符为"\n"，因此 course1.txt 文件中会出现类似黑色方块的字符，记录也会在同一行显示。

【例 13.13】使用 SELECT…INTO OUTFILE 语句将 course 表中的数据导出到文本文件 course2.txt。要求字段之间用逗号","分隔，所有字段的值用双引号包围，转义字符为"\"，每行记录以字符">"开始，执行的命令如下：

```
SELECT * FROM course INTO OUTFILE 'F:/mysqlbak/course2.txt'
FIELDS TERMINATED BY ','
ENCLOSED BY '"'
ESCAPED BY '\''
LINES STARTING BY '>'
```

FIELDS TERMINATED BY ','表示字符之间用逗号分隔；ENCLOSED BY '"'表示每个字段的值用双引号包围；ESCAPED BY '\''表示将系统默认的转义字符替换为"/'"；LINES STARTING BY '>'表示每条记录以">"开始。

执行成功后，在目录 F:/mysqlbak/下生成 course2.txt 文件，打开文件，其内容如下：

```
>"101","计算机基础","1","80","5.0"
>"102","程序设计与语言","2","64","4.0"
>"206","离散数学","4","64","4.0"
>"208","数据结构","4","64","4.0"
>"209","操作系统","6","64","4.0"
>"210","计算机原理","7","64","4.0"
>"212","数据库原理","7","56","3.5"
>"301","计算机网络","7","56","3.5"
>"302","软件工程","7","48","3.0"
```

.txt 文本文件与.sql 文件都可以在 MySQL 中用于恢复数据。导出文本文件的作用在于数据导入导出可以跨数据库，例如，在向 Oracle、Db2 等数据库管理系统迁移数据或交换数据时用文本文件比较方便。

说明：当执行本小节例题中的语句时出现错误提示"The MySQL server is running with the--secure-file-priv option so it cannot execute this statement"，表示无法导出数据。

分析：MySQL 对默认的导出目录有权限限制。查看数据库的全局参数 secure-file-priv，它的值为 NULL 表示不允许导入导出，值为空表示没有任何限制，值为指定路径表示导入导出只能在指定路径下完成。数据库参数 secure-file-priv 的值不能设置为 NULL，要么取值为空，即不对导出的路径做限制，要么为具体路径。

提示：使用命令"SHOW VARIABLES LIKE 'secure_file_priv'"查看 secure-file-priv 的值，因它的值的类型为只读，所以需要修改 my.ini 文件中对应内容，把 secure-file-priv 的值修改为例题中的导出目录"F:/mysqlbak/"，并重启 MySQL 服务。

2. 使用 mysqldump 命令导出文本文件

SELECT…INTO OUTFILE 语句可以根据需求筛选需要的字段把表中的数据导出。但在需要导出多张表，且对表的字段没有筛选需求时，对每一张表一条条地去写导出的 SQL 语句显得麻烦。这时候就可以使用 mysqldump 来对数据进行导出，它是 MySQL 用于转存储数据库的实用命令，可以导出包含表的 CREATE TABLE 语句的.sql 文件，也可以导出纯文本文件。

mysqldump 导出文本文件的基本语法格式如下：

```
mysqldump -h host -u user -p[password] dbname [tbname] [OPTIONS] -T path
-- OPTIONS 选项
--FIELDS-TERMINATED-BY=str
--FIELDS[-OPTIONALLY]-ENCLOSED-BY=str
--FIELDS-ESCAPED-BY=str
--LINES-STARTING-BY=str
--LINES-TERMINATED-BY=str
```

指定-T 参数时说明要将表内容导出到文本文件，后面的值表示导出文件的存放路径。OPTIONS 参数需要与该参数结合使用，与 SELECT…INTO OUTFILE 语句不同的是，这里 OPTIONS 所取的值不需要用引号括起来。

【例 13.14】使用 mysqldump 将 teaching_manage 数据库中 course 表的数据导出到文本文件。执行的命令如下：

```
mysqldump -h localhost -u root -p teaching_manage course -T F:/mysqlbak/
```

命令执行成功后，F:/mysqlbak/目录下会有两个文件，分别为 course.sql 和 course.txt。course.sql 包含创建 course 表的 CREATE 语句，其内容如下：

```
DROP TABLE IF EXISTS 'course';
CREATE TABLE 'course' (
  'cno' char(3) NOT NULL COMMENT '课程编号',
  'cname' varchar(30) NOT NULL COMMENT '课程名称',
  'term' tinyint DEFAULT NULL COMMENT '开课学期',
  'ctime' tinyint unsigned DEFAULT NULL COMMENT '课时',
  'credit' decimal(3,1) DEFAULT NULL COMMENT '学分',
  'create_time' datetime DEFAULT CURRENT_TIMESTAMP COMMENT '创建时间',
  'update_time' datetime DEFAULT NULL COMMENT '修改时间',
  'is_deleted' tinyint DEFAULT '0' COMMENT '是否有效',
  PRIMARY KEY ('cno')
) ENGINE=InnoDB DEFAULT CHARSET=utf8mb4 COLLATE=utf8mb4_0900_ai_ci;
```

course.txt 包含数据表中的数据，其内容如下：

```
101  计算机基础      1   80   5.0
102  程序设计与语言   2   64   4.0
206  离散数学        4   64   4.0
208  数据结构        4   64   4.0
209  操作系统        6   64   4.0
210  计算机原理      7   64   4.0
```

```
212  数据库原理      7    56    3.5
301  计算机网络      7    56    3.5
302  软件工程        7    48    3.0
```

导出 teaching_manage 数据库，但不含数据，执行的命令如下：

```
mysqldump -h localhost -u root -p teaching_manage --no-data -T F:/mysqlbak/
```

导出 teaching_manage 数据库，忽略 course 表，执行的命令如下：

```
mysqldump -h localhost -u root -p teaching_manage --ignore-table
teaching_manage.course -T F:/mysqlbak/
```

3．使用 MySQL 命令导出文本文件

MySQL 命令行工具功能丰富，MySQL 命令可以在 DOS 或 Linux 的命令提示符窗口里执行。MySQL 命令有一个[--execute | -e]选项，可以执行指定的 SQL 语句，再结合 DOS 的重定向操作符"＞"就可以将查询结果导出到文件。与 mysqldump 命令相比，MySQL 命令导出的结果更具有可读性。

使用 MySQL 命令导出数据到文本文件的语句的语法格式如下：

```
MySQL -h host -u user -p[password] -e "SQL" dbname > filename
```

-e 选项表示执行选项后面的语句并退出，后面的语句必须用双引号括起来。导出的文件中不同列之间用制表符分隔，第 1 行包含各个字段的名称。

【例 13.15】使用 MySQL 命令将 teaching_manage 数据库中 course 表的数据导出到文本文件。执行的命令如下：

```
MySQL -h localhost -u root -p -e " SELECT * FROM course;" teaching_manage >
F:/mysqlbak/course3.txt
```

执行完后，F:/mysqlbak/目录下会产生 course3.txt 文件，其内容与 MySQL 命令行下 SELECT 查询结果显示的内容相同。

如果表中记录字段很多，一行不能完全显示，可以使用 -v | --vertical 将每条记录分多行显示。

例如，将【例 13.15】执行的命令改为

```
MySQL -h localhost -u root -p --vertical -e " SELECT * FROM course;"
teaching_manage > F:/mysqlbak/course4.txt
```

命令执行后，course4.txt 文件中的部分内容显示如下：

```
*************************** 1. row ***************************
     cno: 101
   cname: 计算机基础
    term: 1
   ctime: 80
  credit: 5.0

*************************** 2. row ***************************
     cno: 102
   cname: 程序设计与语言
    term: 2
   ctime: 64
  credit: 4.0
```

后面记录的显示格式与第 1 条和第 2 条的显示格式一样。

13.5 分库分表技术

13.5.1 分库分表的概念

分库分表是一种数据分片技术，指的是将存在于一个数据库中的数据分散到多个数据库中，或将一个表中的数据分散到多个表中。分库分表又分为垂直拆分和水平拆分，如图 13.4 所示。

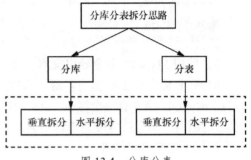

分库分表技术

图 13.4　分库分表

13.5.2 为什么要分库分表

对数据库执行分库分表操作有以下两个主要原因。

首先，在对表做数据查询时，为了提高性能，表的索引会被加载到内存中。如果表中数据不多，索引能被一次性全部加载到内存中，则查询效率可以得到保障。但如果表中数据超过某一个阈值，使得该表的索引太大而超过内存限制，不能被一次性加载到内存中，此时如果查找表中数据，会发生多次磁盘 I/O 加载索引，从而导致查询效率大幅下降。一般来说，如果表中数据行数超过 500 万，就可以考虑分库分表；如果超过 1000 万，就强烈建议分库分表。如果数据行数没有达到 500 万或者数据大小没有达到 2GB，则可以先不考虑分库分表。

其次，基本表的存储总是有上限的，即使不考虑查询效率，有时也需要将数据分片，实现减少单表中数据行数、字段个数的目标。以 MySQL 为例，对单表存储的上限 MySQL 本身并没有做限制，它是和操作系统所允许的最大文件大小有关的，单表中字段数量越多，行数越多，单表占用的存储空间就越大，一旦单表总存储空间超过操作系统的限制，那么就达到了存储上限。

13.5.3 分库分表操作

分库分表其实是两个操作，可以只选择其中之一，也可以两者结合起来使用。分库指的是将表中的部分数据挪到其他数据库实例中进行存储，分表指的是在同一数据库实例中用另外一张表来存储部分数据。这两个操作都包含垂直拆分和水平拆分两种方式。一般而言，优先考虑垂直拆分，尽量将数据分到同一个数据库实例的不同表中。

1．垂直拆分

垂直拆分，就是指将表中的部分字段及其值从该表中移出去，放到别的表或者别的数据库实例中。它以字段为依据，按照字段的活跃性，将表中字段拆到不同的表（主表和扩展表）中。垂直拆分应用于绝对并发量不大、表的记录并不多，但是字段多，并且热点数据和非热点数据在一起，单行数据所需的存储空间较大的情形。这种情形下数据库缓存的数据行减少，查询时会去读磁盘数据，产生大量的随机读 I/O，产生 I/O 瓶颈。

2．水平拆分

水平拆分，就是指将表中的部分记录行从该表中移出去，放到别的表或者别的数据库实例中。它以字段为依据，按照一定策略（哈希、范围等），将一个表中的数据拆分到多个表中。

水平拆分是因为单表的数据太多，影响了 SQL 执行效率，加重了 CPU 的负担，以至于产生了瓶颈。分表之后，每个表的数据少了，单次 SQL 执行效率高，自然减轻了 CPU 的负担。

水平拆分的核心是路由算法。

范围限定：划分数据值的范围，不同范围内的数据放到不同的表中。其优点是计算简单，同一用户的数据不存在跨表跨库操作，而且扩展方便；缺点是可能存在热点数据，使得不同表或者数据库实例访问不均衡。

取模运算/哈希运算：对需要插入/查询的数据值进行取模运算，找到其对应的表。其优点是解决了热点数据问题，访问均衡；缺点是不方便扩展，如果需要扩展，所有数据都要重新计算以找到应该存放的表。

一致性哈希算法：对需要插入/查询的数据进行哈希计算，按照顺时针方式找到最近的（物理/虚拟）节点进行操作，既解决了热点数据问题，又解决了不方便扩展的问题。其增删节点的影响被控制在变更的节点的相邻节点的范围内；缺点是需要设置虚拟节点，而且扩展时增删节点有一定影响，如果节点分布得不均匀，可能会存在数据倾斜的问题，即小部分节点存放了大部分的数据。

13.6 表分区技术

1．定义

表分区，是指根据一定规则，将数据库中的一张表分解成多个更小的、容易管理的部分。从逻辑上看，只有一张表，但是其底层却由多个物理分区组成。将表的数据均衡分摊到不同的分区，可在特定的 SQL 操作中减少数据读写的总量以缩短响应时间，提升查询效率。

分区的结果并不是生成新的数据表，而是将表的数据均衡分摊到不同的硬盘、系统或不同的服务器存储介质中。另外，分区可以提高数据检索的效率，降低数据库的频繁 I/O 压力值。

分区和分表相似，都是按照规则分解表，不同之处在于分表将大表分解为若干个独立的实体表，而分区将数据分段存放在多个位置，分区后，表还是一张表。

2．优点

分区的优点如下。

（1）分区后可以存储更多的数据。

（2）数据管理比较方便，例如，要清理或废弃某年的数据，直接删除该年的分区数据即可。

（3）精准定位分区查询数据，不需要全表扫描查询，可大大提高数据检索效率。

（4）可跨多个分区进行磁盘查询，提高查询的吞吐量。

（5）在涉及聚合函数查询时，很容易进行数据的合并。

3．水平分区和垂直分区

表分区的类型也可以分为水平分区和垂直分区，水平分区是指将一个表的行分配给不同的物理分区，垂直分区是指将一个表的列分配给不同的物理分区。MySQL 8.0 不支持垂直分区，常用的是水平分区。

举个简单例子：一个包含 10 年发票记录的表可以被水平分为 10 个不同的分区，每个分区包含的是其中一年的记录（通过某个属性列来分割，譬如这里使用的列就是"年份"）。

4．MySQL 支持的水平分区类型

MySQL 支持的水平分区类型如下。

（1）RANGE 分区：基于属于一个给定连续区间的列值，把多行分配给分区。

（2）LIST 分区：类似于 RANGE 分区，区别在于 LIST 分区基于列值匹配离散值集合中的某个值来选择行。

（3）哈希分区：基于用户定义的表达式的返回值来进行选择的分区，该表达式使用将要插入表中的行的列值进行计算。哈希函数可以包含 MySQL 中有效的、产生非负整数值的任何表达式。

（4）KEY 分区：类似于哈希分区，区别在于 KEY 分区只支持计算一列或多列，且 MySQL 服务器提供其自身的哈希函数。

【例 13.16】 RANGE 分区举例。创建分区表 employees，根据 store_id 的值为表创建 p0～p4 这 5 个分区。

```
drop table if exists employees;
create table employees(
id int not null ,
fname varchar(30),
lname varchar(30),
hired date not null default '1970-01-01',
separated date not null default '9999-12-31',
store_id int not null default 0,
job_code int not null default 0,
PRIMARY key(id,store_id) -- 分区列必须是主键的一部分
)
partition by range(store_id)(
partition p0 values less than (6),
partition p1 values less than (11),
partition p2 values less than (16),
partition p3 values less than (21),
partition p4 values less than MAXVALUE
);
```

分区表的所有分区必须有相同数量的子分区；一旦创建了表，就无法更改子分区。

在给定的语句中只能使用单个 PARTITION BY、ADD PARTITION、DROP PARTITION、REORGANIZE PARTITION 或 COALESCE PARTITION 子句 ALTER TABLE。如果希望删除分区并重新组织表的剩余分区，则必须在两个单独的 ALTER TABLE 语句（一个使用 DROP PARTITION，另一个使用 REORGANIZE PARTITION）中执行此操作。

13.7 日志文件

在实际操作中，用户和管理员不可能随时备份数据，但当数据丢失，或者数据库目录中的文件损坏时，只能恢复已经备份的文件，而在这之后更新的数据就没法恢复了。为了解决这个问题，就必须使用日志文件。

日志文件

日志文件是记录数据库日常操作和错误信息的文件。当数据遭遇意外丢失时，可以通

过日志文件来查询出错原因，并且可以通过日志文件进行数据恢复。因此，读者需要了解日志的作用，掌握各种日志的使用方法，并掌握使用二进制日志还原数据的方法。

13.7.1 MySQL 日志文件分类

MySQL 日志用来记录 MySQL 数据库的运行情况、用户操作和错误信息等。通过分析日志文件，可以了解 MySQL 数据库的运行情况、用户操作、错误信息和需要进行优化的内容。MySQL 的日志类型如表 13.1 所示。

表 13.1　MySQL 的日志类型

序号	日志类型	记录信息及作用
1	错误日志	用来记录启动、运行或停止时遇到的问题
2	通用查询日志	用来记录用户的所有操作，包括启动和关闭 MySQL 服务、更新语句、查询语句等
3	二进制日志	以二进制文件的形式记录数据库中所有更改数据的语句，可以用于复制操作
4	慢查询日志	用来记录执行时间超过指定时间 long_query_time 的查询语句。通过慢查询日志，可以查找出哪些查询语句的执行效率很低，以便进行优化
5	中继日志	仅在从服务器上复制使用，以保留来自主服务器的数据更改，这些更改必须在从服务器上进行
6	元数据日志	用来记录数据定义语句执行的元数据操作

可以通过配置文件 my.ini 来控制日志是否开启，以及修改日志保存的位置和文件名。MySQL 8.0 安装完成后，本机的 my.ini 中默认的日志设置如下。

```
# 通用查询日志和慢查询日志
log-output=FILE
general-log=0
general_log_file=" FWD-20170104VIS.log"
slow-query-log=1
slow_query_log_file=" FWD-20170104VIS-slow.log"
long_query_time=10
# 错误日志
log-error=" FWD-20170104VIS.err"
#二进制日志
log-bin=" FWD-20170104VIS-bin"
```

FWD-20170104VIS-bin 为主机名。从以上配置可以看出，除了通用查询日志没有开启外，错误日志、慢查询日志、二进制日志均已开启。MySQL 的日志文件默认保存在数据库文件的存储目录（data/日志文件）下，可以使用相应的编辑工具打开查看。

注意：日志功能会降低数据库的性能。例如，在查询操作非常频繁的数据库系统中，如果开启了通用查询日志和慢查询日志，数据库会花费很多时间记录日志。另外，日志会占用大量的磁盘空间。对于用户量非常大、操作非常频繁的数据库，日志文件需要的存储空间比数据库文件需要的存储空间还要大。

13.7.2 MySQL 日志文件的使用

1．二进制日志文件

二进制日志（binlog）以二进制文件的形式记录了数据库中所有更改数据的语句，例如，INSERT、UPDATE、

二进制日志文
件恢复事务（1）

二进制日志文
件恢复事务（2）

DELETE、CREATE 等都会被记录到二进制日志中。一旦数据库遭到破坏，可以使用二进制日志来还原数据库。当前 MySQL 版本默认情况下是启用二进制日志记录的。

（1）查看二进制日志设置

使用 SHOW VARIABLES 命令查看二进制日志设置。

```
SHOW VARIABLES LIKE 'log_bin%';
```

执行结果如图 13.5 所示。可以看到二进制日志 log_bin 的值是 ON，即是开启的。另外图中还有二进制日志文件名和二进制日志索引文件名等信息。

Variable_name	Value
log_bin	ON
log_bin_basename	C:\ProgramData\MySQL\MySQL Server 8.0\Data\FWD-20170104VIS-bin
log_bin_index	C:\ProgramData\MySQL\MySQL Server 8.0\Data\FWD-20170104VIS-bin.ind
log_bin_trust_function_creators	OFF
log_bin_use_v1_row_events	OFF

图 13.5　查看二进制日志设置

（2）查看二进制日志文件

查看二进制日志文件名，语句如下。

```
SHOW BINARY LOGS;
```

查看二进制日志文件内容，语句如下。

```
mysqlbinlog C:\Program Files\MySQL\MySQL Server 8.0\data\<二进制日志文件名>
```

mysqlbinlog 是 bin 目录中的一个工具。

提示：一般建议将二进制日志与数据文件分开存放，这样不但可以提高 MySQL 的性能，还可以提高安全性！

（3）使用二进制日志文件恢复数据

如果数据库遭到意外损坏，首先应该使用最近的备份文件来还原数据库。最近备份之后，数据库还进行了一些修改，这个时候就可以使用二进制日志来恢复数据。

使用二进制日志恢复数据的命令的语法格式为

```
mysqlbinlog [option]filename| mysql -u user -ppassword
```

参数说明如下。

option：可选参数，常见的值有--start-date、--stop-date、--start-position、--stop-position，用于指定数据恢复的起始时间点、结束时间点、起始位置和结束位置。

filename：日志文件名。

【例 13.17】假设管理员在星期三下午 5 点下班前，使用 mysqldump 命令进行数据库 teaching_manage 的完全备份，备份文件为 teaching_manage.sql。从星期三下午 5 点开始启用日志，bim_1og.000001 文件保存了从星期三下午 5 点到星期四下午 4 点的所有更改信息，然后在星期四下午 4 点运行了一条日志刷新语句 "flush logs;"，此时创建了 bin_1og.000002 文件，在星期五下午 3 点时数据库崩溃。现要将数据库恢复到星期五下午 3 点系统崩溃之前的状态。

这个恢复过程可以分为 3 个步骤来完成。

步骤 1：将数据库恢复到星期三下午 5 点前的状态，在 DOS 命令提示符窗口执行以下命令。

```
mysql -u root -p teaching_manage <teaching_manage.sql
```

步骤 2：使用 mysqlbinlog 命令将数据库恢复到星期四下午 4 点时的状态。

```
mysqlbinlog "~\Data\bin_log.000001" mysql-u root -p
```

步骤 3：使用 mysqlbinlog 命令将数据库恢复到星期五下午 3 点前的状态。

```
mysqlbinlog "~\Data\bin_log.000002" mysql-u root -p
```

"~"表示\Data 所在的路径，每个系统中可能不同。

（4）删除二进制日志文件

语法格式 1：

```
RESET MASTER;
```

执行该语句后，当前数据库服务器下的所有的二进制文件将被删除，MySQL 会重新建立二进制日志文件，文件名的编号重新从 000001 开始。

语法格式 2：

```
PURGE {MASTER|BINARY} LOGS TO '日志文件名';
```

使用 PURGE MASTER LOGS 语句删除指定的日志文件。MASTER 与 BINARY 等效。执行该语句将删除文件名编号比指定文件名编号小的所有日志，例如，要删除 "~.000001" 和 "~.000002" 文件，则日志文件名为 "~.000003"。

语法格式 3：

```
PURGE (MASTER BINARY}LOGS BEFORE 'date';
```

使用 PURGE MASTER LOGS 语句删除指定日期前的所有日志文件。

【例 13.18】删除比 "~.000003" 编号小的二进制日志文件。

首先通过 SHOW BINARY LOGS 查看当前的二进制日志文件，如果不足 3 个，则执行 FLUSH LOGS 增加到 3 个以上，再执行 PURGE MASTER LOGS 语句进行删除。

```
PURGE MASTER LOGS TO 'FWD-20170104VIS-bin.000003';
```

2．错误日志文件

错误日志是 MySQL 数据库中最常见的一种日志。错误日志文件主要用于记录当 MySQL 服务启动和停止时，以及服务器运行过程中发生任何严重错误时的相关信息。如果 MySQL 服务出现异常，错误日志是发现问题、解决问题的首选。

在 MySQL 数据库中，错误日志功能是默认开启的，错误日志文件以"主机名.err"命名，如果需要指定文件名，则需要在 my.ini 中进行如下配置。

```
[mysqld]
log-error=[path/[filename]]
```

（1）查看错误日志

错误日志文件的扩展名是.err，默认存放在数据目录下。错误日志是以文本文件的形式存储的，直接使用普通文本工具就可查看。Windows 操作系统可以使用文本文件查看器查看错误日志。在 MySQL 命令行下查看错误日志，可以使用 "SHOW VARIABLES LIKE 'log_error%';" 语句来实现。

【例 13.19】使用 SHOW VARIABLES 语句查看错误日志。

```
SHOW VARIABLES LIKE 'log_error%';
```

执行结果如图 13.6 所示。

Variable_name	Value
log_error	.\FWD-20170104VIS.err
log_error_services	log_filter_internal; log_sink_internal
log_error_suppression_list	
log_error_verbosity	2

图 13.6　查看错误日志

（2）删除错误日志

数据库管理员可以删除很久之前的错误日志，以释放 MySQL 服务器上的硬盘空间。MySQL 的错误日志是以文本文件的形式存储在文件系统中的，可以直接删除。

如果在 MySQL 的运行状态下删除了错误日志文件，不会自动生成新的错误日志，这时可以使用 flush-logs 来开启新的错误日志。

```
--在 DOS 命令提示符窗口执行以下命令
mysqladmin-u root-p flush-logs
-- MySQL 客户端
flush logs;
```

3．通用查询日志文件

通用查询日志用来记录用户的所有操作，包括启动和关闭 MySQL 服务、更新语句、查询语句等。

（1）启动通用查询日志

在 MySQL 数据库中，通用查询日志功能是默认关闭的（general-log=0），通用查询日志文件以"主机名.log"命名。如果需要开启通用查询日志，则需要在 my.ini 中进行如下配置。

```
[mysqld]
general-log=1
general_log_file=" FWD-20170104VIS.log"
```

也可以在 MySQL 客户端通过 SET 命令来开启通用查询日志。

```
SET GLOBAL general_log=1;
```

（2）查看通用查询日志

用户的所有操作都会记录到通用查询日志中。如果希望了解某个用户最近的操作，可以查看通用查询日志。通用查询日志是以文本文件的形式存储的，在 Windows 操作系统下可以使用文本文件查看器进行查看。

使用 SHOW VARIABLES 命令来查看通用查询日志：

```
SHOW VARIABLES LIKE 'general_log%';
```

（3）删除通用查询日志

通用查询日志文件的删除与重建可参考错误日志文件。

提示：通用查询日志文件将除了慢查询日志中记录的信息都记录下来，这将对服务器主机造成巨大的压力，所以对于繁忙的服务器而言，应该关闭这个日志。

4．慢查询日志文件

慢查询日志用来记录所有执行时间超过指定时间 long_query_time 的语句，通过慢查询日志可以找到哪些查询语句的执行时间长，以便优化。慢查询日志功能默认是开启的。

（1）配置慢查询日志

MySQL 的配置文件中与慢查询日志相关的配置如下。

```
-- 定义通用查询日志和慢查询日志的保存方式，可以是 TABLE、FILE、NONE，也可以是 TABLE 及 FILE 的
组合（用逗号隔开），默认为 FILE
log_output = {TABLE|FILE|NONE}
-- 是否开启慢查询日志，默认是开启的
slow_query_log = {1 | 0}
-- 慢查询日志的存放位置，默认在数据目录下
slow_query_log_file =<慢查询日志文件名>
-- 定义指定时间，一般设定为 10s
long_query_time = 10
--设定是否将没有使用索引的查询操作记录到慢查询日志
log_query_not_using_indexes = {ON|OFF}
```

（2）查看慢查询日志

执行时间超过指定时间的查询语句会被记录到慢查询日志中，慢查询日志是以文本文件的形式存储的，在 Windows 操作系统下可以使用文本文件查看器进行查看。

使用 SHOW VARIABLES 命令来查看慢查询日志设定的时长：

```
SHOW VARIABLES LIKE 'long_query_time';
```

从查询结果可知，慢查询时间一般设定为 10s，可以通过修改 my.ini 配置文件来修改慢查询时间，也可以在 MySQL 客户端通过下列命令进行修改。

```
-- 将所有会话的慢查询时间设定为 5s，需要重新登录才能查询到修改
SET GLOBAL long_query_time=5;
-- 将会话的慢查询时间设定为 6s
SET SESSION long_query_time=6;
```

（3）删除慢查询日志

慢查询日志文件的删除与重建可参考错误日志文件。

13.8 数据库主从复制

1．什么是主从复制？

主从复制用来建立和主数据库 master 完全一样的数据库环境，即从数据库 slave。在复制过程中，一台服务器充当主服务器，而另外一台服务器充当从服务器。

2．主从复制的作用

主从复制的作用如下。

（1）实现高可用性。主数据库 master 出现故障后，可切换到从数据库 slave（作为后备数据库）继续工作，避免数据丢失。

（2）提高数据库的吞吐量。随着业务量越来越大，I/O 访问频率过高，单机无法满足需求，此时可做多库存储，降低磁盘 I/O 访问频率，提高单个机器的 I/O 性能。

（3）读写分离。主从复制使数据库能支撑更大的并发量，这在报表中尤其重要。部分报表 SQL 语句执行得非常慢，会导致锁表发生，影响前台服务。如果前台使用 master，报表使用 slave，那么报表 SQL 将不会造成前台锁表，保证了前台速度。

（4）实现服务器负载均衡。通过服务器复制功能，可以在主服务器和从服务器之间实现负载均衡，即可以通过在主服务器和从服务器之间切分处理客户查询的负荷，得到更短的客户响应时间。

3．主从复制的原理

MySQL 数据库之间数据复制的基础是二进制日志文件，它记录了所有 SQL 语句。MySQL 数据库作为 master 一旦启用二进制日志，数据库中所有操作都会以"事件"的形式记录在二进制日志中，其他数据库作为 slave 通过一个 I/O 线程与主服务器保持通信，并监控 master 的二进制日志文件的变化。如果发现 master 二进制日志文件发生变化，它就会把变化复制到自己的中继日志中，然后 slave 的一个 SQL 线程会把相关的"事件"复制到自己的数据库中，以此实现 slave 和 master 的一致性，即实现主从复制。主从复制的原理如图 13.7 所示。

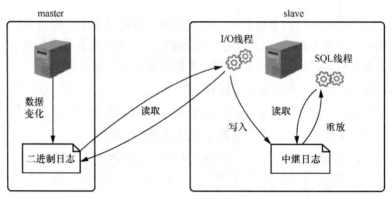

图 13.7　主从复制的原理

主从复制需要 3 个线程来操作。

（1）master 线程：二进制日志转储线程（Binlog Dump Thread），当 slave 线程连接时，master 可以将二进制日志发送给 slave，当 master 读取事件时，会在二进制日志上加锁，读取完成后，再释放锁。

（2）slave I/O 线程：连接到 master，向 master 发送请求更新二进制日志，读取 master 线程发送的二进制日志更新部分，并且复制到本地的中继日志（Relay Log）。

（3）slave SQL 线程：读取 slave 的中继日志，并且执行日志中的事件，使 slave 中的数据与 master 中的数据保持一致。

每一个主从复制的连接都有 3 个线程。拥有多个 slave 的 master 为每一个连接到 master 的 slave 创建一个二进制日志输出线程，每一个 slave 都有自己的 I/O 线程和 SQL 线程。

主从复制的步骤如图 13.8 所示。

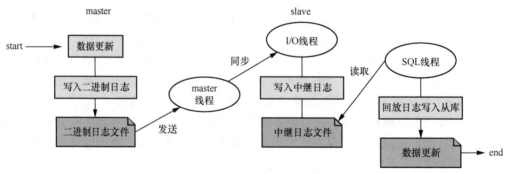

图 13.8　主从复制的步骤

步骤 1：master 的更新事件（UPDATE、INSERT、DELETE）被写入二进制日志。

步骤 2：slave 发起连接，连接到 master。

步骤 3：此时 master 创建一个 master 线程，把二进制日志的内容发送到 slave。

步骤 4：slave 启动之后，创建一个 I/O 线程，读取 master 传过来的二进制日志内容并写入中继日志。

步骤 5：slave 创建一个 SQL 线程，从中继日志里面读取内容，从 Exec_Master_Log_Pos 位置开始执行读取到的更新事件，将更新内容写入 slave。

本 章 小 结

本章从数据库的故障及恢复技术出发，介绍了数据库的备份与恢复技术、数据库迁移技术、数据库导入导出技术和日志管理技术等。有了保障技术后，要让数据库运行得更快和更好，还需要对数据库进行优化，当数据库中的数据量比较大时，可以进行分区、分库和分表等处理。若要实现数据备份和读写分离，可以采用主从复制技术。

习　题　13

13.1　选择题。

（1）还原数据库时，首先要进行_____操作。

A. 创建数据表备份　　　　　　　B. 创建完整数据库备份

C. 创建冷备份　　　　　　　　　D. 删除最近事务日志备份

（2）按备份时服务器是否在线进行划分，数据库备份不包括_____。

A. 完全备份　　　　　　　　　　B. 热备份

C. 温备份　　　　　　　　　　　D. 冷备份

（3）_____备份依赖于完整备份，只备份其后数据的变化。

A. 二次　　　　　　　　　　　　B. 检查

C. 增量　　　　　　　　　　　　D. 比较

（4）MySQL 在默认情况下，只启动了_____的功能。

A. 二进制日志　　　　　　　　　B. 通用查询日志

C. 错误日志　　　　　　　　　　D. 慢查询日志

（5）MySQL 的主从复制基于_____实现。

A. blog　　　　　　　　　　　　B. bilog

C. binlog　　　　　　　　　　　D. binarylog

13.2　数据库系统运行过程中常见的故障有哪些？

13.3　什么是数据库迁移？常用的数据库迁移方式有哪些？

13.4　试简述分库分表技术的概念，并阐述分库分表技术产生的原因。

13.5　MySQL 支持的水平分区类型有哪些？请分别简述。

实验八　数据库备份与恢复

【实验目的】

掌握数据库备份和恢复的一般方法。

【实验内容】

8-1　备份数据库及表。

（1）使用 mysqldump 命令备份 teachingdb 数据库中的 student 表到 D:/teachingdb_student.sql。

（2）使用 mysqldump 命令备份 teachingdb 数据库中的所有表到 D:/teachingdb.sql。

（3）使用 mysqldump 命令备份所有数据库到 D:/all_databases.sql。

8-2　恢复数据库及表。

（1）使用 mysql 命令和备份文件 D:/teachingdb.sql 恢复 teachingdb 数据库中的所有表。

（2）使用 source 命令和备份文件 D:/teachingdb.sql 恢复 teachingdb 数据库中的所有表。

第14章 数据库系统开发技术

本章学习目标：了解数据库应用系统的结构，包括 C/S 模式结构和 B/S 模式结构；了解数据库所用的访问接口；掌握 JDBC 与数据库进行连接并进行 CRUD 操作的方法；了解 ORM 技术，为进一步学习 MyBatis 打下基础。

14.1 数据库应用系统结构

从逻辑上说，典型的数据库应用系统有 3 个逻辑层：表示层、业务层和数据层。表示层是指应用系统中直接面向用户的部分，主要用于完成应用的前端人机界面处理、检查用户从键盘等输入的数据、显示应用系统输出的数据。业务层将具体的业务处理逻辑编入程序，主要用于实现应用的业务规则处理。数据层是应用系统中对数据进行管理的部分，由数据库管理系统（DBMS）等完成数据的存取、更新和管理等操作，以及保证访问数据的安全性和完整性。

数据库应用系统结构

从应用系统的体系结构看，数据库应用系统的发展经历了单机模式、集中式模式和目前广泛使用的分布式模式。最初的集中式模式基于主机/终端模式或 PC 模式，应用系统的 3 个逻辑层都集中在一台 PC 上。随着计算机及网络技术的发展、企业决策的分散化、信息来源及应用的多元化，集中式模式难以满足现代社会的需要，于是分布式模式应运而生，它将用户界面、业务功能和数据管理分开处理。典型的分布式模式可分为客户-服务器（Client/Server，C/S）模式和浏览器-服务器（Browser/Server，B/S）模式，并从最初的二层结构发展到现在的三层结构和多层结构。基于 Web 技术的 B/S 模式从根本上说也是一种 C/S 模式，只不过它的客户端是浏览器。C/S 模式是指将一个计算任务分布在两个不同的处理单元上，其中一个处理单元称为"前端"或客户端，负责提出计算请求，另一个处理单元称为"后端"或服务器，负责处理客户端的请求，将计算结果反馈给客户端，称作响应。客户端和服务器不是指硬件或系统，而是指进程。服务器的响应进程对应客户端的请求进程，客户端与服务器之间通过标准数据库访问接口进行连接，常用的标准数据库访问接口技术有 ODBC、JDBC、ADO 等。

14.1.1 基于 C/S 模式的二层结构

传统的二层 C/S 模式是一种基于简单的请求/应答协议的一对多二层结构模式，服务器具有单一性，核心是局域网技术。如图 14.1 所示，客户端一般由应用程序及相应的数据库访问接口程序组成，按照某种业务逻辑通过网络使用 SQL 向服务器发送数据操作请求和分析从服务器接收的数据，实现与数据库系统的交互。对于一个具体的基于二层 C/S 模式的数据库应用系统来说，客户端包含表示层和业务层，从用户界面获取所需的数据，通过操作按钮和业务处理程序向服务器发送数据操作请求；服务器接收到客户端发来的SQL请求，通过 DBMS 进行数据处理，并将操作结果返回给客户端，方式是用图形化界面按一定的格式要求输出请求结果数据。

图 14.1　二层 C/S 模式结构

基于二层 C/S 模式的应用系统开发工作主要集中在客户端，客户端不但要完成用户交互和数据显示，而且要完成对业务逻辑的处理，即用户界面（表示层）与业务逻辑位于客户端。但在具体实施时，可以根据实际应用的需求和软硬件环境，选择下面两种模型中的一种。

（1）瘦客户端模型：客户端仅负责表示，而数据管理和业务逻辑都在服务器上执行。

（2）胖客户端模型：服务器仅负责数据管理，而客户端负责业务逻辑和与系统用户的交互。

相比较而言，胖客户端模型能够更充分地利用客户端的处理能力，比瘦客户端模型在分布处理上更有效。

二层 C/S 模式结构的优点主要表现在以下几方面。

（1）将应用与服务分离，系统具有较好的稳定性和灵活性。

（2）客户端与服务器在局域网内直接连接，没有中间环节，因此响应速度快。

（3）客户端和服务器通过网络协议进行通信，二者间存在逻辑联系，因此物理上易于扩充。

二层 C/S 模式结构的缺点主要表现在以下几方面。

（1）系统兼容性弱。使用不同的开发工具时，其具有较大的局限性，难以支持跨平台和多个异构数据库。

（2）系统维护成本高。每个客户端都需要安装和配置数据库、客户端软件，一旦系统软硬件发生变化，系统升级和维护比较困难。

（3）系统用户受限。若系统业务、数据处理功能复杂，则服务器的负荷就会较重，通信易拥堵，难以支撑大量的客户端。

正因为二层 C/S 模式结构有上述缺点，所以为了避免用户选择瘦客户端模型产生伸缩性和性能的问题或选择胖客户端模型产生系统管理上的问题，出现了三层 C/S 模式结构。三层 C/S 模式结构中增加了一层应用服务器，可以将整个业务逻辑部署在应用服务器上，只有表示层部署在客户端上。

14.1.2　基于 C/S 模式的三层结构

如图 14.2 所示，基于 C/S 模式的三层结构具有 3 个部分，其将二层 C/S 模式中的业务逻辑从客户端上分离出来，增加了一个应用服务器。

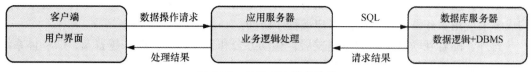

图 14.2 三层 C/S 模式结构

三层 C/S 模式结构的应用软件数据流图如图 14.3 所示。对于一个具体的数据库应用系统来说，表示层所需的数据要从数据层即数据库服务器取得，并在图形化界面按一定的格式要求进行展示。当用户的数据信息有误时，需通过键盘或鼠标修改数据信息，执行保存命令后，应用服务器即业务层从表示层取得数据送往数据层进行处理，数据层返回执行结果给业务层，以确定修改操作执行成功。通常业务层有确认用户对应用和数据库登录和存取权限的功能。

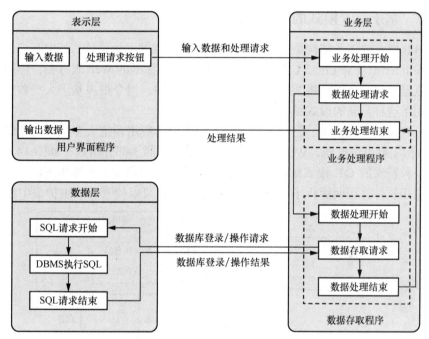

图 14.3 三层 C/S 模式结构的应用软件数据流图

与二层 C/S 模式结构相比，三层 C/S 模式结构具有以下优点。

（1）可以合理地划分各层的功能，使各层功能在逻辑上保持相对独立，从而提高系统的可维护性和可扩展性。

（2）可以灵活、有效地选用各层所适用的平台和硬件系统，从而提高系统的可维护性和开放性。

（3）各层可以并行开发并可选择各自适合的开发语言，从而提高系统开发的高效性和系统的可维护性。

（4）可以充分利用业务层有效地隔离表示层与数据层，未授权的用户难以绕过业务层而利用数据库工具或黑客手段非法地访问数据层，从而提高系统的安全性和可控制性。

随着大数据处理需求和互联网技术的发展，三层结构已不能满足应用对信息处理的需求，这时也可将三层结构拓展为多层结构，将业务层划分为多层。这里的层划分不是物理上的划分，而是应用逻辑结构上的划分。可以根据应用逻辑需求，将业务组件合理划分，构成多个应用服务器，以供不同客户端程序访问。

另外，随着互联网技术的飞速发展，移动办公和分布式办公越来越普及，C/S 体系结构的缺点也日益明显，主要表现在以下几个方面。

（1）客户端需要安装专门的客户端软件，不能实现快速部署安装和配置。当系统规模达到数百、数千个客户端时，工作量很大，且要求具有一定专业水准的技术人员来完成。

（2）软件会对操作系统有一些要求，需要针对不同的操作系统开发不同版本的终端软件，开发成本较高。

（3）为了适应用户不断变化的应用需求，客户端的应用程序需要不断更新。用户界面风格不一，要分别开发维护，同时在升级更新过程中，要求所有客户端上的软件也随之升级更新，其成本非常高。

14.1.3　基于 B/S 模式的体系结构

基于 B/S 模式的体系结构是一种以 Web 技术为基础的系统结构，其中客户端是标准的浏览器（如 Internet Explorer、Chrome 等），服务器为标准的 Web 服务器，协同应用服务器响应浏览器的请求。B/S 模式结构逐渐显示其先进性，当今很多基于大型数据库的应用系统都采用了这种全新的模式结构。

B/S 模式结构也有二层、三层之分，而典型数据库应用系统大多采用三层结构。三层 B/S 模式结构主要由浏览器、Web 服务器和数据库服务器 3 部分组成，如图 14.4 所示，其本质上是一种特殊的 C/S 模式结构，只不过它的客户端简化为一个通用浏览器，以代替形形色色的应用软件，因而简化了客户端的管理和使用，可以使管理和维护集中在服务器。

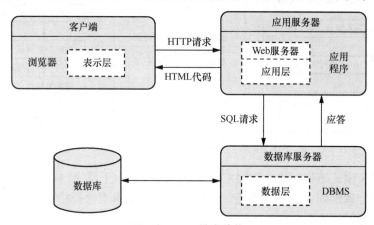

图 14.4　B/S 模式结构

第一层客户端是用户与整个系统的接口。用户与系统的交互都是通过浏览器来完成的，用户可在网页提供的表单上输入信息并将 HTTP 请求提交给第二层的 Web 服务器，浏览器还可将 Web 服务器返回的 HTML 代码转化成图文并茂的网页。

第二层的 Web 服务器启动相应的进程来响应浏览器发出的请求，并动态生成一串 HTML 代码，其中嵌入处理的结果，返回给客户端的浏览器。如果客户端提交的请求包括数据的存取，Web 服务器还需与数据库服务器协同完成这一处理工作。

第三层数据库服务器类似于 C/S 模式结构中数据库服务器，负责协调不同的 Web 服务器发出的 SQL 请求、管理数据库数据的读写。

这种三层结构的层与层之间相互独立，任何一层的改变不会影响其他层的功能。这种结构简化了客户端的工作，把事务处理逻辑部分分给了服务器，客户端不再负责处理复杂计算和数据访问等关键事务，只负责显示部分，变成了"瘦客户端"，从沉重的负担和不断提高性能的要求中解放出来。另外，维护人员不需要再为每个客户端上的程序的维护而奔波，只需要负责服务器程序的维护工作，从而也从繁重的维护、升级工作中解脱出来。

B/S 模式结构在使用中的优点主要表现在以下几个方面。

（1）对客户端硬件要求低。客户端只需要安装 Web 浏览器软件，这样可以节省客户端的硬盘空间等资源。

（2）维护简单方便。由于客户端不需要专用的软件，系统的开发者就不必再为不同级别的用户设计开发不同的客户应用程序。另外，应用程序都放在 Web 服务器上，软件的开发、升级和维护只针对服务器进行，减少了开发、维护工作量。

（3）可扩展性好。由于 B/S 模式结构基于 TCP/IP，因此 B/S 模式结构的系统既可在内联网内使用，也可以运行于互联网之上，使系统克服了空间和地域的限制，用户可以在任何地方访问系统，系统具有良好的可扩展性。

另外，B/S 模式结构也存在缺点，主要表现在以下几个方面。

（1）B/S 模式结构的应用系统采用请求-响应模式，在数据查询等的响应速度上，要远远低于 C/S 模式结构。

（2）Web 服务器成为数据库唯一的客户端，所有对数据库的连接都通过 Web 服务器实现。Web 服务器同时要处理客户请求和与数据库的连接，当访问量大时，数据负载较重。

（3）浏览器作为唯一客户端，软件个性化特点缺乏，同时由于浏览器只是为进行 Web 浏览而设计的，当其应用于 Web 应用系统时，许多功能不能实现或实现起来比较困难。

14.1.4　C/S 模式结构和 B/S 模式结构的结合

通过上述分析可以看到，单一的 C/S 模式结构和单一的 B/S 模式结构都具有明显的优缺点。在数据库应用系统的开发过程中，我们既要考虑 C/S 模式结构的成熟性，又要考虑到 B/S 模式结构的先进性，采用 C/S 模式结构与 B/S 模式结构相结合的开发模式是目前的技术背景和现实工作情况下的最佳方案。

基于 C/S 模式与 B/S 模式相结合的体系结构如图 14.5 所示，这种结构将 C/S 模式结构和 B/S 模式结构通过共享的数据库合为一体。B/S 模式结构中的浏览器满足大多数用户的功能需求，主要用于完成信息查询和一些简单的业务处理，如数据录入、数据删除等。用户发出 HTTP 请求到 Web 服务器，Web 服务器将 SQL 请求传送给数据库服务器，数据库服务器将数据返回给 Web 服务器，然后由 Web 服务器将数据传送给客户端。C/S 模式结构中的客户端应用程序主要完成一些浏览器无法完成或者不适合放在 Web 上的任务，如数据库维护管理、统计报表、数据分析和业务处理等，可直接通过 C/S 模式结构实现对数据库的访问。

这种结合模式的优点主要在于能充分发挥两种体系结构的优越性，在保证用户方便操作的同时也使得系统更新方便、维护简单，又可以避免 B/S 模式结构在安全性和响应速度等方面的缺点，以及 C/S 模式结构在异地查询、浏览灵活性等方面的缺点。

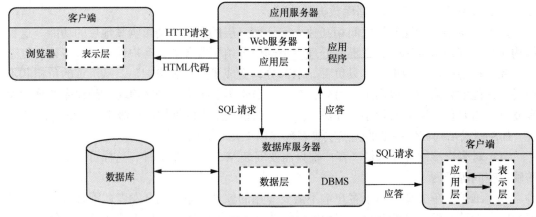

图 14.5　基于 C/S 模式与 B/S 模式相结合的体系结构

14.2　数据库访问接口

每种 DBMS 都有自己的专用接口，通过编程实现与某种数据库专用接口的通信是一项比较复杂的任务，为此，产生了开放的数据库访问接口技术。开放的数据库访问接口技术为数据库应用程序开发人员访问不同类型的数据库提供了统一的方式，通过编写一段程序代码调用这种接口就可实现对多种类型数据库的复杂操作。在 C/S 和 B/S 模式结构中常用的数据库访问接口技术包括 ODBC、JDBC、OLE DB、DAO、ADO、ADO.NET 以及基于

数据库访问
接口

XML 的数据库访问等，其中 ADO、ADO.NET 和 JDBC 技术是目前广泛使用的数据库访问接口技术。

14.2.1　ADO 和 ADO.NET

ADO（Active Data Object，Active 数据对象）使用 OLE DB 接口并基于微软的 COM（Component Object Model，组件对象模型）技术，是 Windows 操作系统中比较流行的一种数据库访问接口技术。ADO.NET 其实是在 ADO 基础上专门为.NET 平台设计的一种数据库访问接口，是构建.NET 数据库应用程序的基础。

（1）ADO 概述

ADO 是继 ODBC（Open DataBase Connectivity，开放式数据库互连）之后微软公司推出的数据库访问接口技术，在 Visual C++、 Visual Basic、ASP 等语言中广泛使用。ADO 包括 6 个类，即 Connection、Command、Recordset、Errors、Parameters 和 Fields，对数据库的操作都是通过这 6 个类的对象完成的。

（2）ADO.NET 概述

ADO.NET 是在.NET 编程环境中使用的数据库访问接口技术，由 2 个部分组成：数据提供程序（Provider）和数据集（DataSet）。数据提供程序主要包括 Connection、Command、DataReader 和 DataAdapter 这 4 个组件，数据库应用程序通过这些组件完成与数据库服务器的连接、数据检索和数据操作。数据集是数据表（DataTable）的集合，是数据库中的数据在内存中的副本，能在与数据库断开连接的情况下对数据库中的数据进行操作。

（3）应用 ADO.NET 访问 MySQL 数据库的方法

下面以 C#语言编程实现 MySQL 数据库操作为例，介绍应用 ADO.NET 访问 MySQL 数据库的方法。

在 C#语言中应用 ADO.NET 访问 MySQL 数据库，主要通过 MySqlConnection、MySqlCommand、MySqlDataReader 和 MySqlDataAdapter 等类实现，这些类定义在 MySql.Data.MySqlClient 命名空间中。

① MySqlConnection 对象用于连接 MySQL 数据库，下面是创建 MySqlConnection 对象的例子。

```
//创建连接到MySQL数据库的MySqlConnection对象myConn
string myConnectionString = "server=localhost;user=root;password=myroot;port=3306;
database=teaching_manage;";
MySqlConnection myConn = new MySqlConnection(myConnectionString);
```

MySqlConnection 对象有两个常用方法：Open()方法，用于打开与数据库的连接；Close()方法，用于关闭与数据库的连接。

② MySqlCommand 对象用于执行针对数据库操作的 SQL 命令。其 Connection 属性用来设置 MySqlCommand 对象所依赖的连接对象，CommandText 属性用于设置要执行的 SQL 命令文本。下面是创建 MySqlCommand 对象的例子。

```
MySqlCommand myCmd = new MySqlCommand();
myCmd.Connection = myConn;
myCmd.CommandText = "select sno,sname,dept from student";
```

MySqlCommand 对象有两个常用方法：ExecuteReader()方法，用于执行带查询结果的 SELECT 语句，其返回值是 MySqlDataReader 类型的对象，可以通过 Read()和 GetString()等方法从 MySqlDataReader 对象中检索出返回的数据；ExecuteNonQuery()方法，用于执行不带查询结果的 SQL 语句，如 INSERT、UPDATE 和 DELETE 语句等。

【例 14.1】以查询数据库 teaching_manage 中的学生表（student）中的学生学号（sno）、姓名（sname）和系别（dept）为例，给出 C#代码示例。

创建 C#控制台应用程序 Test，在类 Program 的 Main()函数中添加相应的代码，结果文件 Program.cs 中的代码如下。

```
using System;
using System.Collections.Generic;
using System.Linq;
using System.Text;
using System.Threading.Tasks;
using MySql.Data.MySqlClient;
namespace Test
{
    internal class Program
    {
        static void Main(string[] args)
        {
            //创建连接到MySQL数据库的MySqlConnection对象myConn
            string myConnectionString = "server=localhost;user=root;password=myroot;
port=3306;database=teaching_manage;";
            MySqlConnection myConn = new MySqlConnection(myConnectionString);
            try
            {
                myConn.Open();
                MySqlCommand myCmd=new MySqlCommand();
```

```
        myCmd.Connection = myConn;
        myCmd.CommandText="select sno,sname,dept from student";
        MySqlDataReader myReader= myCmd.ExecuteReader();
        while(myReader.Read())
        {
            string strNo=myReader.GetString(0);
            string strName= myReader.GetString(1);
            string strDept= myReader.GetString(2);
            Console.WriteLine(strNo+" "+strName+" "+strDept);
        }
        myReader.Close();
    }
    catch(Exception ex)
    {
        Console.WriteLine(ex.ToString());
    }
    myConn.Close();
    }
  }
}
```

14.2.2　JDBC

　　JDBC 是 Sun Microsystems 公司（已被 Oracle 公司收购）制定的 Java 语言连接数据库的技术。JDBC 为数据库应用开发提供了一组统一的 Java API，可为不同的关系数据库提供统一的访问接口。

　　安装好数据库之后，应用程序必须通过驱动程序去和数据库打交道，其中驱动程序就是数据库厂商对 Connection 等接口的实现类.jar 文件。JDBC 结构模型如图 14.6 所示。

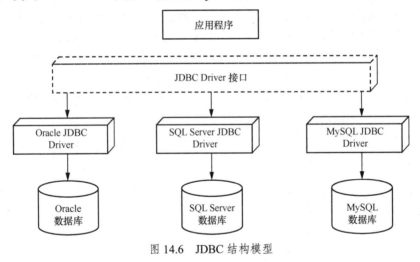

图 14.6　JDBC 结构模型

JDBC 常用接口如下。

（1）Driver 接口

　　Driver 接口的实现类由数据库厂商提供，用以驱动自己的数据库。Java 开发人员直接使用 Driver 接口就可以了。在编程中要连接数据库，必须先装载特定厂商的数据库驱动程序，不同的数据库驱动程序有不同的装载方法。

　　① 装载 MySQL 驱动程序：

```
Class.forName("com.mysql.jdbc.Driver");
```

② 装载 Oracle 驱动程序：

```
Class.forName("oracle.jdbc.OracleDriver");
```

③ 装载 SQL Server 驱动程序：

```
Class.forName("com.microsoft.sqlserver.jdbc.SQLServerDriver");
```

（2）Connection 接口

Connection 接口与特定数据库连接，在连接上下文中执行 SQL 语句并返回结果。DriverManager.getConnection(url, user, password)方法建立在 JDBC URL（Uniform Resource Locator，统一资源定位符）中定义的数据库 Connection 接口上。

① 连接 MySQL 数据库：

```
Connection conn = DriverManager.getConnection("jdbc:mysql://host:port/database",
"user", "password");
```

② 连接 Oracle 数据库：

```
Connection conn = DriverManager.getConnection("jdbc:oracle:thin:@host:port:database",
"user", "password");
```

③ 连接 SQL Server 数据库：

```
Connection conn = DriverManager.getConnection("jdbc:microsoft:sqlserver://host:port;
DatabaseName=database", "user", "password");
```

Connection 接口的常用方法如下。

① createStatement()：创建向数据库发送 SQL 语句的 Statement 对象。

② prepareStatement(sql)：创建向数据库发送预编译 SQL 语句的 PreparedSatement 对象。

③ prepareCall(sql)：创建执行存储过程的 CallableStatement 对象。

④ setAutoCommit(boolean autoCommit)：设置事务是否自动提交。

⑤ commit()：在链接上提交事务。

⑥ rollback()：在链接上回滚事务。

（3）Statement 接口

用于执行静态 SQL 语句并返回它所生成结果的对象。3 种 Statement 对象如下。

Statement：由 createStatement()创建，用于发送简单的 SQL 语句（不带参数）。

PreparedStatement：继承自 Statement 接口，由 prepareStatement(sql)创建，用于发送含有一个或多个参数的 SQL 语句。PreparedStatement 对象比 Statement 对象效率更高，并且可以防止 SQL 注入，所以我们一般使用 PreparedStatement。

CallableStatement：继承自 PreparedStatement 接口，由方法 prepareCall(sql)创建，用于调用存储过程。

Statement 接口的常用方法如下。

① execute(String sql)：运行语句，返回是否有结果集。

② executeQuery(String sql)：运行 SELECT 语句，返回 ResultSet 结果集。

③ executeUpdate(String sql)：运行 INSERT/UPDATE/DELETE 语句，返回更新的行数。

④ addBatch(String sql) ：把多条 SQL 语句放到一个批处理中。

⑤ executeBatch()：向数据库发送一批 SQL 语句以执行。

（4）ResultSet 接口

ResultSet 接口提供了检索不同类型字段的方法，常用的有以下几个。

① getString(int index)、getString(String columnName)：获得数据库里 VARCHAR、CHAR 等类型的数据对象。

② getFloat(int index)、getFloat(String columnName)：获得数据库里 FLOAT 类型的数据对象。

③ getDate(int index)、getDate(String columnName)：获得数据库里 DATE 类型的数据对象。

④ getBoolean(int index)、getBoolean(String columnName)：获得数据库里 BOOLEAN 类型的数据对象。

⑤ getObject(int index)、getObject(String columnName)：获取数据库里任意类型的数据对象。

ResultSet 接口还提供了对结果集进行滚动的方法。

① next()：移动到下一行。

② previous()：移动到前一行。

③ absolute(int row)：移动到指定行。

④ beforeFirst()：移动到结果集的最前面。

⑤ afterLast()：移动到结果集的最后面。

14.3　Java 操作 MySQL 数据库

Java 操作
MySQL 数据库

14.3.1　Java 访问 MySQL 步骤

使用 Java 访问 MySQL 数据库的步骤如下。

（1）加载 MySQL 驱动程序

通过语句 Class.forName("com.mysql.cj.jdbc.Driver")可加载 MySQL 8.0 的数据驱动程序。如果访问 MySQL 5.0，则使用 Class.forName("com.mysql.jdbc.Driver")。

（2）建立数据库连接

驱动程序管理类 DriverManager 是 JDBC 驱动程序和 Java 程序的"桥梁"，通过调用它的 getConnection()方法可以根据数据库的 URL、用户名和密码创建数据库连接 Connection 对象。下面是创建 Connection 对象的一个例子。

```
String strurl="jdbc:mysql://localhost:3306/teaching_manage?useSSL=false&
serverTimezone =UTC";
Connection conn=DriverManager.getConnection (strurl,"root","myroot");
```

"localhost"是指本机的服务器，"3306"是数据库的端口号，"teaching_manage"是 MySQL 服务器中的数据库名，"root"和"myroot"分别是用户名和密码。这 5 个值均需要根据实际情况进行修改。

（3）操作数据库

Statement 类主要用于操作数据库，向数据库传递要执行的 SQL 语句。通过 Connection 对象的 createStatement()方法创建 Statement 对象：

```
Statement stat=conn.createStatement();
```

Statement 对象有两个常用方法：executeUpdate()和 executeQuery()。前者用于执行没有返回结果的 SQL 语句，如 INSERT、UPDATE 和 DELETE 语句。后者用于执行有返回结果的 SQL 语句，如 SELECT 语句。

（4）处理结果集

Statement 对象的 executeQuery()方法返回的是 ResultSet 对象，该对象表示数据库执行 SELECT 语句后返回的记录集合。它具有一个指向当前记录的指针，调用该对象的 next()方法，可以使指针指向下一条记录，通过该对象的 getString（字段名）方法可以获取相应的字段值。

（5）关闭数据库连接

数据库访问结束后，需要调用 close()方法关闭 Connection 类、Statement 类、ResultSet 类的对象，以释放它们所占用的空间。

【例 14.2】查询数据库 teaching_manage 中的学生表（student）中的学生学号（sno）、姓名（sname）和系别（dept），给出 Java 代码示例。

创建 Java 类 Test，在类的 main()方法中添加相应的代码，源码文件 Test.java 中的代码如下。

```java
import java.sql.DriverManager;
import java.sql.Connection;
import java.sql.Statement;
import java.sql.ResultSet;
public class Test {
    public static void main(String[] args)
    {
        try
        {
            Class.forName("com.mysql.cj.jdbc.Driver");
            Connection conn=DriverManager.getConnection("jdbc:mysql://localhost:3306
            /teaching_manage?useSSL=false&serverTimezone=UTC","root","root");
            Statement stat=conn.createStatement();
            ResultSet rs=stat.executeQuery("select sno,sname,dept from student");
            while(rs.next())
            {
                System.out.print(rs.getString("sno"));
                System.out.print(rs.getString("sname"));
                System.out.println(rs.getString("dept"));
            }
            rs.close();
            stat.close();
            conn.close();
        }catch(Exception ex)
        {
            ex.printStackTrace();
        }
    }
}
```

14.3.2　数据库的 CRUD 操作

CRUD 是指在做计算处理时的增加（Create）、读取（Retrieve）（重新得到数据，即查询）、更新（Update）和删除（Delete），主要被用于描述软件系统中数据库的基本操作功能。

【例 14.3】创建用户表 users(id,username,pwd)，使用 Java 对 users 表进行 CRUD 操作。

数据库的 CRUD 操作（1）

数据库的 CRUD 操作（2）

（1）创建 JdbcConn 类，实现数据库的连接与关闭。

```java
package jdbcutils;

import java.sql.Connection;
import java.sql.DriverManager;
import java.sql.SQLException;

public class JdbcConn {
private static Connection conn;
private static String url="jdbc:mysql://localhost:3306 /teaching_manage";
private static String user="root";
private static String password="root";
static{
    try {
        Class.forName("com.mysql.cj.jdbc.Driver");
    } catch (ClassNotFoundException e) {
        // 自动生成的 catch 块
        e.printStackTrace();
    }
}
public static Connection getConnecion(){
    try {
        conn=DriverManager.getConnection(url, user, password);
        return conn;
    } catch (SQLException e) {
        e.printStackTrace();
        return null;
    }
}
public static void closeConnection(){
    if(conn!=null){
        try {
            conn.close();
        } catch (SQLException e) {
            e.printStackTrace();
        }
    }
}
```

（2）创建 Users 类。

```java
package jdbcutils;

import java.sql.Connection;
import java.sql.DriverManager;
package classes;

public class Users {
    private int id;
    private String username;
    private String pwd;
    public Users(){
    }
    public Users(String username, String pwd) {
        super();
        this.username = username;
        this.pwd = pwd;
    }
```

```java
    @Override
    public String toString() {
        return " [id=" + id + ", username=" + username + ", pwd=" + pwd+ "]";
    }
    public int getId() {
        return id;
    }
    public void setId(int id) {
        this.id = id;
    }
    public String getUsername() {
        return username;
    }
    public void setUsername(String username) {
        this.username = username;
    }
    public String getPwd() {
        return pwd;
    }
    public void setPwd(String pwd) {
        this.pwd = pwd;
    }
}
```

（3）创建 UsersDao 类，实现对 users 表的 CRUD 操作。

```java
package javadao;

import java.sql.Connection;
import java.sql.PreparedStatement;
import java.sql.ResultSet;
import java.sql.SQLException;
import jdbcutils.JdbcConn;
import classes.Users;

public class UsersDao {
    private Connection con;
    private PreparedStatement pstmt;
    private ResultSet rs;
    /**
     *增加用户信息
     */
    public boolean doInsert(Users u){
        con=JdbcConn.getConnecion();
        try {
            String sql="insert into users values(null,?,?)";
            pstmt=con.prepareStatement(sql);
            pstmt.setString(1,u.getUsername());
            pstmt.setString(2, u.getPwd());
            int result=pstmt.executeUpdate();
            return result>0;
        } catch (SQLException e) {
            // 自动生成的 catch 块
            e.printStackTrace();
            return false;
        }finally{
            JdbcConn.closeConnection();
        }
    }
```

```java
/**
 *更新用户信息
 */
public boolean doUpdate(Users u){
    con=JdbcConn.getConnecion();
    try {
        String sql="update users set username=?,pwd=? where id=?";
        pstmt=con.prepareStatement(sql);
        pstmt.setString(1,u.getUsername());
        pstmt.setString(2, u.getPwd());
        pstmt.setInt(3,u.getId());
        int result=pstmt.executeUpdate();
        return result>0;
    } catch (SQLException e) {
        // 自动生成的 catch 块
        e.printStackTrace();
        return false;
    }finally{
        JdbcConn.closeConnection();
    }
}
/**
 *删除用户信息
 */
public boolean doDelete(Users u){
    con=JdbcConn.getConnecion();
    try {
        String sql="delete from users where id=?";
        pstmt=con.prepareStatement(sql);
        pstmt.setInt(1,u.getId());
        int result=pstmt.executeUpdate();
        return result>0;
    } catch (SQLException e) {
        //自动生成的 catch 块
        e.printStackTrace();
        return false;
    }finally{
        JdbcConn.closeConnection();
    }
}
/**
 *查询用户信息
 */
public Users findById(int id){
    con=JdbcConn.getConnecion();
    try {
        String sql="select * from users where id= ? ";
        pstmt=con.prepareStatement(sql);
        pstmt.setInt(1, id);
        rs=pstmt.executeQuery();
        Users u=null;
        if(rs.next()){
            u=new Users();
            u.setId(rs.getInt(1));
            u.setUsername(rs.getString(2));
            u.setPwd(rs.getString(3));
        }
        return u;
```

```
        } catch (SQLException e) {
            // 自动生成的 catch 块
            e.printStackTrace();
            return null;
        }finally{
            JdbcConn.closeConnection();
        }
    }
}
```

14.4 ORM 技术

ORM 是 Object Relational Mapping 的缩写，译为"对象关系映射"，它解决了对象和关系数据库之间的数据交互问题。在目前的企业应用系统设计中，MVC，即 Model（模型）-View（视图）-Control（控制）为主要的系统架构模式。MVC 中的 Model 包含复杂的业务逻辑和数据逻辑，将这些复杂的业务逻辑和数据逻辑分离，以将系统的紧耦合关系转化为松耦合关系（即解耦合），是降低系统耦合度迫切要做的工作，也是持久化要做的工作。MVC 模式实现了将表示层（即 View）和数据层（即 Model）分离的解耦合，而持久化设计则实现了数据层内部的业务逻辑和数据逻辑分离的解耦合。ORM 作为持久化设计中最重要也最复杂的技术，是目前业界的热点技术。

使用面向对象编程时，数据很多时候都存储在对象里面，具体来说是存储在对象的各个属性（也称成员变量）中。例如，User 类，它的 id、username、password 属性都可以用来记录用户信息。当我们需要把对象中的数据存储到数据库时，按照前面讲解的做法，就得手动编写 SQL 语句，将对象的属性值提取到 SQL 语句中，然后调用相关方法执行 SQL 语句。有了 ORM 技术以后，只要提前配置好对象和数据库之间的映射关系，就可以自动生成 SQL 语句，并将对象中的数据自动存储到数据库中，整个过程不需要人工干预。在 Java 中，ORM 一般使用 XML 或者注解来配置对象和数据库之间的映射关系。

和自动生成 SQL 语句相比，手动编写 SQL 语句的缺点是非常明显的，主要体现在以下两个方面。

（1）对象的属性名和数据表的字段名往往不一致，我们在编写 SQL 语句时需要非常小心，要逐一核对属性名和字段名，确保它们不出错，而且彼此一一对应。

（2）当 SQL 语句出错时，数据库的提示信息往往不精准，这给排错带来了不小的困难。

面向对象编程和关系数据库是广泛使用的两种技术，ORM 实现了两者之间数据交互的自动化，解放了程序员的双手，同时也让源码中不再出现 SQL 语句。ORM 是一种双向数据交互技术，它不仅可以将对象中的数据存储到数据库中，也可以反过来将数据库中的数据提取到对象中。关系数据库和类/对象之间的对应关系如表 14.1 所示。

表 14.1　关系数据库和类/对象之间的对应关系

关系数据库	类/对象
表	类
表中的记录	对象
表中的字段	对象的属性

例如，现在有一张 user 表，它包含 id、user_id 和 user_name 这 3 个字段，另外还有一个

Java User 类，它包含 id、userId 和 userName 这 3 个属性，它们之间的对应关系如图 14.7 所示。

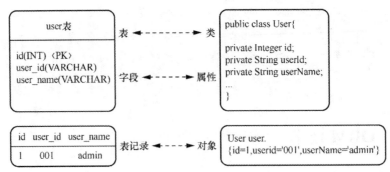

图 14.7 表与类、表记录与对象之间的对应关系

ORM 技术通常使用单独的框架或者框架的某个模块来实现，下面列出了常用的 ORM 框架。

（1）常用的 Java ORM 框架有 Hibernate 和 MyBatis。

（2）常用的 Python ORM 框架有 SQLAlchemy、Peewee、Django 的 ORM 模块等。

（3）常用的 PHP ORM 框架有 Laravel、Yii 的 ORM 模块、ThinkPHP 的 ORM 模块等。

ORM 是一种自动生成 SQL 语句的技术，它可实现对象和关系数据库之间的数据交互，提高开发效率。在实际开发中，常见的 CRUD 操作都可以交给 ORM，避免了手动编写 SQL 语句的麻烦。

本 章 小 结

本章首先介绍了网络环境下数据库应用的两种主要模式 C/S 与 B/S，接着介绍了常用的数据库访问接口 ADO、ADO.NET 和 JDBC 等，最后介绍了数据库应用的开发步骤和过程。本章以 Java 编程工具为例介绍了 Java 通过 JDBC 技术连接数据库，并通过各种对象实现对数据的 CRUD 操作的方法。

习 题 14

14.1 常用的数据库应用系统结构有哪些？

14.2 浏览器-应用服务器-数据库服务器多层结构有什么优缺点？

14.3 ADO.NET 通过哪些类访问 MySQL？

14.4 JDBC 有哪些常用接口？

14.5 数据库的 CRUD 操作是指哪些操作？

14.6 简要介绍 ORM 技术。

本章学习目标：掌握数据库系统的开发过程，包括需求分析、数据库的分析与设计、开发环境搭建、公共类设计等，并能够实 现其中的几个关键模块；对数据库应用系统开发有整体的认识。

系统需求分析

15.1 系统需求分析

高校图书管理系统的需求包括数据需求、功能需求和性能需求等，本节只分析功能需求。高校图书管理系统涉及管理员和读者两种用户类型，管理员可以管理图书和所有用户信息，读者可以查询和借阅图书，还可以修改自身信息。系统用例图如图 15.1 所示。

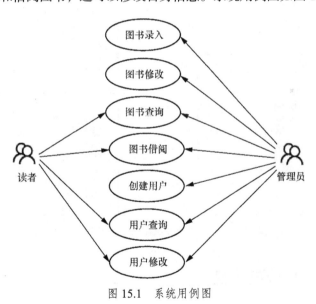

图 15.1　系统用例图

1．用户管理

用户分为读者和管理员，不同的用户所具有的操作能力不同。读者不能删除自身信息，但可以查询和修改自身信息。管理员可以创建、修改和查询所有用户信息。

2．图书管理

读者可以查询和借阅图书，管理员可以录入、修改、查询和借阅图书。

15.2 数据库分析与设计

以实际的图书管理系统为例，分析其设计原则，有以下几点需要注意。

（1）每个表设计一个自增型的 ID 作为主键，避免使用复合主键。对原来的业务主键采用唯一性约束保证其值的唯一性。

（2）在图书馆中，一册图书可能有多本，为了方便图书管理，采用一书一码的原则，对每一册图书进行单独编码，赋予不同的图书条码。

根据需求分析，得出图 15.2 所示的物理模型。

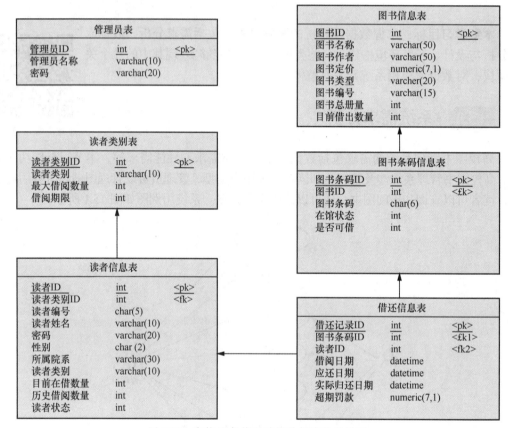

图 15.2 高校图书管理系统数据库物理模型

15.3 开发环境的搭建

高校图书管理系统示例项目是在 IntelliJ IDEA 2021 下进行编写的。首先新建 Maven 项目并加载项目依赖，如图 15.3 和图 15.4 所示。

前台 Swing 开发工具采用 IDEA 自带的 Swing UI Designer 进行表单设计；数据库为 MySQL 8.0.26；项目使用 Maven 进行.jar 文件的托管，在 pom.xml 文件中加入测试依赖，加入 MySQL 的驱动以及 JUnit 对应的 jar 包。

开发环境的搭建

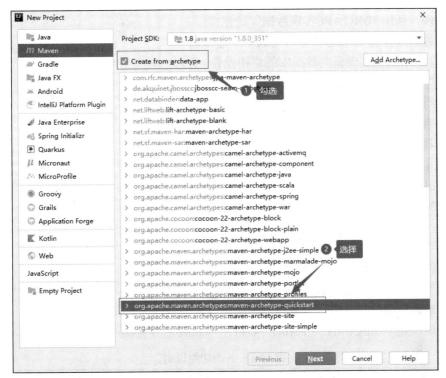

图 15.3　新建 Maven 项目

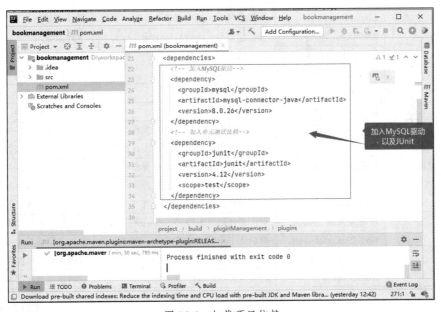

图 15.4　加载项目依赖

15.4 系统程序架构设计

本章选用典型的基于 C/S 模式的三层结构，其目的是使整个系统结构清楚，分工明确，有利于维护和扩展。高校图书管理系统采用 Java 语言编程实现，利用 JDBC API 实现数据库的连接。

（1）数据层：选用 JDBC 作为与数据库连接的 API，并在此基础上实现面向数据库的常用操作。

（2）应用层：采用 Java 技术针对图书管理的具体业务进行合理的封装。

（3）表示层：采用 JSP 技术以交互式窗口形式为管理员和读者提供操作界面。

如图 15.5 所示，项目源文件由 dao、frame、model、utils 这 4 个包构成，dao 包主要负责基础的 JDBC 操作。

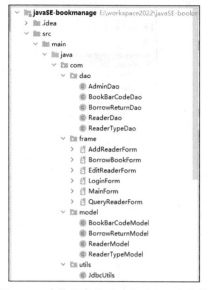

图 15.5　高校图书管理系统项目程序结构

15.4.1　封装类及类之间的关系

高校图书管理系统是一个复杂的管理系统，本章只介绍管理员登录模块、读者管理模块（新增读者信息、修改读者信息、查询读者信息、删除读者信息等）以及图书借阅模块。

本系统构建了 JdbcUtils、*Form、*Dao、*Model 这 4 种类，如表 15.1 所示。

表 15.1　各类功能说明

类的类型	类的名称	功能介绍	注释
公共接口类	JdbcUtils	实现数据库的连接与关闭等操作	数据库操作类
界面类	LoginForm	实现管理员、读者登录	登录界面类
	MainForm	显示主菜单，进行功能跳转	主界面类
	BorrowBookForm	实现读者借阅功能	图书借阅界面类
	AddReaderForm	实现新增读者功能	新增读者界面类
	DelReaderForm	实现读者删除功能	删除读者界面类
	EditReaderForm	实现修改读者功能	修改读者界面类
数据持久化操作类	BorrowReturnDao	实现借还信息表的 CRUD 操作	借还信息表数据持久类
	BookBarCodeDao	实现图书条码信息表的 CRUD 操作	图书条码信息表数据持久类
	ReaderTypeDao	实现读者类别表的 CRUD 操作	读者类别表数据持久类
	ReaderDao	实现读者信息表的 CRUD 操作	读者信息表数据持久类
	AdminDao	实现管理员表的 CRUD 操作	管理员表持久类
数据模型类	BorrowReturnModel	对应借还信息表中的一条记录	借还信息表模型类
	BookBarCodeModel	对应图书条码信息表中的一条记录	图书条码信息表模型类
	ReaderTypeModel	对应读者类别表中的一条记录	读者类别表模型类
	ReaderModel	对应读者信息表中的一条记录	读者信息表模型类

15.4.2　公共类设计

JdbcUtils 类用来实现数据库的连接与关闭，具体的 Java 代码如下。

公共类设计

```java
public class JdbcUtils {
    private static final String DRIVERCLASS="com.mysql.cj.jdbc.Driver";
    private static final String
                     URL="jdbc:mysql:///bookmanagement?allowPublicKeyRetrieval=true";
    private static final String USERNAME="root";
    private static final String PASSWORD="123456";
    static {
        try {
            // 将加载驱动操作放置在静态代码块中，这样就能保证只加载一次
            Class.forName(DRIVERCLASS);
        } catch (ClassNotFoundException e) {
            e.printStackTrace();
        }
    }
    public static Connection getConnection() throws SQLException {
        Connection con = DriverManager.getConnection(URL, USERNAME, PASSWORD);
        return con;
    }
    // 关闭数据库连接操作
    public static void closeConnection(Connection con) throws SQLException {
        if (con != null) {
            con.close();
        }
    }
    public static void closeStatement(Statement st) throws SQLException {
        if (st != null) {
            st.close();
        }
    }
    public static void closeResultSet(ResultSet rs) throws SQLException {
        if (rs != null) {
            rs.close();
        }
    }
}
```

说明：由于驱动只需要加载一次，因此将加载驱动操作放置在静态代码块中，这样就能保证只加载一次。

15.5 系统功能实现

15.5.1 管理员登录模块

管理员登录模块用于实现管理员身份认证，涉及 tb_admin 数据表，"管理员登录"界面如图 15.6 所示，系统主界面如图 15.7 所示。

管理员登录模块的代码涉及 LoginForm 类和 AdminDao 类。LoginForm 类用于实现"登录"以及"重置"控制逻辑；AdminDao 类中的 findUserByNoAndPwd()方法用于实现判定用户名、密码输入是否正确。

实现登录业务

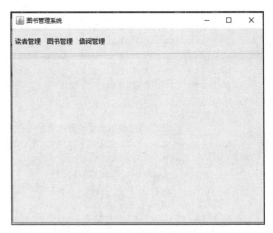

图 15.6　"管理员登录"界面　　　　　　图 15.7　系统主界面

1．LoginForm 类

LoginForm 类中 login.addActionListener()的代码如下。

```
login.addActionListener(new ActionListener() {
    @Override
    public void actionPerformed(ActionEvent e) {
        String username=userName.getText().trim(); //获取用户输入的用户名
        String pwd=password.getText().trim();  //获取用户输入的密码
        //1. 判断用户名是否为空
        if (username==null || username.equals("") ){
            JOptionPane.showMessageDialog(null,"用户名为空，请重输!");
            userName.requestFocus();
            return ;
        }
        //2. 判断密码是否为空
        if ( pwd==null || pwd.equals("")){
            JOptionPane.showMessageDialog(null,"密码为空，请重输!");
            password.requestFocus();
            return ;
        }
        //3. 实例化 AdminDao, 调用 findUserByNoAndPwd()方法, 判定用户名、密码是否输入正确
        AdminDao dao=new AdminDao();
        boolean flag=dao.findUserByNoAndPwd(username,pwd);
        //3.1 用户名、密码正确, 关闭当前登录窗口, 并跳转到主界面
        if( flag) {    //flag 为 true
            JOptionPane.showMessageDialog(null,"登录成功","图书管理系统",JOptionPane.
INFORMATION_MESSAGE);
            closeThis();
            //显示主界面
            JFrame frame = new JFrame("图书管理系统");
            MainForm form=new MainForm();
            frame.setContentPane(form.getMainPanel());
            frame.setDefaultCloseOperation(JFrame.EXIT_ON_CLOSE);
            frame.pack();
            frame.setVisible(true);
        }
        else{
            //3.2 flag 为 false, 说明用户名或者密码错误
            JOptionPane.showMessageDialog(null,"用户名或者密码错误，请重输!","图书管理系统",
JOptionPane.ERROR_MESSAGE);
```

```
        }
    }
});
```

2．AdminDao 类

AdminDao 类中 findUserByNoAndPwd()的代码如下。

```
public boolean findUserByNoAndPwd(String adminName, String pwd) {
    boolean flag = false;
    Connection conn = null;
    PreparedStatement pstmt = null;
    ResultSet rs = null;
    //1．SQL 查询语句中的用户名和密码用占位符 "?" 代替
    String sql="SELECT * FROM tb_admin\n" +
                    "WHERE admin_name=? and pwd=?;";
    try {
        //2．通过公共类 JdbcUtils 实现数据库连接
        conn = JdbcUtils.getConnection();
        //3．使用预编译对象 PreparedStatement 进行查询操作，设置用户名以及密码参数
        pstmt =conn.prepareStatement(sql);
        pstmt.setString(1,adminName);
        pstmt.setString(2,pwd);
        //4．执行 executeQuery()方法进行查询操作
        rs=pstmt.executeQuery();
        //5．如果 rs.next() 的执行结果为 true，查询结果不为空，找到了满足条件的记录，即表明用户名、
密码正确；如果 rs.next()的执行结果为 false，查询结果为空，没有找到满足条件的记录，即表明用户名或者密
码错误
        flag=rs.next();
    } catch (SQLException throwables) {
        throwables.printStackTrace();
    }
    //6.返回查询结果标识
    return flag;
}
```

15.5.2　读者管理模块

读者管理模块用于实现读者信息的维护操作，如图 15.8
所示，主要包括新增读者、修改读者、删除读者、查询读者、
注销读者以及读者挂失等功能。本节主要介绍新增读者、修
改读者以及删除读者的实现。由于修改读者和删除读者部分
都涉及查询操作，因此查询读者部分不另行介绍。

新增读者 1——
DAO

新增读者 2——
界面和业务实现

1．新增读者

新增读者功能用于实现读者信息添加，涉及 tb_reader 数据表，操作界面如图 15.9 所示。

图 15.8　读者管理模块

图 15.9　"新增读者"界面

新增读者功能的实现代码涉及 AddReaderForm 类和 ReaderDao 类。

（1）AddReaderForm 类

AddReaderForm 类中 ok.addActionListener()方法的代码如下。

```
ok.addActionListener(new ActionListener() {
  @Override
  public void actionPerformed(ActionEvent e) {
      String dept=(String)comboBoxDept.getSelectedItem();   //获取院系
      String readerType=(String) comboBoxReaderType.getSelectedItem();//获取读者类别
      //获取读者类别 ID
      int readerTypeId=0;
      if(readerType.equals("教职工")) readerTypeId=1;
      else if(readerType.equals("研究生")) readerTypeId=2;
      else readerTypeId=3;
      //获取读者性别
      String sex="男";
      if (femaleRadioButton.isSelected()) sex="女";
      String readerNo=textFieldReaderNo.getText().trim();
      String readerName=textFieldReaderName.getText().trim();
      String pwd=textFieldPWD.getText().trim();
      //1.判断读者编号是否合法，其他两个属性的合法性判断省略，读者自行添加
      //1.1  判断读者编号是否为空，为空则直接返回
      if (readerNo==null || readerNo.equals("")){
          JOptionPane.showMessageDialog(null,readerNo +"读者编号为空，请重输! ");
          textFieldReaderNo.requestFocus();
          return ;
      }
      //1.2  正则表达式，用于判断读者编号的长度是否在 3～5，且只包含A～Z、a～z、0～9
      String regex= "^(\\w){3,5}$";
      boolean isMatch = Pattern.matches(regex, readerNo);
      if(!isMatch) {
          JOptionPane.showMessageDialog(null,readerNo +"读者编号 3～5 位，请重输! ");
          textFieldReaderNo.requestFocus();
          return ;
      }
      ReaderDao  dao=new ReaderDao();
      //2.判断读者编号是否已经存在
      ReaderModel  readerModel=dao.findUserByUserNo(readerNo);
      if (readerModel!=null){
          //2.1该读者编号已经存在，新增失败
          JOptionPane.showMessageDialog(null,readerNo +"读者编号已经存在,新增读者失败!");
          return;
      }
      //2.2 将该读者信息插入读者信息表
      readerModel =
          new ReaderModel(readerName,readerNo,sex,dept,readerType,readerTypeId,pwd);
      boolean flag=dao.insertReader(readerModel);
      if (flag){
          JOptionPane.showMessageDialog(null,"新增读者成功!");
      }else{
          JOptionPane.showMessageDialog(null,"新增读者失败!");
      }
  }
});
```

（2）ReaderDao 类

ReaderDao 类中的 findUserByUserNo()方法的代码如下。

```
public ReaderModel findUserByUserNo(String readerNo){
    ReaderModel readerModel =null;   //默认 readerModel 对象为空
    Connection conn = null;
    PreparedStatement pstmt = null;
    ResultSet rs = null;
    //1. 带占位符的根据读者编号查询读者信息的 SQL 命令
    String sql="SELECT reader_id,reader_no,reader_name,pwd,dept," +
                "type_name,cur_loan_number,loan_number,sex" +
                " FROM tb_reader\n" +
                "WHERE reader_no=?;";
    try {
        //2. 获取数据库连接对象
        conn = JdbcUtils.getConnection();
        //3. 获取 preparedStatement 容器，并注入 readerNo 参数
        pstmt = conn.prepareStatement(sql);
        pstmt.setString(1, readerNo);
        //4. 调用 executeQuery()，执行查询
        rs = pstmt.executeQuery();
        //5. rs.next()的执行结果为 true，查询成功，将该记录封装到 readerModel 对象中
        if (rs.next()){
            readerModel =new ReaderModel();
            readerModel.setReaderId(rs.getInt(1));
            readerModel.setReaderNo(rs.getString(2));
            readerModel.setReaderName(rs.getString(3));
            readerModel.setPassword(rs.getString(4));
            readerModel.setDept(rs.getString(5));
            readerModel.setReaderType(rs.getString(6));
            readerModel.setCurLoanNumber(rs.getInt(7));
            readerModel.setLoanNumber(rs.getInt(8));
            readerModel.setSex(rs.getString(9));
        }
    }catch (SQLException throwables) {
        throwables.printStackTrace();
    }finally {
        try {
            JdbcUtils.closeResultSet(rs);
            JdbcUtils.closeStatement(pstmt);
            JdbcUtils.closeConnection(conn);
        } catch (SQLException throwables) {
            throwables.printStackTrace();
        }
    }
    //6. 返回 readerModel 对象
    return readerModel;
}
```

ReaderDao 类中的 insertReader()方法的代码如下。

```
public boolean insertReader(ReaderModel readerModel){
    boolean flag = false;
    Connection conn = null;
    PreparedStatement pstmt = null;
    //1. 带占位符的插入一条读者信息的 SQL 命令，cur_loan_number 和 loan_number 的初始值为 0
    String sql="INSERT tb_reader(reader_no,reader_name,pwd,sex,dept,type_id," +
                "type_name,cur_loan_number,loan_number) \n" +
                "VALUES(?,?,?,?,?,?,?,0,0);";
    try {
        //2. 获取数据库连接对象
        conn=JdbcUtils.getConnection();
        //3. 获取 preparedStatement 容器，并注入读者信息参数
```

```
        pstmt=conn.prepareStatement(sql);
        pstmt.setString(1, readerModel.getReaderNo());
        pstmt.setString(2, readerModel.getReaderName());
        pstmt.setString(3, readerModel.getPassword());
        pstmt.setString(4, readerModel.getSex());
        pstmt.setString(5, readerModel.getDept());
        pstmt.setInt(6, readerModel.getReaderTypeId());
        pstmt.setString(7, readerModel.getReaderType());
        //4. 调用 executeUpdate(), 执行更新
        int cnt=pstmt.executeUpdate();
        //5. cnt==1, 表明插入操作成功, 有一条记录被插入数据表
        if (cnt==1) flag=true;
    } catch (SQLException throwables) {
        throwables.printStackTrace();
    }finally {
        try {
            JdbcUtils.closeStatement(pstmt);
            JdbcUtils.closeConnection(conn);
        } catch (SQLException throwables) {
            throwables.printStackTrace();
        }
    }
    //6.返回 flag (是否成功标识)
    return flag;
}
```

2．修改读者

修改读者功能用于实现读者信息的更新，涉及 tb_reader 数据表，操作界面如图 15.10 所示。

修改读者功能的实现代码涉及 EditReaderForm 类和 ReaderDao 类。

修改读者

图 15.10　"修改读者"界面

（1）EditReaderForm 类

EditReaderForm 类中 buttonQuery.addActionListener()方法的代码如下。

```
buttonQuery.addActionListener(new ActionListener() {
    @Override
    public void actionPerformed(ActionEvent e) {
        //1. 获取 EditReaderForm 中的读者编号
        String readerNo=textFieldReaderNo.getText().trim();
        //2. 判断读者编号是否为空, 如果为空, 弹出提示框, 直接返回
        if (readerNo.isEmpty()){
            JOptionPane.showMessageDialog(null,"读者编号不能为空!");
            return;
        }
        //3. 实例化 ReaderDao, 调用 findUserByUserNo()方法
        ReaderDao readerDao=new ReaderDao();
        ReaderModel readerModel =readerDao.findUserByUserNo(readerNo);
        //4. 判断 tb_reader 表中是否有对应编号的读者, 如果为空, 弹出提示框, 直接返回
        if (readerModel ==null){
            JOptionPane.showMessageDialog(null,"该读者不存在!");
            return;
        }
        //5. 找到读者, 将读者信息显示在界面中
        textFieldRNo.setText(readerModel.getReaderNo());
        textFieldReaderName.setText(readerModel.getReaderName());
```

```
            textFieldPWD.setText(readerModel.getPassword());
            textFieldReaderId.setText(readerModel.getReaderId()+"");
            if ("软件学院".equals(readerModel.getDept())){
                comboBoxDept.setSelectedItem("软件学院");
            }else if ("计算机学院".equals(readerModel.getDept())){
                comboBoxDept.setSelectedItem("计算机学院");
            }else{
                comboBoxDept.setSelectedItem("外国语学院");
            }
            if ("教职工".equals(readerModel.getDept())){
                comboBoxReaderType.setSelectedItem("教职工");
            }else if ("研究生".equals(readerModel.getDept())){
                comboBoxReaderType.setSelectedItem("研究生");
            }else{
                comboBoxReaderType.setSelectedItem("本科生");
            }
            if ("男".equals(readerModel.getSex())){
                radioButtonMale.setSelected(true);
            }else {
                radioButtonFemale.setSelected(true);
            }
        }
    });
```

EditReaderForm 类中 editButton.addActionListener()方法的代码如下。

```
editButton.addActionListener(new ActionListener() {
    @Override
    public void actionPerformed(ActionEvent e) {
        int readerId=Integer.parseInt(textFieldReaderId.getText().trim());
        String readerNo=textFieldReaderNo.getText().trim();
        String readerName=textFieldReaderName.getText().trim();
        String dept=(String)comboBoxDept.getSelectedItem();
        String pwd=textFieldPWD.getText().trim();
        String readerType=(String)comboBoxReaderType.getSelectedItem();
        String sex="男";
        if (radioButtonFemale.isSelected()) sex="女";
        int readerTypeId=0;     //获取读者类别 ID
        if(readerType.equals("教职工")) readerTypeId=1;
        else if(readerType.equals("研究生")) readerTypeId=2;
        else readerTypeId=3;
        //1. 将获取到的读者信息封装到 readerModel 对象中
        ReaderModel readerModel =
new ReaderModel(readerId,readerName,readerNo,sex,dept,readerType,readerTypeId,
pwd,0,0);
        //2. 实例化 ReaderDao，调用 updateUser()方法，修改 tb_reader 表中的读者信息
        ReaderDao readerDao=new ReaderDao();
        boolean flag= readerDao.updateUser(readerModel);
        //3. flag 等于 true，修改成功，否则修改失败
        if (flag){
            JOptionPane.showMessageDialog(null,"读者信息修改成功!");
        }else {
            JOptionPane.showMessageDialog(null,"读者信息修改失败!");
        }
    }
});
```

（2）ReaderDao 类

ReaderDao 类中的 updateUser()方法的代码如下。

```
public boolean updateUser(ReaderModel readerModel) {
    boolean flag=false;
```

```
Connection conn = null;
PreparedStatement pstmt = null;
//1. 定义 SQL 的 UPDATE 语句，将读者信息修改到 tb_reader 数据表
String sql="UPDATE tb_reader\n" +
        "SET reader_no=?,reader_Name=?,pwd=?,dept=?,sex=?,\n" +
        "type_name=?,type_id=?\n" +
        "WHERE reader_id=?;";
try {
    //2. 通过公共类 JdbcUtils 获得数据库连接对象 conn
    conn=JdbcUtils.getConnection();
    //3. 使用预编译对象 PreparedStatement 进行更新操作，设置读者相关参数
    pstmt=conn.prepareStatement(sql);
    pstmt.setString(1, readerModel.getReaderNo());
    pstmt.setString(2, readerModel.getReaderName());
    pstmt.setString(3, readerModel.getPassword());
    pstmt.setString(4, readerModel.getDept());
    pstmt.setString(5, readerModel.getSex());
    pstmt.setString(6, readerModel.getReaderType());
    pstmt.setInt(7, readerModel.getReaderTypeId());
    pstmt.setInt(8, readerModel.getReaderId());
    //4. 使用 executeUpdate()方法进行数据表中数据的更新操作
    int cnt=pstmt.executeUpdate();
    //5. 如果返回值为 1，说明读者信息修改成功，flag 等于 true
    if (cnt==1) flag=true;
} catch (SQLException throwables) {
    throwables.printStackTrace();
}finally {
    try {
        JdbcUtils.closeStatement(pstmt);
        JdbcUtils.closeConnection(conn);
    } catch (SQLException throwables) {
        throwables.printStackTrace();
    }
}
//6. 返回 flag。如果 flag 为 true，则修改读者信息成功；如果 flag 为 false，则修改读者信息失败
return flag;
}
```

3. 删除读者

删除读者功能用于实现读者信息的删除，涉及 tb_reader 数据表，操作界面如图 15.11 所示。

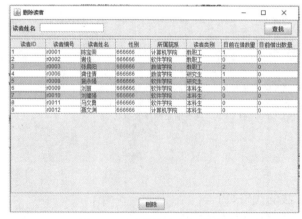

图 15.11　"删除读者"界面

删除读者 1——　　删除读者 2——
　　DAO　　　　　界面和业务逻辑

删除读者功能的实现代码涉及 DelReaderForm 类和 ReaderDao 类。

（1）DelReaderForm 类

DelReaderForm 类中 ok.addActionListener()方法的代码如下。

```
ok.addActionListener(new ActionListener() {
    @Override
    public void actionPerformed(ActionEvent e) {
        //1. 定义向量 readerHeader, 用来存储查询列表的表头信息
        Vector readerHeader=new Vector();
        readerHeader.add("读者 ID");
        readerHeader.add("读者编号");
        readerHeader.add("读者姓名");
        readerHeader.add("性别");
        readerHeader.add("所属院系");
        readerHeader.add("读者类别");
        readerHeader.add("目前在借数量");
        readerHeader.add("目前借出数量");
        //2. 实例化 ReaderDao, 并调用 findUserByUserName()方法, 返回满足条件的记录向量
        String readerName=textFieldReaderName.getText().trim();
        ReaderDao readerDao=new ReaderDao();
        Vector readers= readerDao.findUserByUserName(readerName);
        //3. 实例化表格模型对象, 传入列名向量和记录向量, 并赋值给表格控件
        TableModel dataModel=new DefaultTableModel(readers,readerHeader);
        tableReaders.setModel(dataModel);
    }
});
```

DelReaderForm 类中 del.addActionListener()方法的代码如下。

```
del.addActionListener(new ActionListener() {
    @Override
    public void actionPerformed(ActionEvent e) {
        //1. 获取选择的行号, 将其存入 rows 数组
        int rows[]=tableReaders.getSelectedRows();
        //2. rows.length 如果等于 0, 表明未选择任何行, 删除操作失败, 直接返回
        if (rows.length<1){
            JOptionPane.showMessageDialog(null,"未选择任何行! ","删除读者",
JOptionPane.ERROR_MESSAGE);
            return;
        }
        //3. 获取选择行的第 1 列读者 ID 值, 并将其存入 readerId 数组
        int readerId[]=new int[rows.length];
        for(int i=0;i<rows.length;i++){
            readerId[i]=(int)tableReaders.getValueAt(rows[i],0);
        }
        //4. 实例化 ReaderDao, 并调用 delUsers()方法, 根据传入的读者 ID 数组, 进行批量删除
        ReaderDao readerDao=new ReaderDao();
        boolean flag=readerDao.delUsers(readerId);
        //5. 若 flag 为 true, 表明删除操作成功, 弹出提示信息, 并调用 ok.doClick()方法重新执行查
询操作, 刷新界面; 若 flag 为 false, 表明删除操作失败, 弹出提示信息
        if (flag){
            JOptionPane.showMessageDialog(null,"删除读者成功! ","删除读者",
JOptionPane.INFORMATION_MESSAGE);
            ok.doClick();
        }else{
            JOptionPane.showMessageDialog(null,"删除读者失败! ","删除读者",
JOptionPane.ERROR_MESSAGE);
        }
```

```
        }
    });
```

（2）ReaderDao 类

ReaderDao 类中的 findUserByUserName()方法的代码如下。

```
public Vector findUserByUserName(String readerName){
    //1. 定义 readers 向量，用来存储读者信息
    Vector readers=new Vector();
    Connection conn = null;
    PreparedStatement pstmt = null;
    ResultSet rs = null;
    //2. 定义 SQL 的 SELECT 语句，使用 like 进行模糊匹配
    String sql="SELECT reader_id,reader_no,reader_name,pwd,dept," +
    "type_name,cur_loan_number,loan_number" +
    " FROM tb_reader\n" +
    "WHERE reader_name like ?;";
    try {
        //3. 通过公共类 JdbcUtils 获得数据库连接对象 conn
        conn=JdbcUtils.getConnection();
        //4. 使用预编译对象 PreparedStatement 进行修改操作，设置读者姓名参数，并在 readerName
左右连接 "%"，实现模式匹配效果
        pstmt=conn.prepareStatement(sql);
        pstmt.setString(1,"%"+readerName+"%");
        //5. 使用 executeQuery()方法，获得查询结果集
        rs=pstmt.executeQuery();
        //6. 将查询结果集存入向量 readers
        while(rs.next()){
        Vector reader=new Vector();
        reader.add(rs.getInt(1));
        reader.add(rs.getString(2));
        reader.add(rs.getString(3));
        reader.add(rs.getString(4));
        reader.add(rs.getString(5));
        reader.add(rs.getString(6));
        reader.add(rs.getInt(7));
        reader.add(rs.getInt(8));
        readers.add(reader);
        }
    } catch (SQLException throwables) {
        throwables.printStackTrace();
    }finally {
        try {
            JdbcUtils.closeResultSet(rs);
            JdbcUtils.closeStatement(pstmt);
            JdbcUtils.closeConnection(conn);
        } catch (SQLException throwables) {
            throwables.printStackTrace();
        }
    }
    //7. 返回向量 readers
    return readers;
}
```

ReaderDao 类中的 delUsers()方法的代码如下。

```
public boolean delUsers(int readerId[]){
    boolean flag=false;
    Connection conn = null;
    PreparedStatement pstmt = null;
```

```
//1. 定义 SQL 的 DELETE 语句, 根据 reader_id 进行删除操作
String sql="DELETE  FROM tb_reader\n" +
        "where reader_id=? ";
//2. 如果 readerId.length 大于 1, 循环用" or reader_id=?"进行拼接, 生成同时删除多个读者
信息的命令, 即批量删除
if (readerId.length>1) {
    for(int i=1;i<readerId.length;i++){
        sql=sql +" or reader_id=?";
    }  //生成批量删除命令
}
try {
    //3. 通过公共类 JdbcUtils 获得数据库连接对象 conn
    conn=JdbcUtils.getConnection();
    //4. 使用预编译对象 PreparedStatement 进行删除操作
    pstmt=conn.prepareStatement(sql);
    //5. 循环设置多个 reader_id 参数
    for(int i=0;i<readerId.length;i++){
        pstmt.setInt(i+1,readerId[i]);
    }
    //6. 使用 executeUpdate()方法进行数据表中数据的删除操作
    int cnt=pstmt.executeUpdate();
    //7. 如果返回值等于 readerId.length, 说明读者删除成功, flag 等于 true
    if (cnt==readerId.length) flag=true;
} catch (SQLException throwables) {
    throwables.printStackTrace();
}
//8. 返回 flag。如果 flag 为 true, 则删除读者成功; 否则删除读者失败
return flag;
}
```

15.5.3　图书借阅模块

图书借阅模块用于实现读者借阅图书操作, 是一个
业务比较复杂的模块, 代码涉及 BorrowBookForm 类、
BookBarCodeDao 类、ReaderTypeDao 类、ReaderDao 类,
以及 BorrowReturnDao 类。BorrowBookForm 类用于实现
"借阅"图书控制逻辑。"图书借阅"界面如图 15.12 所示。

图 15.12　"图书借阅"界面

（1）BorrowBookForm 类

BorrowBookForm 类中 buttonBorrow.addActionListener()方法的代码如下。

```
buttonBorrow.addActionListener(new ActionListener() {
    @Override
    public void actionPerformed(ActionEvent e) {
        String readerNo=textFieldReaderNo.getText().trim();
        String bookNo=textFieldBookBar.getText().trim();
        //1. 判断读者编号和图书编号是否为空
        if (readerNo==null || readerNo.equals("")){
            JOptionPane.showMessageDialog(null,"请输入读者编号! ");
            textFieldReaderNo.requestFocus();
            return ;
        }
        if (bookNo==null || bookNo.equals("")){
            JOptionPane.showMessageDialog(null,"请输入图书编号! ");
            textFieldBookBar.requestFocus();
            return ;
        }
```

```
//2. 判断当前图书是否可借
BookBarCodeDao bookBarCodeDao=new BookBarCodeDao();
BookBarCodeModel bookBarCodeModel
=bookBarCodeDao.findBookBarCodeByBarCode(bookNo);
if (bookBarCodeModel ==null){
  JOptionPane.showMessageDialog(null,"该图书编号不存在, 借阅失败! ");
  textFieldBookBar.requestFocus();
  return ;
}
if (bookBarCodeModel.getIsLoan()==0){
  JOptionPane.showMessageDialog(null,"该图书不可借, 借阅失败! ");
  textFieldBookBar.requestFocus();
  return ;
}
if (bookBarCodeModel.getLoanState()==0){
  JOptionPane.showMessageDialog(null,"该图书已经被借出, 借阅失败! ");
  textFieldBookBar.requestFocus();
  return ;
}
//3. 判断读者当前在借图书的数量是否已经达到最大值, 即读者是否还可以借书
//3.1 找出当前读者的信息
ReaderDao readerDao=new ReaderDao();
ReaderModel readerModel =readerDao.findUserByUserNo(readerNo);
if  (readerModel ==null) {
  JOptionPane.showMessageDialog(null,"该读者不存在, 借阅失败! ");
  textFieldReaderNo.requestFocus();
  return ;
}
//3.2 找出当前读者类别的最大借书数量
ReaderTypeDao readerTypeDao=new ReaderTypeDao();
ReaderTypeModel readerTypeModel =readerTypeDao.findReaderType(readerModel.
getReaderType());
  //3.3 判断读者当前借书数量是否已经达到最大值
  if (readerTypeModel !=null && readerTypeModel.getMaxLoanNumber()<= readerModel.
getCurLoanNumber()){
    JOptionPane.showMessageDialog(null,"你目前已经借了"+ readerModel.getCurLoan
Number()+",已经到达极限了! ");
    return;
  }
  //4. 实现图书借阅
  //4.1 将图书可借状态设置为 0
bookBarCodeDao.updateBookBarCodeLoanState(bookNo);
  //4.2 将读者当前借书数量加 1
readerDao.addLoanNumber(readerNo,1) ;
  //4.3 将借书记录插入 tb_borrow_return 表
BorrowReturnDao borrowReturnDao=new BorrowReturnDao();
BorrowReturnModel borrowReturnModel =new BorrowReturnModel();
borrowReturnModel.setReaderId(readerModel.getReaderId());
borrowReturnModel.setBookBarCodeId(bookBarCodeModel.getBookBarCodeId());
borrowReturnModel.setBorrowDate(new Date());
Calendar calendar=Calendar.getInstance();
calendar.add(Calendar.MONTH, readerTypeModel.getBorrowingPeriod());
Date dueReturnDate=calendar.getTime();
borrowReturnModel.setDueReturnDate(dueReturnDate);
Boolean flag=borrowReturnDao.borrowBook(borrowReturnModel);
if (flag==true){
  JOptionPane.showMessageDialog(null,"借阅成功! ");
  textFieldReaderNo.setText("");
  textFieldBookBar.setText("");
```

```
        }else{
            JOptionPane.showMessageDialog(null,"借阅失败! ");
        }
    }
});
```

（2）BookBarCodeDao 类

BookBarCodeDao 类中的 findBookBarCodeByBarCode()方法的代码如下。

```
public BookBarCodeModel findBookBarCodeByBarCode(String barCode){
    BookBarCodeModel bookBarCodeModel =null;
    Connection conn=null;
    PreparedStatement pstmt=null;
    ResultSet rs=null;
    //1. 定义 SQL 查询语句, 根据图书编号查找 tb_bookbarcode 数据表
    String sql="SELECT book_barcode_id,book_barcode,book_id,loan_state,is_loan\n" +
                "FROM tb_bookbarcode\n" +
                "WHERE book_barcode=?;";
    try {
        //2. 通过公共类 JdbcUtils 获得数据库连接对象 conn
        conn= JdbcUtils.getConnection();
        //3. 使用预编译对象 PreparedStatement 进行查询操作, 设置图书编号参数
        pstmt=conn.prepareStatement(sql);
        pstmt.setString(1,barCode);
        //4. 使用 executeQuery()方法进行查询操作
        rs=pstmt.executeQuery();
        //5. 如果 rs.next()的执行结果为 true, 查询结果不为空, 则将其封装到bookBarCodeModel 对象中
        if (rs.next()){
            bookBarCodeModel =new BookBarCodeModel();
            bookBarCodeModel.setBookBarCodeId(rs.getInt(1));
            bookBarCodeModel.setBookBarCode(rs.getString(2));
            bookBarCodeModel.setBookId(rs.getInt(3));
            bookBarCodeModel.setLoanState(rs.getInt(4));
            bookBarCodeModel.setIsLoan(rs.getInt(5));
        }
    } catch (SQLException throwables) {
        throwables.printStackTrace();
    }finally {
        try {
            JdbcUtils.closeResultSet(rs);
            JdbcUtils.closeStatement(pstmt);
            JdbcUtils.closeConnection(conn);
        } catch (SQLException throwables) {
            throwables.printStackTrace();
        }
    }
    //6. 返回 bookBarCodeModel 对象
    return bookBarCodeModel;
}
```

BookBarCodeDao 类中的 updateBookBarCodeLoanState()方法的代码如下。

```
public boolean updateBookBarCodeLoanState(String barCode){
    int cnt=0;
    Connection conn=null;
    PreparedStatement pstmt=null;
    //1. 定义 SQL 更新语句, 根据图书编号将 tb_bookbarcode 数据表中相应记录的 loan_state 设置为 0
    String sql="update tb_bookbarcode \n" +
                "set loan_state=0\n" +
                "where book_barcode=?";
```

```
    try {
        //2. 通过公共类 JdbcUtils 获得数据库连接对象 conn
        conn = JdbcUtils.getConnection();
        //3. 使用预编译对象 PreparedStatement 进行更新操作，设置图书编号参数
        pstmt = conn.prepareStatement(sql);
        pstmt.setString(1, barCode);
        //4. 使用 executeUpdate() 方法进行更新操作
        cnt=pstmt.executeUpdate();
        //5. 如果返回值为 1，则说明数据更新成功，返回 true
        if (cnt==1) return true;
    }catch (SQLException throwables) {
        throwables.printStackTrace();
    }finally {
        try {
            JdbcUtils.closeStatement(pstmt);
            JdbcUtils.closeConnection(conn);
        } catch (SQLException throwables) {
            throwables.printStackTrace();
        }
    }
    //6.否则返回 false
    return false;
}
```

（3）ReaderTypeDao 类

ReaderTypeDao 类中的 findReaderType()方法的代码如下。

```
public ReaderTypeModel findReaderType(String typeName){
    Connection conn=null;
    PreparedStatement pstmt=null;
    ResultSet rs=null;
    ReaderTypeModel readerTypeModel =null;
    // 1. 定义 SQL 查询语句，根据读者类别查找 tb_readertype 数据表中相应的读者类别记录，其中读者
类别参数用占位符 "?" 代替
    String sql="SELECT type_id,type_name,max_loan_number,borrowing_period\n" +
            "FROM tb_readertype\n" +
            "where type_name=?;";
    try{
        //2. 通过公共类 JdbcUtils 获得数据库连接对象 conn
        conn=JdbcUtils.getConnection();
        //3.使用预编译对象 PreparedStatement 进行更新操作，设置读者类别参数
        pstmt=conn.prepareStatement(sql);
        pstmt.setString(1,typeName);
        //4. 使用 executeQuery() 方法进行查询操作
        rs=pstmt.executeQuery();
        //5. 如果 rs.next() 的执行结果为 true，查询结果不为空，则将其封装到 readerTypeModel 对象中
        if (rs.next()){
            readerTypeModel =new ReaderTypeModel();
            readerTypeModel.setTypeId(rs.getInt(1));
            readerTypeModel.setTypeName(rs.getString(2));
            readerTypeModel.setMaxLoanNumber(rs.getInt(3));
            readerTypeModel.setBorrowingPeriod(rs.getInt(4));
        }
    }catch (SQLException throwables) {
        throwables.printStackTrace();
    }finally {
        try {
            JdbcUtils.closeResultSet(rs);
            JdbcUtils.closeStatement(pstmt);
```

```
            JdbcUtils.closeConnection(conn);
        } catch (SQLException throwables) {
            throwables.printStackTrace();
        }
    }
```
//6. 返回 readerTypeModel 对象,如果 rs.next()的执行结果为 false,则此时 readerTypeModel
对象为空
```
    return readerTypeModel;
}
```

（4）ReaderDao 类

ReaderDao 类中的 addLoanNumber()方法的代码如下。

```
public boolean addLoanNumber(String readerNo,int loanCnt){
    int cnt=0;
    Connection conn = null;
    PreparedStatement pstmt = null;
    //1. 定义 SQL 更新语句,根据图书编号对 tb_reader 数据表中相应记录的 cur_loan_number 进行更新
    String sql="update tb_reader\n" +
            "set cur_loan_number=cur_loan_number+?\n" +
            "where reader_no=?";
    try{
        //2. 通过公共类 JdbcUtils 获得数据库连接对象 conn
        conn=JdbcUtils.getConnection();
        //3. 使用预编译对象 PreparedStatement 进行更新操作, 设置图书编号参数, 以及更新数量
        pstmt=conn.prepareStatement(sql);
        pstmt.setInt(1,loanCnt);
        pstmt.setString(2,readerNo);
        //4. 使用 executeUpdate()方法进行更新操作
        cnt=pstmt.executeUpdate();
        //5. 如果返回值为 1, 则说明数据更新成功, 返回 true
        if (cnt==1) return true;
    }catch (SQLException throwables) {
        throwables.printStackTrace();
    }finally {
        try {
            JdbcUtils.closeStatement(pstmt);
            JdbcUtils.closeConnection(conn);
        } catch (SQLException throwables) {
            throwables.printStackTrace();
        }
    }
    //6. 返回 false
    return false;
}
```

（5）BorrowReturnDao 类

BorrowReturnDao 类中的 borrowBook()方法的代码如下。

```
public boolean borrowBook(BorrowReturnModel borrowReturnModel){
    Connection conn=null;
    PreparedStatement pstmt=null;
    //1.定义 SQL 插入语句,根据借阅信息向 tb_borrow_return 数据表中添加相应的借阅记录
    String sql="INSERT INTO tb_borrow_return(reader_id,book_barcode_id,borrow_date,
duereturn_date)\n" +
    "VALUES (?,?,?,?);";
    //2.通过 SimpleDateFormat 类得到借阅日期和应还日期的 "yyyy-MM-dd" 字符串格式数据
    SimpleDateFormat myFmt=new SimpleDateFormat("yyyy-MM-dd");
    String strBorrowDate="";
    String strDueReturnDate="";
```

```
try {
    strBorrowDate= myFmt.format(borrowReturnModel.getBorrowDate());
    strDueReturnDate=myFmt.format(borrowReturnModel.getDueReturnDate());
} catch (Exception e) {
    e.printStackTrace();
}
try {
    //3.通过公共类 JdbcUtils 获得数据库连接对象 conn
    conn= JdbcUtils.getConnection();
    //4.使用预编译对象 PreparedStatement 进行更新操作,设置图书编号、读者编号、借阅日期、应还日期
    pstmt=conn.prepareStatement(sql);
    pstmt.setInt(1, borrowReturnModel.getReaderId());
    pstmt.setInt(2, borrowReturnModel.getBookBarCodeId());
    pstmt.setString(3,strBorrowDate);
    pstmt.setString(4,strDueReturnDate);
    //5.使用 executeUpdate()方法进行更新操作
    int cnt=pstmt.executeUpdate();
    //6.如果返回值为 1,则说明数据更新成功,返回 true
    if (cnt==1) return true;
} catch (SQLException throwables) {
    throwables.printStackTrace();
}finally {
    try {
        JdbcUtils.closeStatement(pstmt);
        JdbcUtils.closeConnection(conn);
    } catch (SQLException throwables) {
        throwables.printStackTrace();
    }
}
//7.返回 false
return false;
}
```

本 章 小 结

本章以高校图书管理系统为例,详细介绍了数据库应用系统的开发步骤和开发方法,并以几个关键模块为例进行了设计和实现,帮助读者对数据库应用系统开发建立了整体认识。读者开发其他数据库应用系统时可借鉴本案例。

习 题 15

结合高校图书管理系统案例,实现读者还书、注销读者、读者挂失功能。